編輯大意

我們常常在學習中，得到想要的知識，並讓自己成長；學習應該是快樂的，學習應該是分享的。本書要將學習的快樂分享給你，讓你能在書中得到成長，本書共分為 Word、Excel、PowerPoint、Access 等四大篇，精選了 16 個範例，從範例中學習到各種使用技巧。

Word篇

Word 是一套「文書處理」軟體，利用文書處理軟體可以幫助我們快速地完成各種報告、海報、公文、表格、信件及標籤等文件。本篇內容包含了 Word 的基本操作、文件的格式設定與編排、表格的建立與編修技巧、圖片美化與編修、長文件的編排技巧、合併列印的使用等。

Excel篇

Excel 是一套「電子試算表」軟體，利用電子試算表軟體可以將一堆數字、報表進行加總、平均、製作圖表等動作。本篇內容包含了 Excel 的基本操作、工作表使用、工作表的設定與列印、公式與函數的應用、統計圖表的建立與設計、資料排序、資料篩選、樞紐分析表的使用等。

PowerPoint篇

PowerPoint 是一套「簡報」軟體，利用簡報軟體可以製作出一份專業的簡報。本篇內容包含了 PowerPoint 的簡報的版面設計、母片的運用、在簡報中加入音訊及視訊、在簡報中加入表格及圖表、在簡報中加入 SmartArt 圖形、在簡報中加入精彩的動畫效果、將簡報匯出為影片、講義、封裝等。

Access篇

Access 是一套「資料庫」軟體，利用資料庫軟體可以將一堆資料變成有意義的資料庫。本篇將實際的教導你學會如何讓資料更有系統，更具有意義，其內容包含資料庫檔案的使用、資料搜尋、排序、篩選、查詢、表單的使用等。

關於範例光碟

　　本書收錄書中所有使用到的範例檔案及範例結果檔，放置在「範例檔案」資料夾內。範例檔案依照各篇分類，例如：Word篇中的範例檔案，儲存於「Word」資料夾內，請依照書中的指示說明，開啓這些範例檔案使用。

　　除了完整的範例檔案，本書於Word、Excel、PowerPoint、Access四大篇中，各節錄一個範例（見本書目錄中有 ▶ 標示之章節），將各步驟錄製詳細的操作影片放置在「精選影片教學」資料夾內，做爲學習輔助參考。

關於視窗的操作介面

　　在使用本書時，可能會發現書中的操作介面與電腦所看到的有所不同，這是因爲每個人所使用的螢幕尺寸、系統所設定的字型大小等設定因素，皆可能會影響到「功能區」的顯示方式，導致「功能區」自動將部分按鈕縮小，或是省略名稱。

◆ 當螢幕尺寸夠大時，即可完整呈現所有的按鈕及名稱。

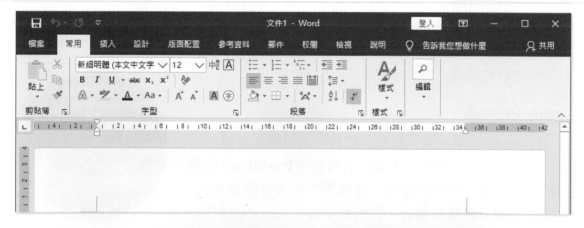

◆ 當螢幕尺寸較小，或將系統字型設定爲大時，就會自動將部分按鈕縮小。

OFFICE 2019
範例教本

全華研究室 郭欣怡 編著

16個
實用範例

· 範例檔案
· 精選影片教學

06446-007

國家圖書館出版品預行編目資料

Office 2019範例教本(含Word、Excel、PowerPoint、
Access) / 全華研究室, 郭欣怡編著. -- 初版. -- 新北市：
全華圖書, 2020.06
　面；　公分
　　ISBN　978-986-503-429-0 (平裝附光碟片)

　　1. OFFICE 2019 (電腦程式)

312.49O4　　　　　　　　　　　　　　　109008059

Office 2019 範例教本
(含Word、Excel、PowerPoint、Access) (附範例光碟)

作者 / 全華研究室 郭欣怡

執行編輯 / 王詩蕙

發行人 / 陳本源

出版者 / 全華圖書股份有限公司

郵政帳號 / 0100836-1號

印刷者 / 宏懋打字印刷股份有限公司

圖書編號 / 06446007

初版三刷 / 2022年09月

定價 / 新台幣 520 元

ISBN / 978-986-503-429-0 (平裝附光碟片)

全華圖書 / www.chwa.com.tw

全華網路書店 / www.opentech.com.tw

若您對書籍內容、排版印刷有任何問題，歡迎來信指導book@chwa.com.tw

臺北總公司(北區營業處)
地址：23671 新北市土城區忠義路21號
電話：(02) 2262-5666
傳真：(02) 6637-3695、6637-3696

中區營業處
地址：40256 臺中市南區樹義一巷26號
電話：(04) 2261-8485
傳真：(04) 3600-9806 (高中職)
　　　(04) 3601-8600 (大專)

南區營業處
地址：80769 高雄市三民區應安街12號
電話：(07) 381-1377
傳真：(07) 862-5562

目錄

目錄

Word 2019

2019

餐飲價目表

Word 文件基本操作

01

學習目標

文件的開啟與關閉/
文字格式設定/段落格式設定/
定位點設定/亞洲方式配置/
最適文字大小/並列文字設定/
框線及網底/插入圖片/
儲存及列印文件

⭐ 範例檔案

Word→Example01→餐飲價目表.docx

Word→Example01→背景圖.jpg

Word→Example01→甜點.jpg

⭐ 結果檔案

Word→Example01→餐飲價目表-OK.docx

在「餐飲價目表」範例中，將學習如何利用文書處理軟體Word，製作一份圖文並茂的文件。

美術效果　文字效果　並列文字　框線及網底

最適文字大小

定位點

段落對齊方式

文繞圖設定　　圖片樣式　　圖片

Q 1-1 文件的開啟與關閉

在開始進行文件製作前，須先啟動 Word 操作視窗，再開啟相關文件，便可進行文件的製作。

啟動Word操作視窗

安裝好Office應用軟體後，先按下「**開始**」鈕，接著在程式選單中，點選「**Word**」，即可啟動Word。

啟動Word時，會先進入開始畫面中，在畫面下方會顯示 **最近** 曾開啟的檔案，直接點選即可開啟該檔案；按下左側的 **開啟** 選項，即可選擇其他要開啟的Word文件。

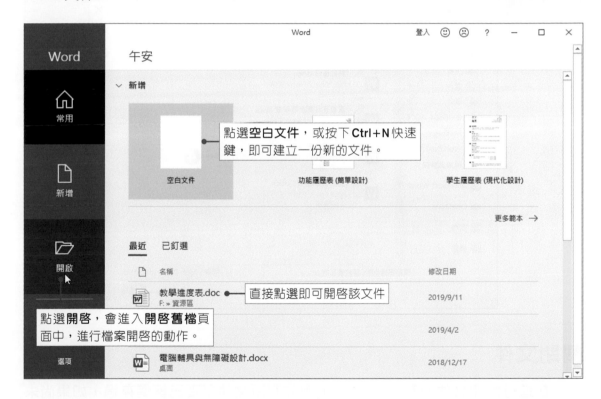

開啟舊有的文件

要開啟已存在的Word檔時，可以直接在Word檔案圖示上雙擊滑鼠左鍵，即可開啟該檔案。

餐飲價目表.docx

在檔案上**雙擊滑鼠左鍵**，即可開啟該檔案

若已在 Word 操作視窗時，可以按下「**檔案→開啟**」功能；或按下 Ctrl+O 快速鍵，進入**開啟舊檔**頁面中，進行檔案開啟的動作。

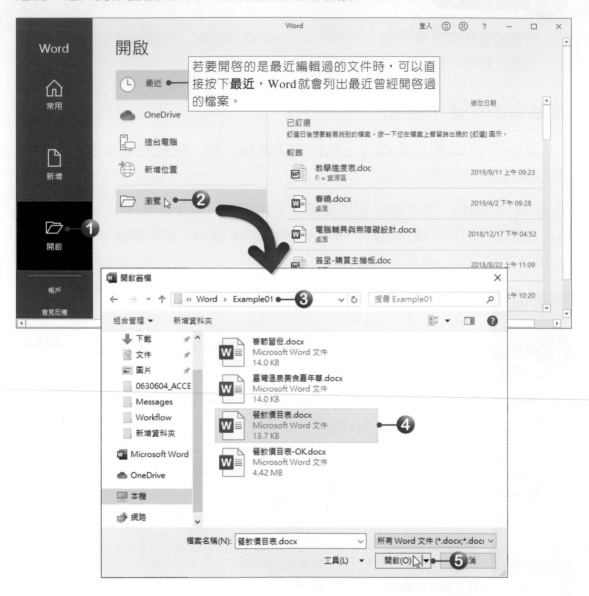

關閉文件

在進行關閉文件的動作時，Word 會先判斷文件是否已經儲存過，如果尚未儲存，Word 會先詢問是否要先進行儲存文件的動作。要關閉文件時，按下「**檔案→關閉**」功能，即可將目前所開啟的文件關閉。

🔍 1-2 文字格式設定

若要讓一份文件看起來豐富且專業,那麼文字的格式設定就不可或缺。例如:要強調文件中的某段文字時,可以將它變換色彩或是加上粗體,以顯示重要性,而這些都是屬於文字的格式設定。

開啟書附光碟中的「範例檔案→Word→Example01→餐飲價目表.docx」,在這個範例中,已將基本的文字都輸入完成,接下來我們將進行文字格式的基本設定。

修改中英文字型

STEP01 按下 **Ctrl+A** 快速鍵,選取文件中的所有文字,按下「**常用→字型→字型**」選單鈕,選擇中文要使用的中文字型(例如:微軟正黑體)。

STEP02 中文字型設定好後,再按下「**常用→字型→字型**」選單鈕,選擇英文及數字要使用的英文字型(例如:Arial)。

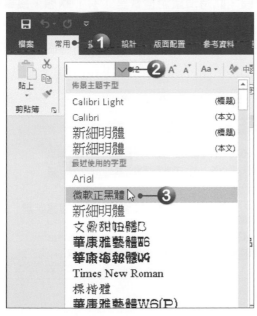

💡 TIPS

在設定字型時,先將所有字型設定為中文字型,此時所有的中文及英文都會套用所選擇的中文字型;當第二次選擇要套用的英文字型時,因中文無法套用英文字型,故原先的中文字型便不會被替換。

幫文字加上各種文字效果

文件的中英文字型設定好後，接著進行文件的標題文字格式設定。

STEP01 將滑鼠游標移至文件左邊的選取區，按下**滑鼠左鍵**，選取第一行段落文字。

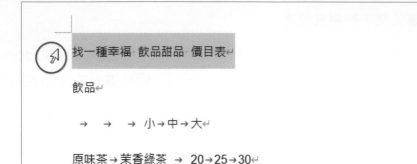

 TIPS

段落的選取

將滑鼠游標移至要選取段落前的左方選取區，此時滑鼠游標會呈「 ⤢ 」狀態，接著**雙擊滑鼠左鍵**，即可完成該段落的選取。

或者也可將滑鼠游標移至段落中，**連續快按滑鼠左鍵三下**，同樣可以將整個段落選取起來。

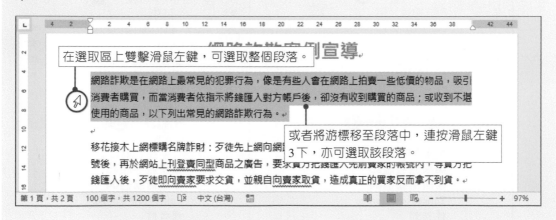

STEP02 按下「常用→字型→字型大小」選單鈕,將文字大小設定為 **36級**;按下「常用→字型→ B 粗體」,或按下 Ctrl+B 快速鍵,將文字加粗;按下 A· 字型色彩 選單鈕,於選單中點選 紫色;再按下 A· 字型色彩 選單鈕,於 漸層 選項中點選 線性向下 的變化方式。

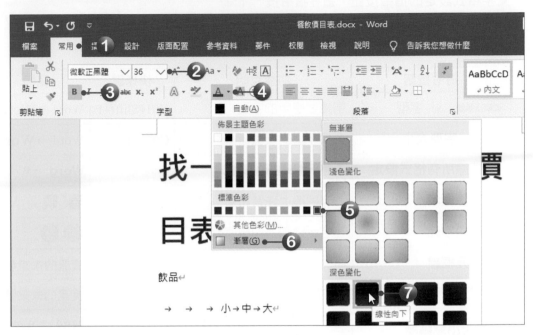

STEP03 按下「常用→字型→ A· 文字效果與印刷樣式」選單鈕,於 陰影 選項中點選內陰影中的 內部:向上 陰影效果。

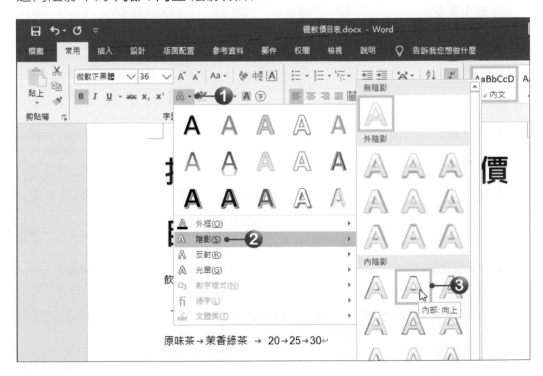

字型指令按鈕及快速鍵說明

在「常用→字型」群組中,有許多關於文字格式設定的指令按鈕,這些指令按鈕,可以改變文字的外觀,以美化文字。

指令按鈕	功能說明	快速鍵	範例
微軟正黑體 ∨ 字型	選擇要使用的字型	Ctrl+Shift+F	Word→Word
12 ∨ 字型大小	選擇字型的級數	Ctrl+Shift+P	Word→Word
清除所有格式設定	清除已設定好的格式		**Word**→Word
注音標示	將文字加上注音符號		春 曉
圍繞字元	在字元外加上圍繞字元		春 曉
字元框線	將文字加上框線		資訊的未來發展
字元網底	將文字加上網底		資訊的未來發展
大小寫轉換	可設定英文字母的大小寫、符號的全形或半形	Shift+F3	word→Word→WORD→word
放大字型	按一次會放大二個字級	Ctrl+Shift+>	Word→Word
縮小字型	按一次會縮小二個字級	Ctrl+Shift+<	Word→Word
粗體	將文字變成粗體	Ctrl+B	Word→**Word**
斜體	將文字變成斜體	Ctrl+I	Word→*Word*
底線	將文字加上底線	Ctrl+U	Word→Word
刪除線	將文字加上刪除線		Word→~~Word~~
上標	將文字轉換為上標文字	Ctrl+Shift++	Word→W^{ord}
下標	將文字轉換為下標文字	Ctrl+=	Word→W$_{ord}$
文字醒目提示色彩	將文字加上不一樣的網底色彩		Word→Word
字型色彩	可選擇文字要使用的色彩		Word→Word
文字效果與印刷樣式	將文字加上陰影、光暈等效果,還可以變更印刷樣式等設定		Word→Word

Q 1-3 段落格式設定

在文件中輸入文字滿一行時，文字就會自動折向下一行，這個自動折向下一行的動作，稱為**自動換行**，而這整段文字就稱之為**段落**。在輸入文字時，當按下 Enter鍵，就會產生一個 ↵ 段落標記，表示一個段落的結束。

設定段落的對齊方式

STEP01 選取要設定對齊方式的段落，在此範例中請選取第1行~第3行(飲品)、第15行(甜品)、第24行~第25行(最末兩行)等段落文字。

TIPS

按下 **Ctrl** 鍵不放，就可以用滑鼠同時選取多個不連續的段落文字。

STEP02 按下「**常用→段落→**▤**置中**」按鈕，即可將段落設定為置中對齊。

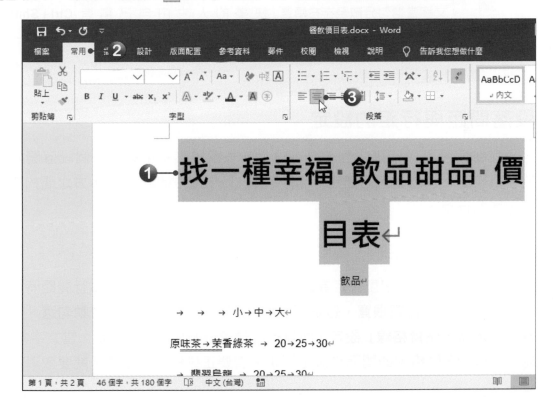

TIPS

段落文字的對齊方式

在「**常用→段落**」群組中,利用各種對齊按鈕,就可以進行文字的對齊方式設定。一般在編排文件時,建議將段落的對齊方式設定為**左右對齊**,這樣文件會比較整齊美觀。

對齊方式	說明	範例	快速鍵
左右對齊	主要應用於一整個段落,段落會左右對齊	快樂的人生由自己創造,快樂的人生由自己創造	Ctrl+J
靠左對齊	文字會置於文件版面的左邊界,這是預設的對齊方式	快樂的人生由自己創造,快樂的人生由自己創造	Ctrl+L
置中對齊	文字會置於文件版面的中間	快樂的人生由自己創造	Ctrl+E
靠右對齊	文字會置於文件版面的右邊界	快樂的人生由自己創造	Ctrl+R
分散對齊	文字會均勻分散至左右兩邊	快 樂 的 人 生 由 自 己 創 造	Ctrl+Shift+J

段落間距與行距的設定

在每個段落與段落之間,可以設定前一個段落結束與後一個段落開始之間的空白距離,也就是**段落間距**;而段落中上一行底部和下一行上方之間的空白間距,則為**行距**。

● 文件格線被設定時,貼齊格線

在 Word 中,將字型設定為微軟正黑體或字型大小 14 級、單行間距時,會發現行與行之間的行距很寬,這是因為 Word 預設的段落格式會自動勾選「**文件格線被設定時,貼齊格線**」設定,所以行距便會依照格線自動設定,當文字為 14 級時,會改用 3 條格線的間隔來設定行距。若要正確顯示行距時,就要取消這個設定。

STEP01 按下 Ctrl+A 快速鍵,選取文件中的所有段落,按下**段落**群組右下角的 ⊿ 按鈕,開啟「段落」對話方塊,點選**縮排與行距**標籤頁。

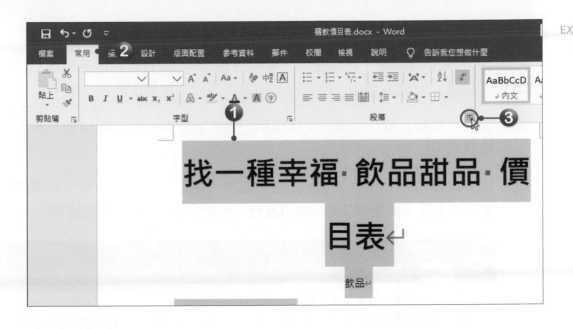

STEP 02 將**文件格線被設定時，貼齊格線**選項勾選取消，按下**確定**按鈕，回到文件中，行距便會正確顯示。

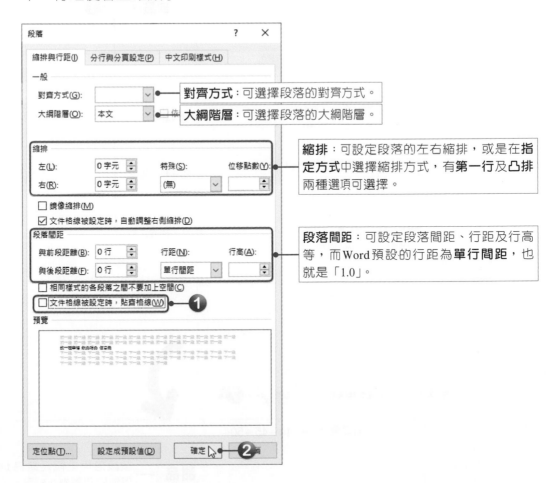

◎ 段落間距設定

要設定段落間距時,可以按下「**常用→段落→ 行距與段落間距**」按鈕,或進入「**段落**」對話方塊中,即可設定段落間距與選擇要使用的行距。

STEP01 選取「飲品」及「甜品」段落文字,先將字型大小設定為**16級**,再按下 **B** **粗體** 按鈕,將文字加粗。

STEP02 按下**段落**群組右下角的 按鈕,開啟「**段落**」對話方塊中,將**與前段距離**設為**1行**,**與後段距離**設為**0.5行**,設定好後按下**確定**按鈕即可。

行距設定

按下「**常用→段落→ 行距與段落間距**」按鈕，或進入「段落」對話方塊中，即可設定段落間距與選擇要使用的行距。在設定行距時，有許多選項可以選擇，表列如下：

選項	說明
單行間距	每行高度可容納該行的最大字體，例如：最大字為 12，行高則為 12。
1.5倍行高	每行高度為該行最大字體的 1.5 倍，例如：最大字為 12，行高則為 12×1.5。
2倍行高	每行高度為該行最大字體的 2 倍，例如：最大字為 12，行高則為 12×2。
最小行高	是用來指定行內文字可使用高度的最小點數，但 Word 會自動參考該行最大字體或物件所需的行高進行適度的調整。
固定行高	可自行設定行的固定高度，但是當字型大小或圖片大於固定行高時，Word 會裁掉超出的部分，因為 Word 不會自動調整行高。
多行	以行為單位，可直接設定行的高度，例如：將行距設定為 1.15 時，會增加 15% 的間距，而將行距設為 3 時，會增加 300% 間距（即 3 倍間距）。

斷行與段落

在 Word 中輸入文字時，按下 **Enter** 鍵會產生一個段落。若不想產生段落時，可以按下 **Shift＋Enter** 快速鍵，產生一個「斷行」。要在文件中判斷文字是屬於「段落」還是「斷行」，只要看最後的標記符號就可以辨別了。「↵」標記符號表示一個段落，「↓」標記符號則表示一個斷行。

> 2021 年 4 月 27 日↵
> 10:30~19:00↵ ●—— 段落（**Enter**）
>
> 台北市↓ ●—— 斷行（**Shift＋Enter**）
> 光復南路 133 號↵
>
> ---
>
> 金門縣文化局首度以「霧」為主題，希望以「霧」展現出金門人文、活動、風情的景觀特色，鼓勵民眾實地造訪金門，發掘在自然雲霧中之金門特色之美，邀請民眾記錄金門當地特殊的人文風情及自然景觀，透過鏡頭獵取金門獨具創意魅力及生命力的作品，呈現金門印象在霧季時的獨特之美。↵

1-4 使用定位點讓文字整齊排列

定位點的設定可以方便文字的編排，在 Word 中只要按下鍵盤上的 Tab 鍵，插入點就會跳至所設定的定位點上。進行定位點的設定時，可以在文字輸入前或文字輸入後。

認識各種定位點符號

Word 提供了**靠左、置中、靠右、小數點、分隔線**等定位點。要設定定位點時，可以直接在尺規上進行設定，或是進入「定位點」對話方塊，進行更進階的設定。

靠左	置中	靠右	小數點	分隔線	首行縮排	首行凸排
∟	⊥	⌐	⊥			△

在尺規上使用定位點時，先點選要設定的定位點類型，接著在尺規上，按下**滑鼠左鍵**，此時在尺規上就會出現該定位點符號。若要切換不同定位點時，只要在定位點按鈕上按一下**滑鼠左鍵**，即可切換要使用的定位點。

定位點按鈕：用滑鼠點選即可變更定位點類型

在尺規上按下**滑鼠左鍵**即可設定定位點

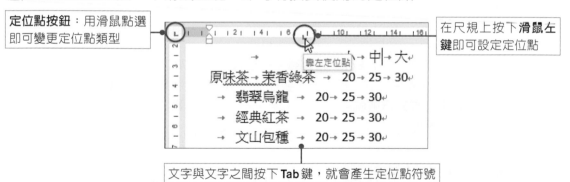

文字與文字之間按下 **Tab** 鍵，就會產生定位點符號

尺規與格式化標記符號的顯示設定

在文件中若沒有顯示尺規時，可以在「**檢視→顯示**」群組中，將**尺規**選項勾選，文件便會顯示尺規。

在文件中若沒有看到各種編輯標記符號時，如 → 定位字元、‧‧‧空格 ，可以按下「**常用→段落→ 顯示／隱藏編輯標記**」按鈕，即可在文件中顯示各種編輯標記符號。

定位點設定

在此範例中，已將飲品及甜品的品項都加入了定位點，接著就要來設定各種定位點，讓品項都能依照所設定的位置整齊排列。

STEP01 選取飲品及甜品下的所有品項，按下「**常用→段落**」群組右下角的 按鈕，開啟「段落」對話方塊，按下**定位點**按鈕，開啟「定位點」對話方塊。

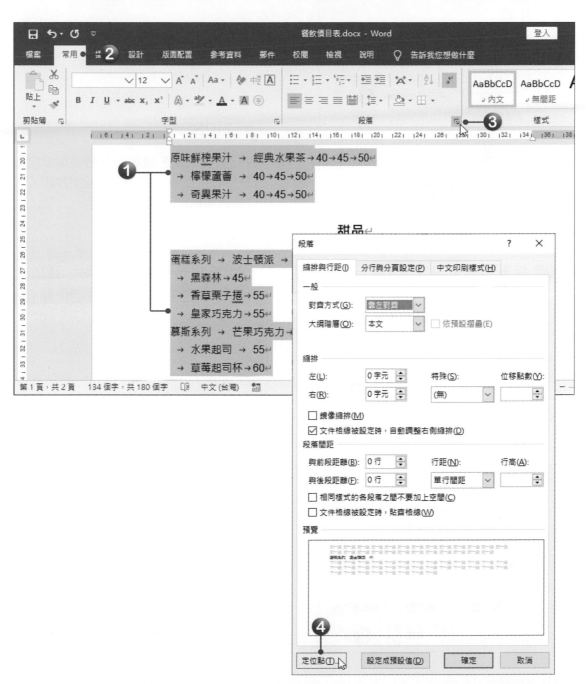

STEP02 在**定位停駐點位置**欄位中，輸入8，在**對齊方式**中選擇**分隔線**，設定好後，按下**設定**按鈕，此時在清單中就會加入所設定的定位點。

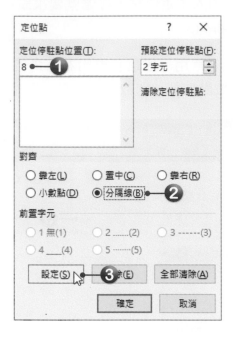

STEP03 接著再繼續設定「**9字元**，靠左定位點」、「**23字元**，置中定位點，並加上選項5的前置字元」、「**28字元**，置中定位點」、「**33字元**，置中定位點」，都設定好後按下**確定**按鈕。

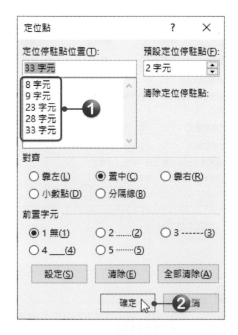

STEP 04 回到文件後，在尺規上多了所設定的定位點，而文字的位置也隨著定位點而調整。

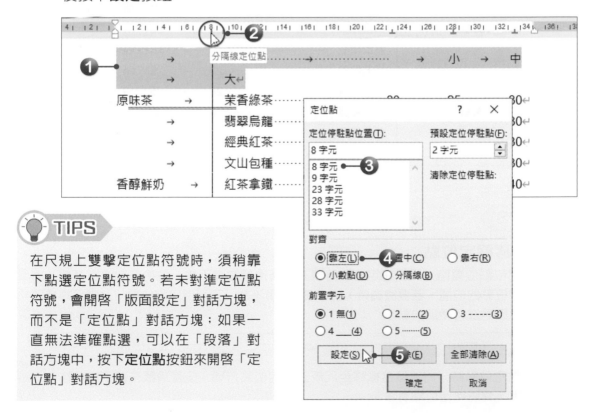

					小		中
→		…………………………………………→		→		→	
→	大↵						
原味茶 →	茉香綠茶…………………→	20	→	25	→	30↵
→	翡翠烏龍…………………→	20	→	25	→	30↵
→	經典紅茶…………………→	20	→	25	→	30↵
→	文山包種…………………→	20	→	25	→	30↵
香醇鮮奶 →	紅茶拿鐵…………………→	30	→	35	→	40↵
→	經典奶茶…………………→	30	→	35	→	40↵
→	奶香烏龍茶………………→	30	→	35	→	40↵

STEP 05 接著要將價目表中第1行段落的分隔線及前置符號刪除。選取段落文字，再用滑鼠雙擊尺規上的 **分隔線定位點**，開啟「定位點」對話方塊。

STEP 06 在**定位停駐點位置**選單中，點選**8字元**，將對齊方式更改為**靠左**，設定好後按下**設定**按鈕。

TIPS

在尺規上雙擊定位點符號時，須稍靠下點選定位點符號。若未對準定位點符號，會開啟「版面設定」對話方塊，而不是「定位點」對話方塊；如果一直無法準確點選，可以在「段落」對話方塊中，按下**定位點**按鈕來開啟「定位點」對話方塊。

STEP 07 在**定位停駐點位置**選單中,點選**23字元**,將前置字元更改為「**1 無(1)**」,設定好後按下**設定**按鈕,最後按下**確定**按鈕。

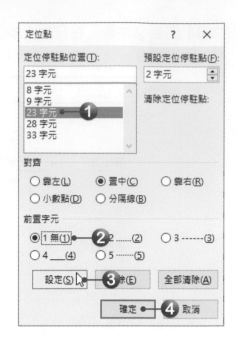

STEP 08 回到文件後,文字就會依照定位點位置整齊排列了。

			小	中	大
原味茶	→	茉香綠茶	20	25	30
	→	翡翠烏龍	20	25	30
	→	經典紅茶	20	25	30
	→	文山包種	20	25	30
香醇鮮奶	→	紅茶拿鐵	30	35	40
	→	經典奶茶	30	35	40
	→	奶香烏龍茶	30	35	40

💡 **TIPS**

微調或移除定位點

要調整定位點位置時,只要在定位點符號上按著滑鼠左鍵不放,並往左或往右拖曳,即可調整定位點的位置。若要微調時,先按著 **Alt** 鍵不放,再拖曳該定位點,此時尺規會顯示單位,即可進行微調的動作。

若要清除定位點時,將滑鼠游標移至尺規上的定位點符號,按著滑鼠左鍵不放並往上或往下拖曳,會將該定位點清除。

🔍 1-5 並列文字及最適文字大小

　　使用**並列文字**可以讓多個字元以二行方式呈現；而**最適文字大小**則可以指定被選取的所有文字寬度。

將文字以並列方式呈現

　　在此範例中要使用並列文字功能，將標題文字中的「飲品甜品」四個字，以二行方式呈現。

STEP01 選取「飲品甜品」文字，按下「**常用→段落→🅰️ 亞洲方式配置**」按鈕，於選單中點選**並列文字**。

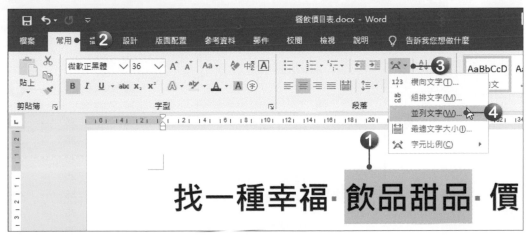

STEP02 開啟「並列文字」對話方塊，將**以括弧括住**選項勾選，按下括弧樣式選單鈕，選擇要使用的樣式，都設定好後按下**確定**按鈕。

STEP03 回到文件後，被選取的文字就會並列並加上括弧方式顯示。

用最適文字大小調整文字寬度

　　若要指定被選取的所有文字寬度時，可以使用**最適文字大小**功能進行設定。在範例中，要將「原味茶」、「香醇鮮奶」、「蛋糕系列」及「慕斯系列」等文字寬度，設定為與「原味鮮榨果汁」對齊的6個字元。

STEP01 選取「原味茶」、「香醇鮮奶」、「蛋糕系列」及「慕斯系列」等文字，按下「**常用→段落→ 亞洲方式配置**」下拉鈕，在選單中點選「**最適文字大小**」，開啟「最適文字大小」對話方塊。

STEP02 將文字寬度設定為**6字元**，設定好後按下**確定**按鈕，即可完成設定。

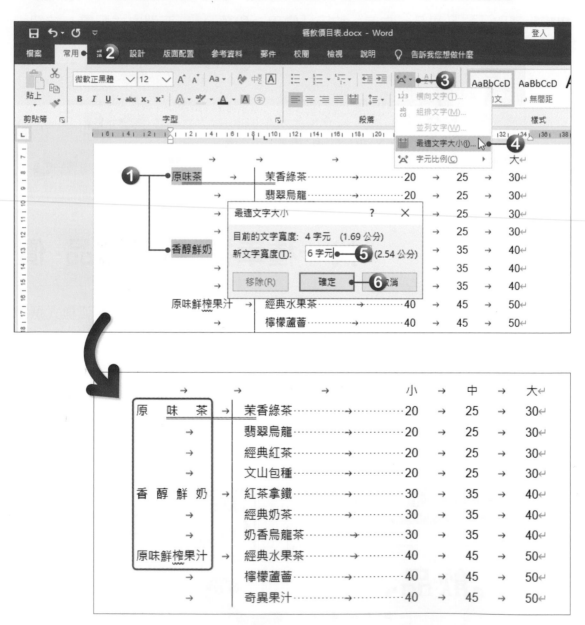

1-6 段落文字的框線及網底

在 Word 中可以將字元或段落加上框線或網底，這樣可以讓字元或段落更為明顯。

加入框線及網底

STEP01 選取「飲品」段落文字，按下「**常用→段落→⊞▾框線**」下拉鈕，於選單中點選**框線及網底**，開啟「框線及網底」對話方塊，點選**框線**標籤頁，進行框線樣式的設定。

STEP02 選擇框線要使用的**樣式、色彩、寬度**，都設定好後按下**上框線、左框線**及**右框線**工具鈕，取消上、左及右框線。

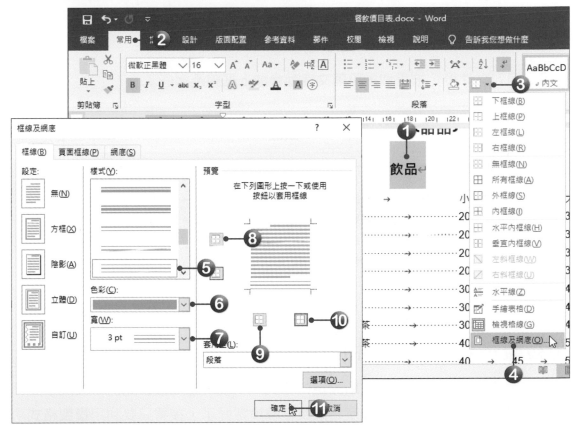

TIPS

在預覽區中的四個小按鈕，可以設定上下左右的框線，若不要其中的某條框線時，只要直接按一下按鈕，即可取消框線。這裡要注意的是，這四個框線按鈕，只適用於當文字套用於「段落」時。

STEP03 點選**網底**標籤頁，進行網底的設定，設定好後按下**確定**按鈕。

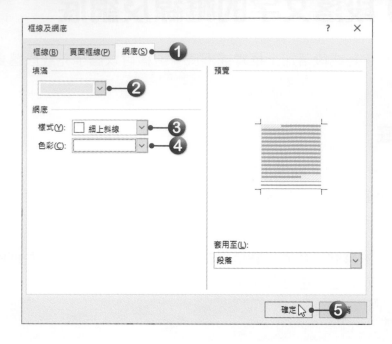

STEP04 回到文件後，被選取的段落文字就會加上框線及網底了。

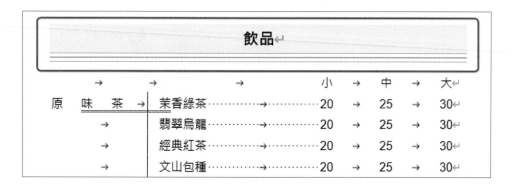

			小		中		大
原　味　茶 →	→		茉香綠茶 ……… → ……… 20	→	25	→	30
	→		翡翠烏龍 ……… → ……… 20	→	25	→	30
	→		經典紅茶 ……… → ……… 20	→	25	→	30
	→		文山包種 ……… → ……… 20	→	25	→	30

用複製格式功能套用相同設定

　　複製格式就是將該文字上所設定的格式，一模一樣地複製到另一段文字上。在範例中，已經將「飲品」文字格式及框線設定好了，接著只要利用**複製格式**功能，將格式複製到「甜品」段落文字上即可。

STEP01 將滑鼠游標移至已設定好格式的「飲品」段落文字上，在「**常用→剪貼簿→ 複製格式**」按鈕上，按下**滑鼠左鍵**啟動複製格式功能。

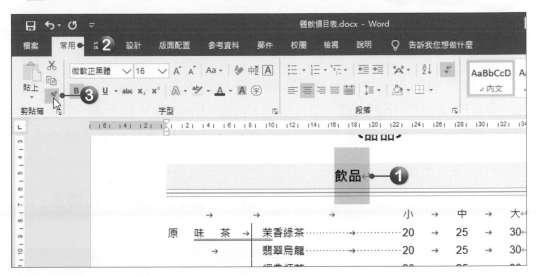

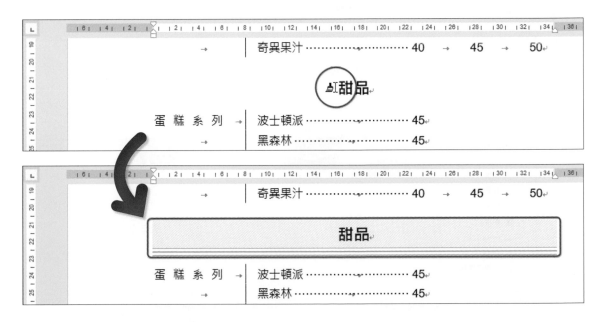

TIPS

在進行複製格式時，也可以使用快速鍵進行。先選取要複製格式的段落，或將插入點移至該段落中，按下 **Ctrl+Shift+C** 快速鍵，複製該段落的格式，再將插入點移至要套用相同格式的段落上，按下 **Ctrl+Shift+V** 快速鍵，該段落便會套用相同格式。

STEP02 接著選取要套用相同格式的文字，選取後文字就會套用一模一樣的格式。

1-7 使用圖片美化文件

加入圖片

在文件中加入圖片，可以達到圖文並茂的效果。Word中可插入的圖片格式有：emf、wmf、jpg、gif、tif、png、eps、bmp等。在此範例中，要加入一張與文件大小一致的圖片當做背景，再加入一張與甜品有關的圖片來美化價目表。

STEP01 在文件中的任一位置，按下「**插入→圖例→圖片→此裝置**」按鈕，開啟「插入圖片」對話方塊。

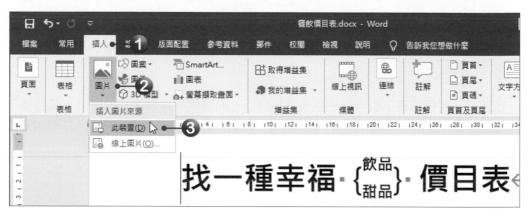

STEP02 選擇要插入的圖片，選擇好後按下**插入**按鈕。

STEP 03 被選取的圖片就會插入於滑鼠游標所在位置上。

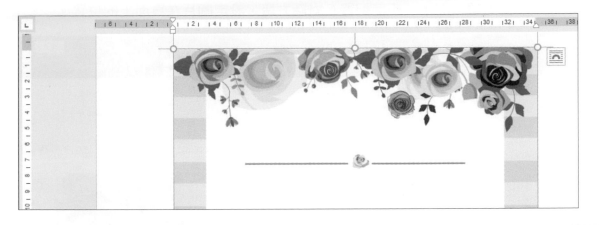

文繞圖及位置設定

在 Word 中加入圖片時，在預設下，文繞圖的模式都設定為**與文字排列**，表示該圖為文字的一部分。我們可利用文繞圖及位置功能，快速將圖片放置在想要擺放的位置。

STEP 01 選取圖片，按下「**圖片工具→格式→排列→文繞圖**」按鈕，於選單中點選**文字在前**。

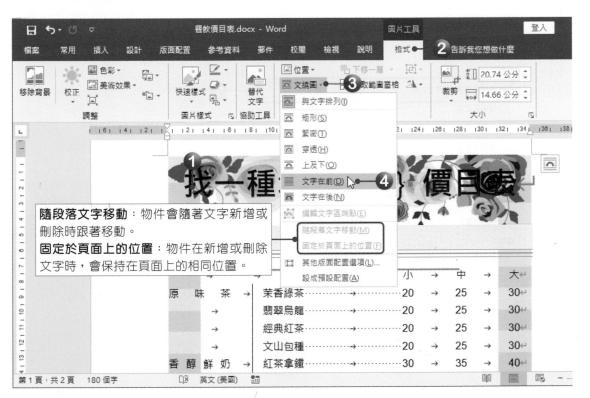

STEP02 接著按下「圖片工具→格式→排列→位置」按鈕，於選單中點選**其他版面配置**選項，開啟「版面配置」對話方塊，設定圖片在頁面上的位置。

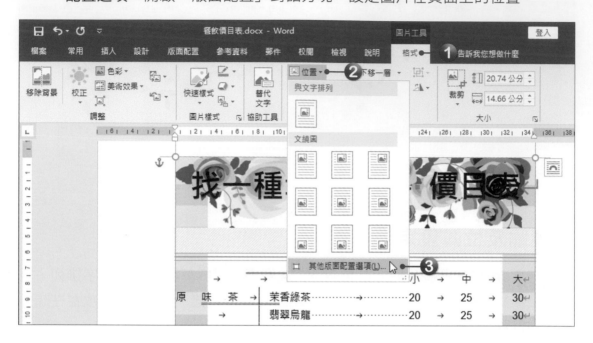

STEP03 將水平對齊方式設定為**靠左對齊**，相對於**頁**；將垂直對齊方式設定為**靠上**，相對於**頁**，設定好後按下**確定**按鈕。

STEP04 設定好後，圖片就會自動以頁面為基準，水平靠左對齊及垂直靠上對齊。

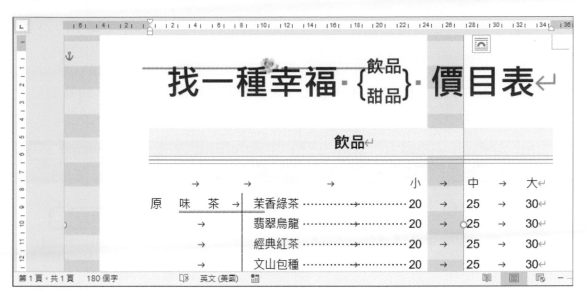

TIPS

文繞圖設定

將圖片加入文件後，於圖片的右上角會自動出現 版面配置選項按鈕，利用這個按鈕，即可設定圖片的文繞圖方式；除此之外，也可以按下「圖片工具→格式→排列 →文繞圖」按鈕進行設定。

矩形

緊密

穿透

上及下

文字在前

文字在後

編輯文字區端點

其中**緊密**與**穿透**的差異在於：**緊密**是文字繞著圖片本身換行，通常在圖片的邊界內；而**穿透**則是文字繞著圖片本身換行，但文字會進入圖片中所有開放區域。

調整圖片大小

接著要將圖片的寬度及高度調整成與A4頁面大小(寬21公分×長29.7公分)一樣。

STEP 01 點選圖片,在「圖片工具→格式→大小→圖案寬度」欄位中,將寬度修改為21公分。

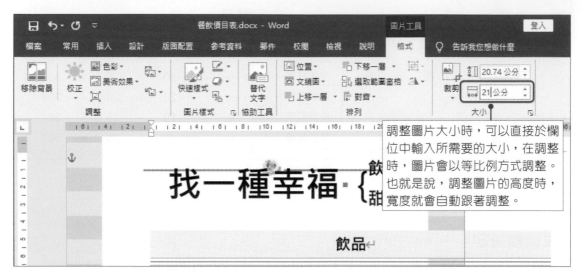

> 調整圖片大小時,可以直接於欄位中輸入所需要的大小,在調整時,圖片會以等比例方式調整。也就是說,調整圖片的高度時,寬度就會自動跟著調整。

STEP 02 當我們變更了寬度設定後,高度也會跟著等比例調整。

 TIPS

重設圖片

當圖片進行各種變更後,若想要讓圖片回到最初設定時,可以按下「圖片工具→格式→調整→重設圖片」按鈕,讓圖片回到最原始的狀態。

幫圖片加上美術效果

在 Word 中預設了許多美術效果，像是繪圖筆刷、麥克筆、水彩海綿等。只要選取圖片，按下「**圖片工具→格式→調整→美術效果**」按鈕，於選單中點選想要套用的美術效果(在本例中選擇**紋理化**)，圖片就會自動套上選定的美術效果。

TIPS

插入線上圖片

若手邊沒有可以使用的圖片時，可以按下「**插入→圖例→圖片→線上圖片**」按鈕，開啟「**線上圖片**」對話方塊，可以利用 **Bing 圖片搜尋**功能，來搜尋網路上的圖片。

套用圖片樣式

使用Word預設的圖片樣式，可以立即改變圖片的外觀及視覺效果。

STEP01 請在價目表中再加入「**甜點.jpg**」圖片，將文繞圖設定為**緊密**，再將圖片調整成適當大小，放置於適當的空白處。

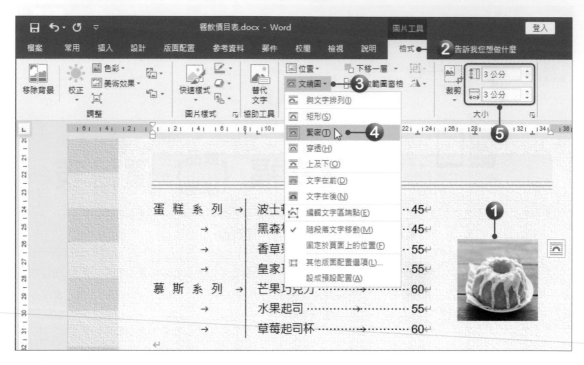

STEP02 點選該圖片，於「**圖片工具→格式→圖片樣式**」群組中，點選要套用的圖片樣式，即可立即改變圖片的外觀。

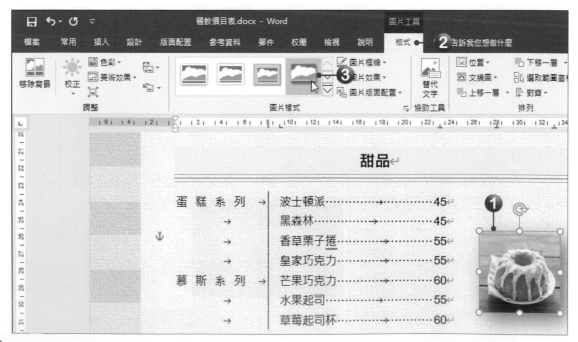

旋轉圖片

利用圖片上的  旋轉鈕，可以依需求來旋轉圖片。要旋轉圖片時，先點選圖片，再將滑鼠游標移至旋轉鈕上，按著**滑鼠左鍵**不放並往左或往右拖曳，即可旋轉圖片的方向，調整好方向後放掉**滑鼠左鍵**即可。

到這裡整個餐飲價目表就完成囉！最後再看看有什麼要調整及修改的地方，例如：可以將不同品項的文字色彩做一些變更，即可增加價目表的活潑性。

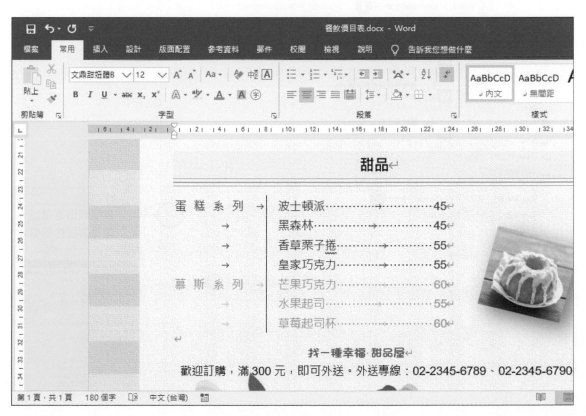

🔍 1-8 儲存及列印文件

儲存文件

在儲存Word檔案時，可以將文件儲存成：Word文件檔(docx)、範本檔(dotx)、網頁(htm、html)、PDF、XPS文件、RTF格式、純文字(txt)等類型。

第一次儲存文件時，可以直接按下**快速存取工具列**上的 🔲 **儲存檔案**按鈕；或是按下「**檔案→儲存檔案**」功能，進入**另存新檔**頁面中，進行儲存的設定。同樣的文件進行第二次儲存動作時，就不會再進入**另存新檔**頁面中了。直接按下Ctrl+S快速鍵，也可以進行儲存的動作。

另存新檔

當不想覆蓋原有的檔案內容，或是想將檔案儲存成其他格式時，按下「**檔案→另存新檔**」功能，進入**另存新檔**頁面中，進行儲存的動作；或按下F12鍵，開啟「另存新檔」對話方塊，即可重新命名及選擇要存檔的類型。

按下**存檔類型**選單鈕，可以選擇要儲存的檔案類型。

列印文件

　　按下「**檔案→列印**」功能，或按下 **Ctrl+P** 快速鍵，即可進入**列印**頁面中。在進行列印前還可以設定要列印的份數、列印的範圍、紙張的方向、紙張的大小、每張要列印的張數等。

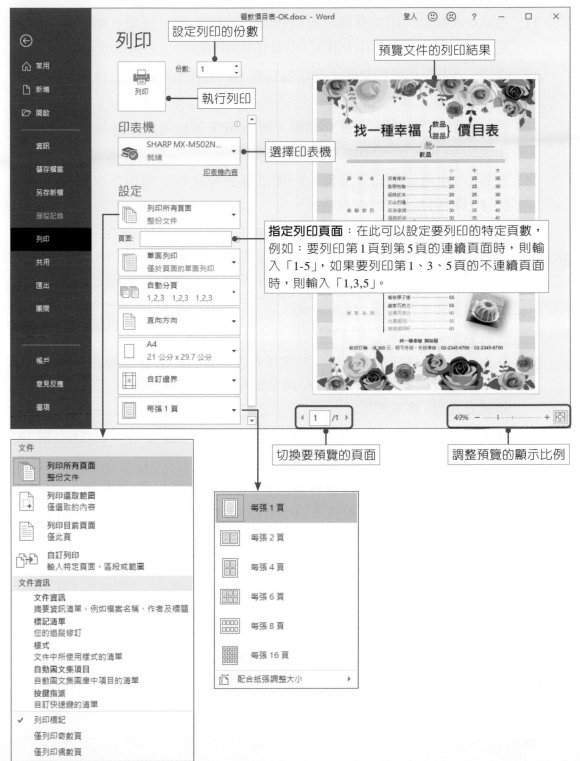

- 設定列印的份數
- 預覽文件的列印結果
- 執行列印
- 選擇印表機
- **指定列印頁面**：在此可以設定要列印的特定頁數，例如：要列印第 1 頁到第 5 頁的連續頁面時，則輸入「1-5」，如果要列印第 1、3、5 頁的不連續頁面時，則輸入「1,3,5」。
- 切換要預覽的頁面
- 調整預覽的顯示比例

自我評量

☉選擇題

( )1. 在 Word 中要列印文件時，可以按下下列哪一組快速鍵，進行列印的設定？ (A)Ctrl+F (B)Ctrl+P (C)Ctrl+D (D)Ctrl+G。

( )2. 在 Word 中製作好的文件，可以儲存為下列何種檔案類型？ (A)dotx (B)txt (C)rtf (D) 以上皆可。

( )3. 在 Word 中要開啟一份新文件時，可以按下下列何組快速鍵？ (A)Ctrl+F (B)Ctrl+A (C)Ctrl+O (D)Ctrl+N。

( )4. 在 Word 中設定列印頁面時，一張紙最多可以設定列印多少頁？ (A)8頁 (B)16頁 (C)32頁 (D) 沒有限制。

( )5. 下列關於 Word 的「列印」設定，何者不正確？ (A) 可以設定只列印「偶數頁」 (B) 可以指定列印範圍 (C) 無法設定列印不連續的頁面 (D) 可以選擇列印的紙張方向。

( )6. 在 Word 中，下列哪一項設定會改變字元的寬度？ (A) 最適文字大小 (B) 字元比例 (C) 字元間距 (D) 分散對齊。

( )7. 在 Word 中，將圖片加入後，於圖片右上角會自動出現 按鈕，利用此按鈕可以進行以下哪項設定？ (A) 調整圖片大小 (B) 裁剪圖片 (C) 設定圖片文繞圖方式 (D) 移除圖片。

( )8. 在 Word 中，按下鍵盤上的哪個按鍵會產生一個段落？ (A)Shift 鍵 (B)Enter 鍵 (C)Tab 鍵 (D)Ctrl 鍵。

( )9. 在 Word 中，下列對於段落對齊方式的快速鍵配對，何者有誤？ (A) 置中對齊：Ctrl+E (B) 靠左對齊：Ctrl+L (C) 靠右對齊：Ctrl+R (D) 分散對齊：Ctrl+J。

( )10.在 Word 中預設的行距是？ (A) 單行間距 (B)1.5 倍行高 (C) 最小行高 (D) 固定行高。

☉實作題

1. 開啟「範例檔案→Word→Example01→臺灣溫泉美食嘉年華.docx」檔案，進行以下的設定。

▶ 幫「臺灣溫泉美食嘉年華」標題文字加上各種文字效果，凸顯標題文字。

▶ 將「臺灣好湯……」段落文字縮排2字元，與前段距離0.5行，對齊方式設為左右對齊。

▶ 將「溫泉區活動」及「推薦景點」標題文字置中對齊，再加入下框線，文字大小及色彩請自行設計。

▶ 將「溫泉區活動」及「推薦景點」下的段落文字使用定位點功能，讓文字能整齊排列。

▶ 將「活動期程…」段落文字加上網底。

▶ 將「湯圍溝溫泉」的文字寬度調整為7個字元。

▶ 加入「溫泉01.jpg」及「溫泉02.jpg」二張圖片美化文件。

2. 請開啟「範例檔案→Word→Example01→春節習俗.docx」檔案，利用定位點、網底等功能編排文件，並適時加入一些美工圖案。

▶ 小標題的定位點設定位置為「34字元」、「靠右」、「前置字元(5)」。

▶ 在文件中插入與「春節」、「過年」、「鞭炮」、「福」等關鍵字相關的線上圖案。

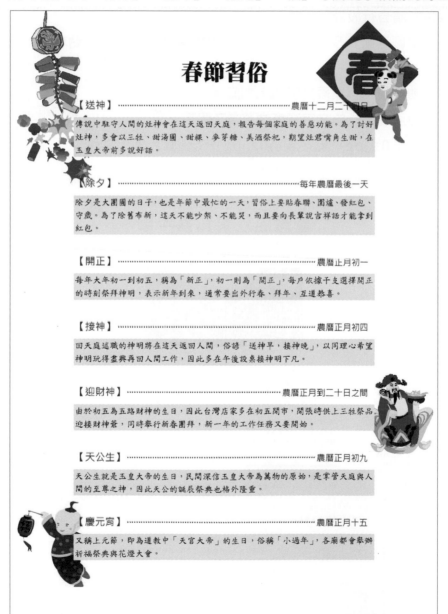

專題報告文件

Word 文字編輯技巧

02

學習目標

版面設定 / 文字格式設定 /
文字樣式設定 / 醒目提示 /
文字上下標 / 段落框線及網底 /
頁面框線 / 中英文拼字檢查 /
亞洲方式配置 / 中文繁簡轉換 /
插入日期及時間 / 首字放大
建立數學方程式

⭐ 範例檔案

　　Word→Example02→電子商務報告.docx

⭐ 結果檔案

　　Word→Example02→電子商務報告-OK.docx

在課業或工作上有時須製作專業文件，例如：學業報告、畢業論文、產銷報告、提案或企畫書等，其中可能需要編輯一些特殊字元格式或專業的方程式，Word 其實提供了一些好用的小工具，可以幫助我們快速完成這些效果。在「專案報告文件」範例中，將學習如何善用 Word 提供的各項小技巧。

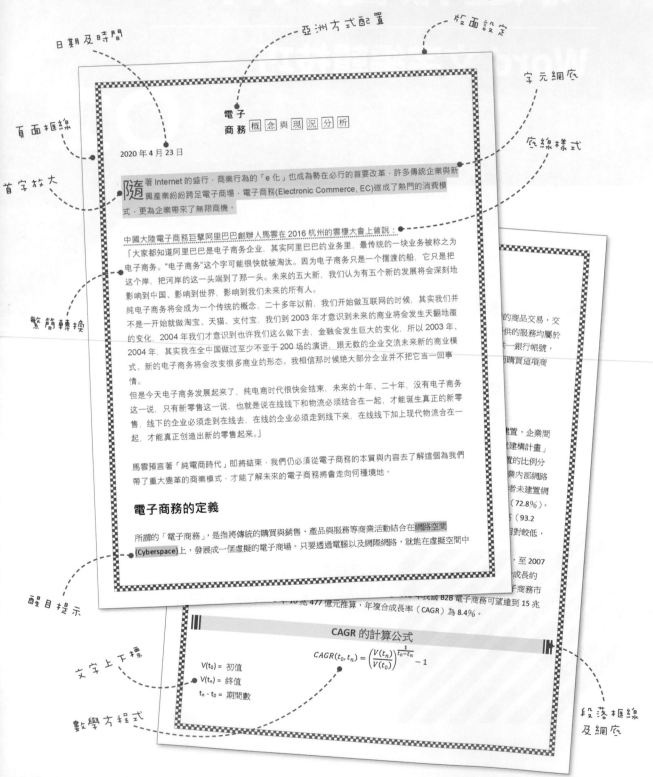

日期及時間
亞洲方式配置
版面設定
字元網底
頁面框線
底線樣式
首字放大
繁簡轉換
項目提示
文字上下標
數學方程式
段落框線及網底

🔍 2-1 版面設定

　　當我們著手進行一份文件的編排之前，都會先設定該文件的紙張大小、邊界值……等版面設定。在 Word 中預設文件的版面為 A4 (21x 29.7cm) 紙張大小，紙張的邊界為**標準**(上下邊界為 2.54cm，左右邊界為 3.18cm)。當這些預設值不符要求時，可以自行調整紙張的版面設定。

　　請開啟光碟中的「範例檔案→Word→Example02→電子商務報告.docx」檔案，我們將對此份文件，進行版面邊界、文件方向、紙張大小等設定。

STEP01 點選**「版面配置→版面設定→邊界」**下拉鈕，在選單中按下**自訂邊界**，開啟「版面設定」對話方塊。

STEP02 點選**邊界**標籤頁，將上下左右**邊界**都設定為**2公分**；於**方向**選項中選擇**直向**。

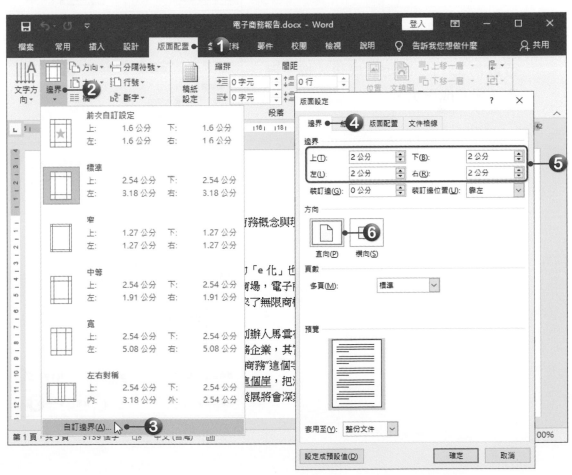

STEP03 再點選**版面配置**標籤頁,設定頁首、頁尾與頁緣距離均為 1.5 公分。

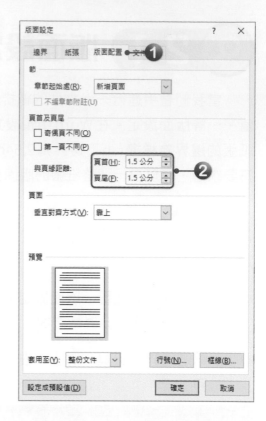

STEP04 最後點選**文件格線**標籤頁,設定**每頁行數**為 35 行。設定完成後,按下**確定**按鈕完成設定。

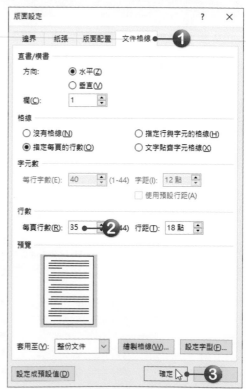

STEP 05 接著點選「版面配置→版面設定→大小」下拉鈕，於文件大小選單中選擇
Letter (21.59公分 ×27.94公分)。

STEP 06 設定完成後，文件的版面如下圖顯示。

🔍 2-2 文字設定

　　有關文字格式設定的指令按鈕，大多放置在「**常用→字型**」群組中，而 Word 也提供即時預覽的功能，只要將滑鼠游標移至要設定的指令按鈕，文件就會立即呈現該功能的套用效果，預覽確定之後，再按下該按鈕即可。

文字格式設定

STEP01 將文件的引言部分文字選取起來，接著按下「**常用→字型**」群組右下角的 🔽 按鈕，開啟「字型」對話方塊。

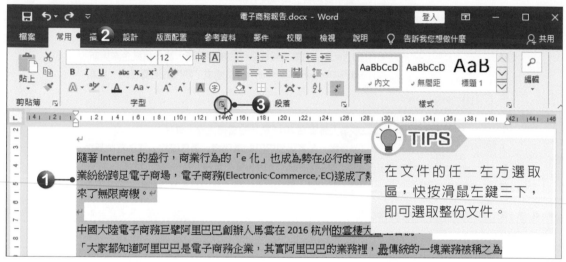

STEP02 設定中文字型為微軟正黑體、英文字型為Arial、字型色彩為藍色，設定好後，按下「**確定**」按鈕，回到文件中。

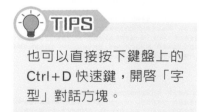

💡 **TIPS**

也可以直接按下鍵盤上的 Ctrl+D 快速鍵，開啟「字型」對話方塊。

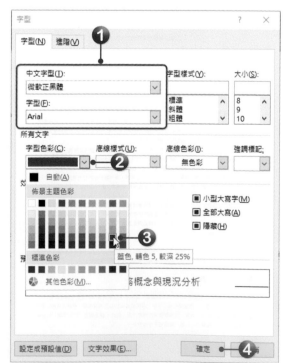

STEP03 選取標題文字「電子商務概念與現況分析」，按下**「常用→字型」**群組右下角的 ▫ 按鈕，開啟「字型」對話方塊。

STEP04 點選**「進階」**標籤頁，在「間距」選單中選擇**「加寬」**；在「點數設定」欄位中輸入**「2 點」**，設定完成後按下**「確定」**按鈕。

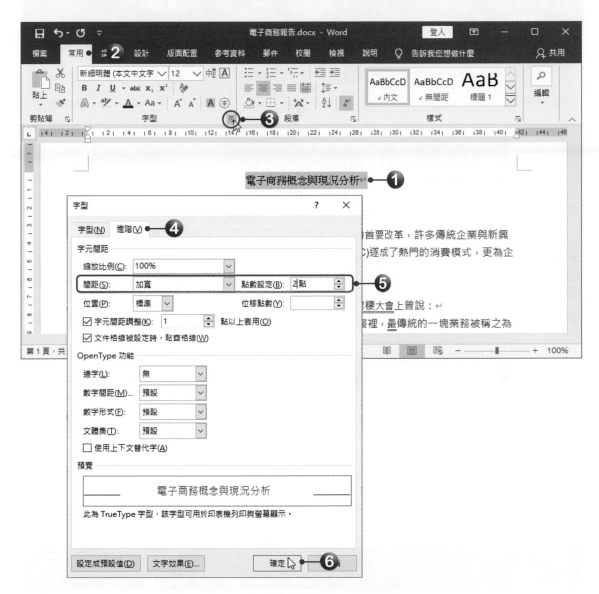

STEP05 回到文件中，就可看到文字的設定結果如下圖所示。

文字樣式設定

STEP01 將第一段引言文字反白選取,按下「**常用→字型→ A 字元網底**」按鈕,為文字加上字元網底。

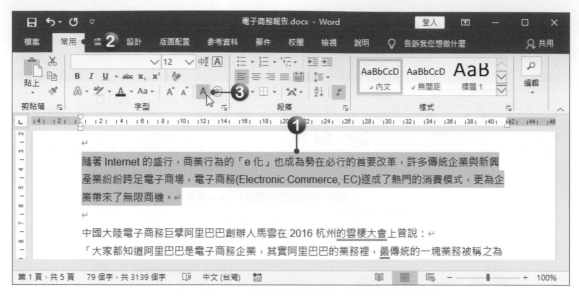

STEP02 回到文件中,被選取的文字就會自動加上灰色的網底,如下圖所示。

STEP03 選取第二段引言文字,按下「**常用→字型**」群組右下角的 按鈕,開啟「字型」對話方塊。

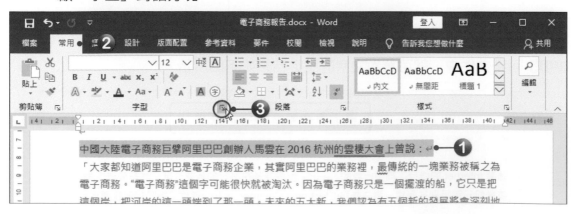

STEP 04 點選**字型**標籤頁,設定**底線樣式**為「粗虛線 ⋯⋯⋯⋯⋯⋯」,底線色彩為深橙色,設定完成後,按下「**確定**」按鈕。

STEP 05 回到文件中,被選取的第一段文字就會加上橙色虛線的底線,如下圖所示。

> 中國大陸電子商務巨擘阿里巴巴創辦人馬雲在 2016 杭州的雲棲大會上曾說:↵
>
> 「大家都知道阿里巴巴是電子商務企業,其實阿里巴巴的業務裡,最傳統的一塊業務被稱之為電子商務。"電子商務"這個字可能很快就被淘汰。因為電子商務只是一個擺渡的船,它只是把這個岸,把河岸的這一頭端到了那一頭。未來的五大新,我們認為有五個新的發展將會深刻地影響到中國、影響到世界,影響到我們未來的所有人。↵
>
> 純電子商務將會成為一個傳統的概念,二十多年以前,我們開始做互聯網的時候,其實我們並

💡 TIPS

迷你工具列

當選取某段文字時,就會即時顯示**迷你工具列**,只要將滑鼠游標移至工具列上,即可進行文字格式的設定。

醒目提示的使用

STEP01 將「電子商務的定義」標題下的內文第一行「**網路空間(Cyberspace)**」文字選取起來,按下「**常用→字型→ 文字醒目提示色彩**」下拉鈕,將游標移至開啟的色彩選單上,就可以在文件中預覽套用後的情形。在選單中直接點選想要套用的顏色,被選取的文字就會加上醒目提示文字效果,如下圖所示。

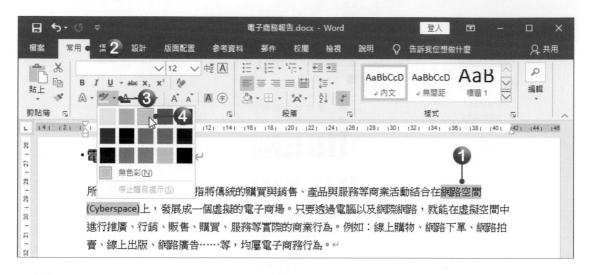

設定文字為下標

STEP01 同時選取文件最後3行,「t0」及「tn」文字中的「0」和「n」,接著按下「**常用→字型→ x₂ 下標**」按鈕。

STEP02 接著就可以看到所選取的文字,會以下標的方式呈現,如右圖所示。

$$V(t_0) = 初值$$
$$V(t_n) = 終值$$
$$t_n - t_0 = 期間數$$

2-3 框線及網底與頁面框線

在Word中可以將字元或段落加上**框線**或**網底**，這樣可以讓字元或段落更為明顯，而使用**頁面框線**功能則可以幫文件加上框線。

加入段落框線及網底

STEP 01 選取「CAGR的計算公式」段落文字，先將該段落文字的大小設定為**16級**，並加上**粗體**，再將文字色彩設定為**藍色**。

STEP 02 文字格式設定好後，按下「**常用→段落→ ⊞ ▾ 框線**」選單鈕，於選單中點選**框線及網底**，開啟「框線及網底」對話方塊，點選**框線**標籤頁，進行框線樣式的設定。

STEP 03 選擇框線要使用**樣式**、**色彩**、**寬度**，都設定好後按下**上框線**、**下框線**工具鈕，取消上、下框線。

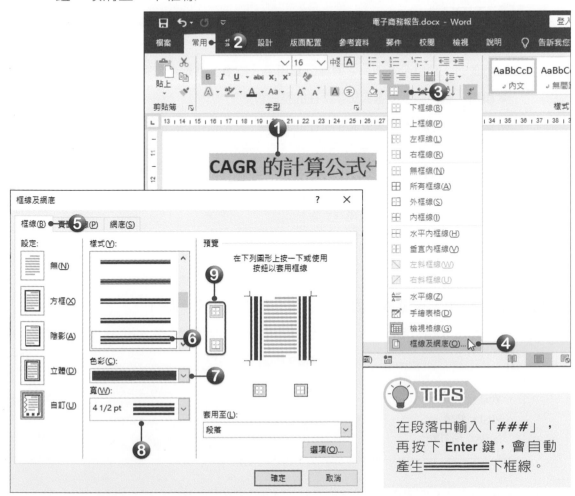

> 💡 **TIPS**
>
> 在段落中輸入「###」，再按下 Enter 鍵，會自動產生 ▬▬▬▬ 下框線。

STEP04 再點選**網底**標籤頁，進行網底的設定，設定好後按下**確定**按鈕。

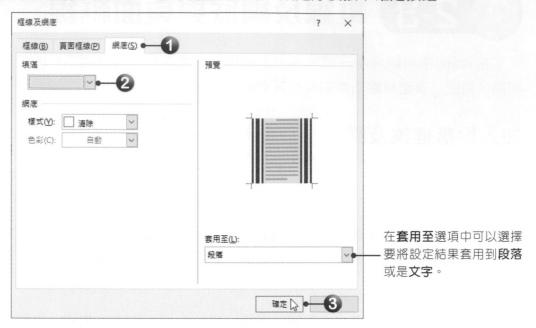

在**套用至**選項中可以選擇
要將設定結果套用到**段落**
或是**文字**。

💡 **TIPS**

網底「套用至」選項

在網底的「套用至」項目可選擇欲套用至「段落」或是「文字」，各說明如下：

◉ **段落**：顏色顯示於選取文字所在的整段段落。

◉ **文字**：顏色顯示於選取文字所在的部分。

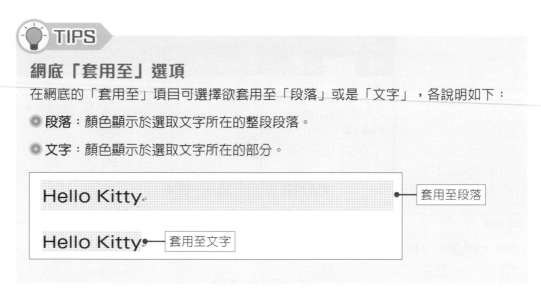

STEP05 回到文件後，被選取的段落文字就會加上框線及網底了。

加入頁面框線

在文件中可以加入頁面框線，讓整個版面看起來更活潑。

STEP01 按下「**設計→頁面背景→頁面框線**」按鈕，開啟「框線及網底」對話方塊，即可進行頁面框線的設定。

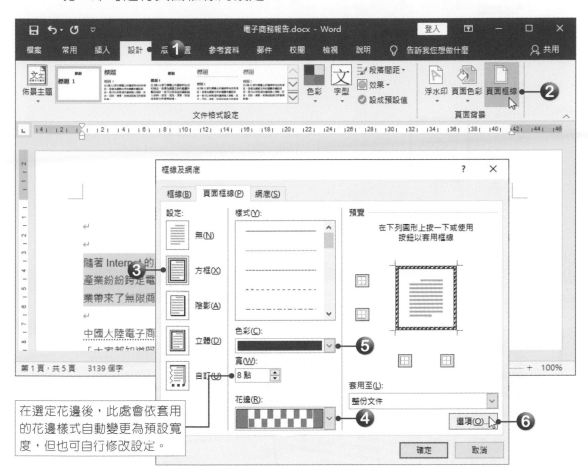

在選定花邊後，此處會依套用的花邊樣式自動變更為預設寬度，但也可自行修改設定。

TIPS

在頁面框線的「套用至」選項中，可以依據需求選擇「整份文件」、「此節」、「此節 - 只有第一頁」、「此節 - 除了第一頁」等頁面框線選項。其中「此節」選項，只會套用到文件目前所在的頁數，而其他的則不會套用。

STEP02 在設定頁面框線時，可以按下選項按鈕，設定框線的邊界及度量基準。其中度量基準有文字及頁緣兩種選項，前者是指花邊位置會根據離文字輸入區(即版面設定的邊界內)的距離而定；後者是指花邊位置是根據離紙張邊線的邊界距離而定，這是預設值。

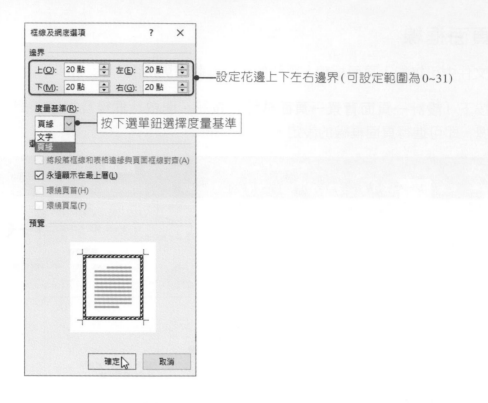

設定花邊上下左右邊界(可設定範圍為0~31)

按下選單鈕選擇度量基準

STEP05 回到文件後，文件中的每一頁都會加上我們所設定的頁面框線。

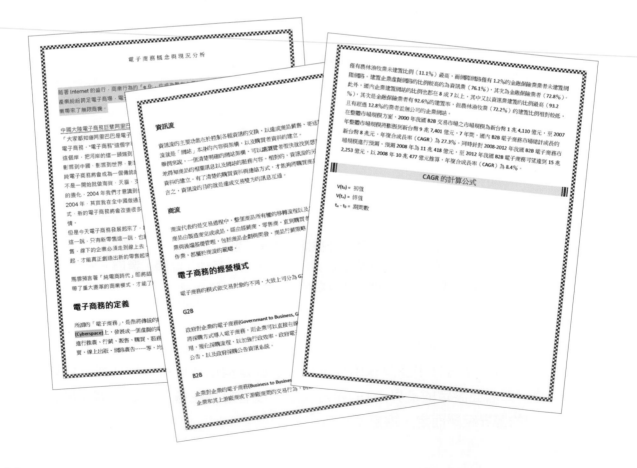

2-4 中英文拼字檢查

　　Word提供了中英文拼字檢查的功能，當文件中出現疑似中文或英文的錯誤，Word會自動在文字底下以不同顏色的波浪底線或雙底線來標示，除了提醒的功能之外，還可幫助我們找出正確的字喔！

　　不同色彩的底線，代表著不同的意義。紅色波浪底線用來標示拼字錯誤，藍色雙底線則用來標示文法錯誤，主要是提醒使用者需要自行判斷是否有誤。

☰ **紅色波浪底線**：表示可能是拼字錯誤，或者是Office字詞資料庫裡沒有的字。

☰ **藍色雙底線**：拼字雖正確，但似乎文法有誤或非句中應使用的正確字眼。

略過拼字及文法檢查

　　若發現Word檢查的結果並不正確，或是判斷錯誤時，可以在文字上按下滑鼠右鍵，於選單中點選**略過一次**，即可將底線標示移除。

💡 TIPS

關閉拼字及文法檢查功能

Word在進行拼字檢查時，會與Office字詞資料庫進行比對，但若是編輯特殊領域或較專業的文件，常常會出現Office字詞資料庫裡沒有的字詞，就可能出現滿篇惱人的波浪底線。

如果想要關閉拼字及文法檢查功能，可以按下「**檔案→選項**」功能，開啟「Word選項」視窗，點選「**校訂**」標籤，再進行各種拼字及文法檢查項目的勾選設定就可以了。

開啟拼字及文法檢查

STEP01 按下「校閱→校訂→拼字及文字檢查」按鈕,或按下 F7 快速鍵,可以開啟「校訂」窗格。

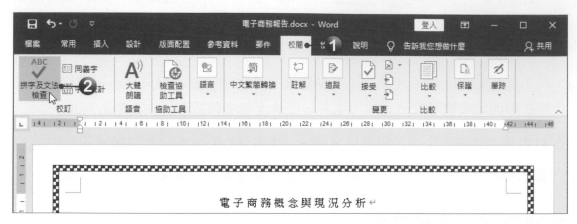

STEP02 在「校訂」窗格中會逐一顯示可能有問題的文字,並依偵測到的文字錯誤類型顯示為「文法」、「通用選項」或是「拼字檢查」有誤。若為「拼字檢查」類型,則會在下方列出較適當的單字,可直接點選正確文字進行修正。

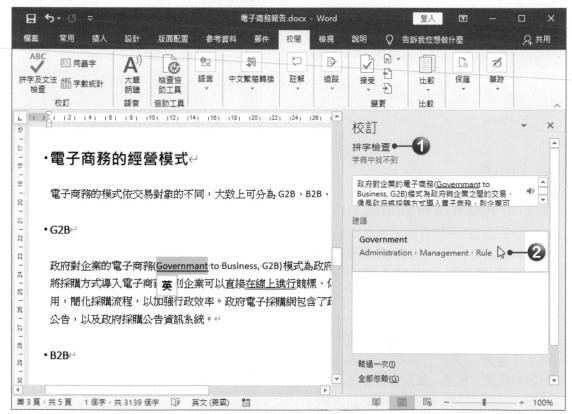

STEP03 全數修正完畢後,按下**確定**鈕關閉對話方塊即可。

 **2-5 亞洲方式配置的設定**

並列文字

並列文字可以將文字由一排並列為兩排,且沒有字數上的限制。

STEP01 選取標題文字中的「電子商務」四個字,先在「**常用→字型**」群組中,將字型改為**微軟正黑體**、**粗體**、字型大小由14級改為**28級**(放大為原來的2倍)。

STEP02 按下「**常用→段落→ 亞洲方式配置**」下拉鈕,在選單中點選「**並列文字**」功能,開啟「並列文字」對話方塊。

STEP03 此時可在預覽區中看到文字的並列情形,確認無誤後,直接按下「**確定**」按鈕,即完成設定。

STEP04 完成結果如下圖所示。

圍繞字元

在進行圍繞字元的設定時，必須注意一次只能針對一個字來設定喔！

STEP01 先選取標題中的「概」文字，按下「**常用→字型→圍繞字元**」按鈕。

STEP02 開啟「圍繞字元」對話方塊，在樣式中選擇**放大符號**，以保持文字原來的大小；在圍繞符號中選擇要使用的符號，設定完成後按下**確定**按鈕。

STEP03 回到文件中，選取的文字周圍就會加上剛剛設定的形狀。依照同樣步驟設定「念」與「現況分析」等文字，結果如下圖所示。

Q 2-6 實用技巧

中文繁簡轉換

　　若想要閱讀一篇簡體文章，或是想將自己的文件轉換為簡體字時，卻又不熟悉簡體字，WORD 提供**中文繁簡轉換**功能，讓我們可以快速將整段文字或整篇文章轉為繁 / 簡體中文。

STEP 01 選取文章引言中的引號內文字，按下「**校閱→中文繁簡轉換→繁轉簡**」按鈕，就可以將繁體中文翻譯成簡體中文。

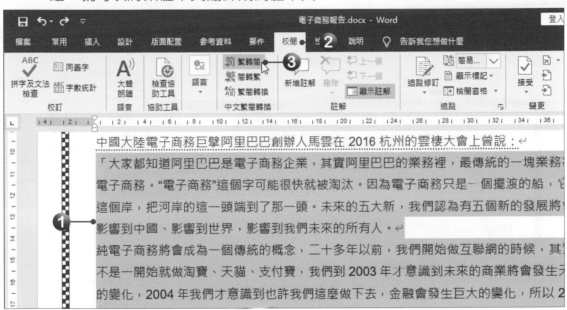

STEP 02 翻譯完成的結果如下圖所示。

中國大陸電子商務巨擘阿里巴巴創辦人馬雲在 2016 杭州的雲棲大會上曾說：

「大家都知道阿里巴巴是电子商务企业，其实阿里巴巴的业务里，最传统的一块业务被称之为电子商务。"电子商务"这个字可能很快就被淘汰。因为电子商务只是一个摆渡的船，它只是把这个岸，把河岸的这一头端到了那一头。未来的五大新，我们认为有五个新的发展将会深刻地影响到中国、影响到世界，影响到我们未来的所有人。

纯电子商务将会成为一个传统的概念，二十多年以前，我们开始做互联网的时候，其实我们并不是一开始就做淘宝、天猫、支付宝，我们到 2003 年才意识到未来的商业将会发生天翻地覆的变化，2004 年我们才意识到也许我们这么做下去，金融会发生巨大的变化，所以 2003 年、2004 年，其实我在全中国做过至少不亚于 200 场的演讲，跟无数的企业交流未来新的商业模式、新的电子商务将会改变很多商业的形态。我相信那时候绝大部分企业并不把它当一回事情。

插入日期及時間

接著要在標題文字之下，標示出目前的日期。

STEP 01 將游標移至標題文字的下一行，按下「**插入→文字→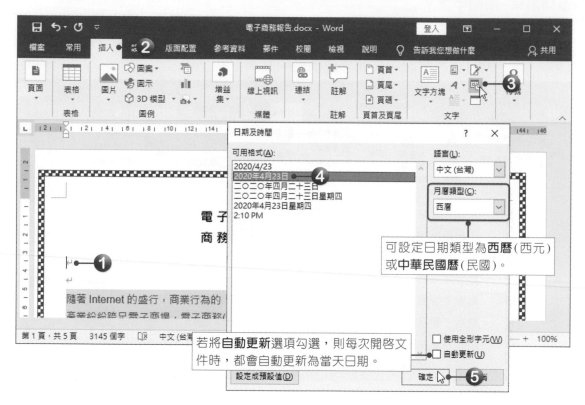 日期及時間**」按鈕，開啟「日期及時間」對話方塊。

STEP 02 在「可用格式」選單中，點選想要插入的日期及時間格式，再按下「**確定**」按鈕。

STEP 03 回到文件中，就會發現游標處已經插入當天的日期，如下圖所示。

首字放大

接著我們要將引言第一段的第一個字放大，可利用 Word 的**首字放大**功能來完成。不過要注意，首字放大的功能無法使用在表格、文字方塊、頁首及頁尾等項目內的文字段落。

STEP 01 先選取引言第一段的第一個文字，按下「**插入→文字→** A ▼ **首字放大**」下拉鈕，點選選單中的「**首字放大選項**」。

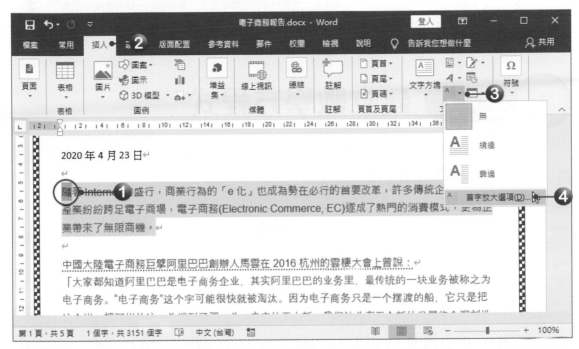

STEP 02 開啟「**首字放大**」對話方塊後，選擇「**繞邊**」位置，將放人的字型設定為「**微軟正黑體**」、放大高度設定為「**2**」，表示字型放大為兩列高，設定好後按下「**確定**」按鈕。

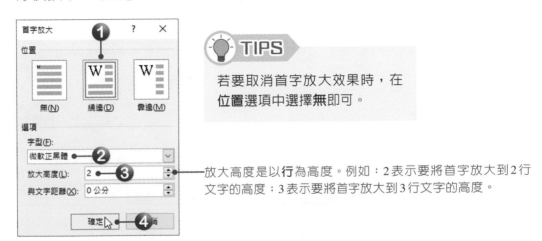

TIPS

若要取消首字放大效果時，在位置選項中選擇**無**即可。

放大高度是以**行**為高度。例如：2 表示要將首字放大到 2 行文字的高度；3 表示要將首字放大到 3 行文字的高度。

STEP 03 回到文件中，內文的第一個字就會被放大，如下圖所示。

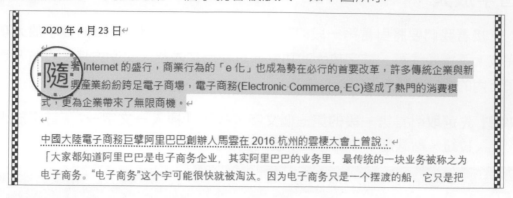

2-7 建立數學方程式

Word中提供了一些常用的數學方程式工具，可在文件中輕鬆輸入各種運算符號及方程式。接下來我們要在內文中加上計算公式：

$$CAGR\,(t_0, t_n) = \left(\frac{V(t_n)}{V(t_0)}\right)^{\frac{1}{t_n - t_0}} - 1$$

STEP 01 將插入點移至最後一頁「CAGR的計算公式」段落的下一行，按下「**插入→符號→方程式**」按鈕，會進入「方程式工具」的編輯模式。

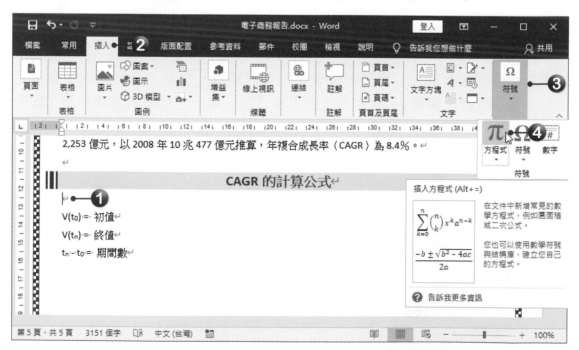

STEP 02 可在出現的方框中直接輸入方程式，並利用開啟的「方程式工具」建構方程式的架構。

STEP 03 首先輸入公式文字「CAGR(」，再按下「方程式工具→設計→結構→上下標」下拉鈕，在選單中選擇下標。

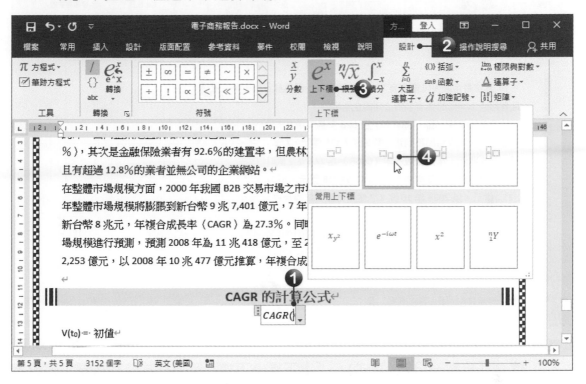

STEP 04 接著會在公式方框中建立一個下標的公式結構，直接在虛線方塊中輸入公式文字即可。

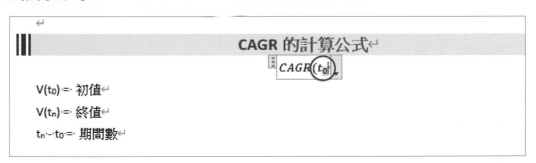

STEP05 依照同樣方式繼續輸入公式文字「, t_n) =」。接著在等號後按下「**方程式工具→設計→結構→上下標**」下拉鈕，在選單中選擇「**上標**」。

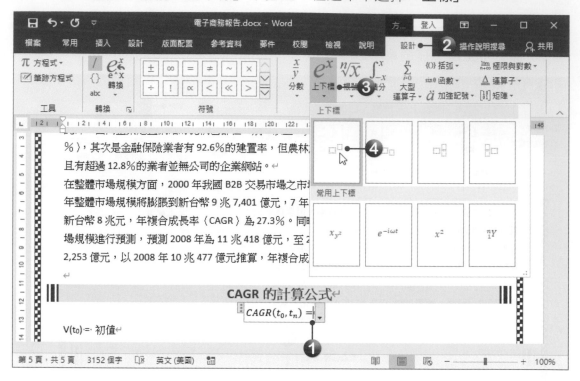

STEP06 依照相同的建構方式，先在第一個虛線方塊中依序利用「**括弧→括號**」、「**分數→分數(直式)**」、「**上下標→下標**」等方程式結構按鈕，編輯出如下圖所示的公式內容。

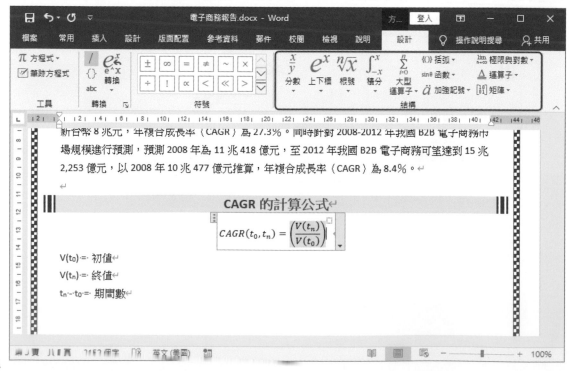

STEP07 接著利用鍵盤上的「→」鍵，將輸入游標切換至方程式的上標虛線方塊中，再利用「**分數→分數(直式)**」及「**上下標→下標**」結構建立上標虛線方塊內文字，如下圖所示。

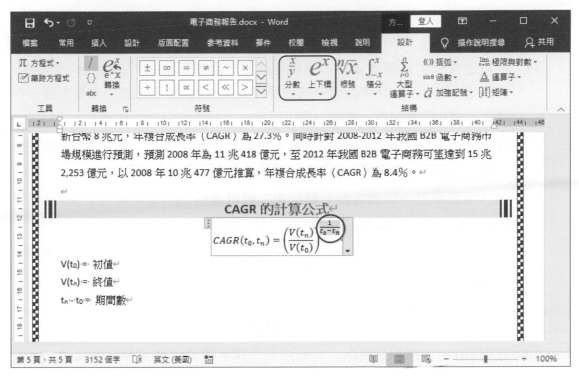

STEP08 繼續按下鍵盤上的「→」鍵，將輸入游標切換至方程式的最末，直接輸入「-1」，即完成計算公式的輸入，如下圖所示。

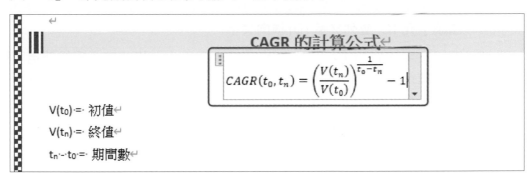

STEP09 公式完成後，在文件任一處按下滑鼠左鍵，即可回到文件中。

⭐選擇題

(　　)1. 欲設定文件的紙張大小時，應該要執行下列何項功能？ (A) 版面配置→版面設定→邊界 (B) 版面配置→版面設定→大小 (C) 版面配置→佈景主題→佈景主題 (D) 版面配置→稿紙→稿紙設定。

(　　)2. 在 Word 中，按下 Ctrl+A 快速鍵，可執行下列哪一項工作？ (A) 選取整篇文章 (B) 選取一個句子 (C) 選取一個段落 (D) 選取一串文字。

(　　)3. 在「版面配置→版面設定」群組中，可以進行下列哪些設定？ (A) 邊界設定 (B) 紙張大小設定 (C) 分欄設定 (D) 以上皆可。

(　　)4. 按下下列哪一個工具鈕，可為文字加上字元網底？ (A) A˙ (B) A (C) ㊈ (D) ⁴A˙。

(　　)5. 點選「常用→字型」群組中的「🖉˙」工具鈕，可執行下列何種設定？ (A) 字元網底 (B) 字元網底 (C) 醒目提示 (D) 字型色彩。

(　　)6. 在 Word 中，欲對文件內容進行中英文拼字檢查，應該要在下列哪一個索引標籤中，執行「拼字及文法檢查」功能？ (A) 常用 (B) 插入 (C) 版面配置 (D) 校閱。

(　　)7. 欲將文字格式設定為「資訊軟體產業」，應使用下列哪一項功能？ (A) 組排文字 (B) 圍繞字元 (C) 並列文字 (D) 橫向文字。

(　　)8. 要將文字格式設定為「Ｉ ◇ＬＯＶＥ Ｙ○Ｕ」格式時，應該使用下列哪個功能進行設定？ (A) 組排文字 (B) 圍繞字元 (C) 並列文字 (D) 橫向文字。

(　　)9. 想要在 Word 文件中輸入方程式，應該要在下列哪一個索引標籤中執行指令，才能開啟「數學方程式工具」？ (A) 常用 (B) 插入 (C) 參考資料 (D) 校閱。

✪實作題

1. 請開啟書附光碟中的「範例檔案→Word→Example02→文字編排.doc」檔案，進行以下設定。

   ▶ 設定紙張大小為「B5」，上下左右邊界為「1.6 cm」，文件方向為「橫向」。

   ▶ 設定標題字型為「微軟正黑體」，大小為「20」，字型色彩為「紅色」，字元間距為「加寬3點」，並加上「紅色雙線」為底線。

   ▶ 取消第一段文字的字元網底，改為加上黃色的醒目提示色彩。

   ▶ 第二段首字放大為「繞邊2倍高」。

   ▶ 在文章最後一行插入日期與時間，格式如：「5/23/2018 6:04:24 PM」。

   ▶ 為全文編入連續行號。

   ▶ 將全文轉換為簡體中文。

2. 請開啟書附光碟中的「範例檔案→Word→Example02→議程.docx」檔案，
進行以下的設定。

▶ 將文件由橫書轉為直書。

▶ 將文件中的所有文字格式設定為：標楷體、字型大小20級。

▶ 將「全華大學資管學院」以並列文字設定為二排顯示(字型大小48級)。

▶ 會議時間中的日期及會議地點中的數字請設定以橫向文字顯示。

▶ 新增頁面框線，框線格式自選。

▶ 文件最左邊插入日期，日期格式如「一七年五月二十三日」，文字設定為「文字均等分」。

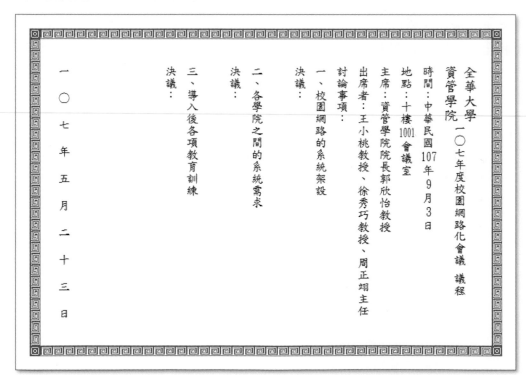

求職履歷表

Word 範本與表格應用

03

☆ 範例檔案

 Word → Example03 → 履歷表.docx

☆ 結果檔案

 Word → Example03 → 履歷表-OK.docx

在求職的過程中，一份好的履歷表是不可或缺的。其實，撰寫一份履歷表並不困難，但是，要製作一份好的履歷表那就不容易了！如何讓自己的履歷表在眾多的競爭對手中脫穎而出，並讓對方留下深刻的印象，才是製作履歷表的重點。

所以，本範例要學習如何利用 Word 提供的履歷表範本，製作出一份令人印象深刻的履歷表。在履歷表的製作過程中，利用範本，先建立個人履歷表的架構，架構製作完成後，再於履歷表中加入自傳、個人作品集、封面等資訊，讓履歷表更專業、更具吸引力。

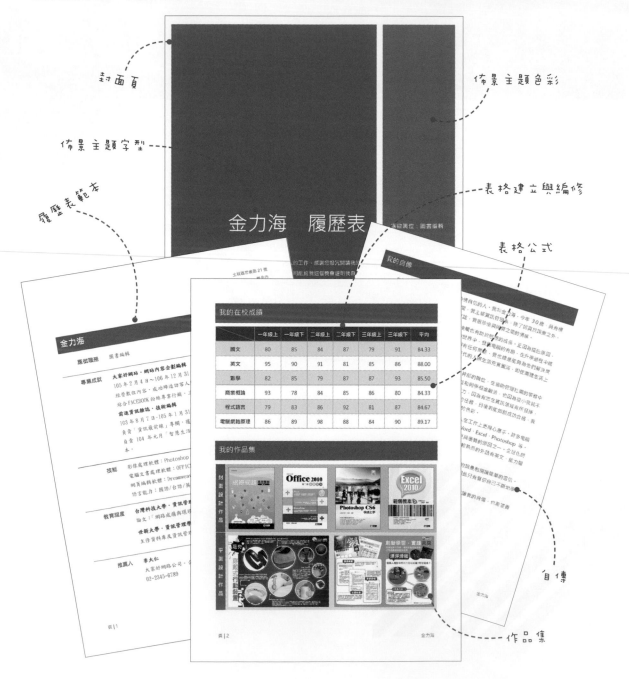

3-1 使用範本建立履歷表

使用Word提供的「履歷表」範本,可以快速建立一個基本履歷表,而該履歷表也已經設定好基本的文字樣式、表格樣式、頁碼樣式等,所以,只要將相關資料填入,就能完成履歷表的製作。

開啟履歷表範本

STEP 01 開啟 Word 操作視窗後,點選**更多範本**選項,進入「新增」頁面。

STEP 02 在**搜尋線上範本**欄位中,輸入欲尋找範本的關鍵字—「**履歷表**」,Word 便會列出相關的範本。直接點選要開啟的範本,Word 就會連上 office 網站讓你預覽範本,若沒問題按下**建立**按鈕,即可進行下載的動作。

STEP03 下載完成後，Word 便會直接開啟該份文件。這份履歷表範本是利用表格編排而成的，在編輯時可以設定顯示表格格線，以便進行後續編輯。

此處的姓名會自動顯示為 Word 所設定的「使用者名稱」。

若欲查看或變更使用者名稱，可按下「**檔案→選項**」功能，開啟「Word 選項」對話方塊，點選**一般**標籤，在**使用者名稱**欄位中即可看到所設定的名稱。

虛線部分是表格的格線，列印時不會列印出來。

藍色實線部分是表格的框線，列印時會將框線列印出來。

💡 TIPS

顯示表格格線

若文件中的表格設定為無框線，在編輯是看不到表格格線的，此時可以將插入點移至表格內，再按下「**表格工具→版面配置→表格→檢視格線**」按鈕，即可顯示格線。

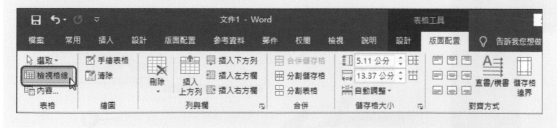

履歷表的編修

履歷表建立好後，接下來就要開始進行資料的修改、文字格式的設定……等動作。

◉ 輸入資料

使用履歷表範本時，一些基本的資料位置都已先設定好，所以只要依照指示及說明來輸入相關內容即可。

STEP01 點選「[街道地址]」，此時該文字會呈選取狀態，接著就可以開始進行文字的輸入，輸入文字後，「[街道地址]」就會自動被取代掉。

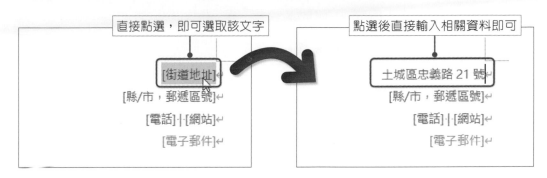

STEP02 利用相同方式將所有相關資料都輸入完畢。

STEP03 在輸入某些欄位時，若發現預設的項目不夠，可以按下右下角的 ➕ 按鈕，在下方繼續新增一個項目。

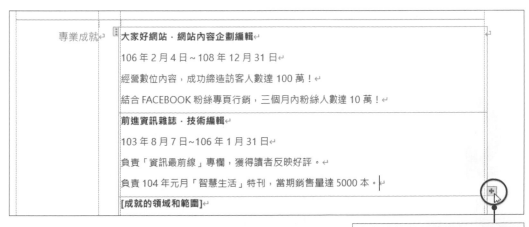

◉ 刪除不要的欄位

履歷表範本的設計，或許有些欄位是你不需要的。選取不需要的表格列，選取後會顯示**迷你工具列**，按下工具列上的「**刪除→刪除列**」按鈕，即可將選取的列刪除。

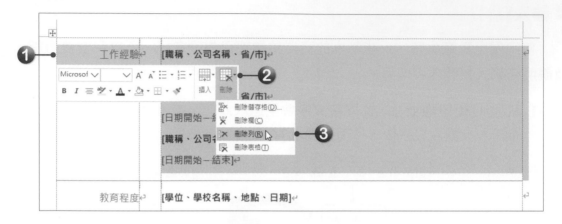

◉ 刪除分頁符號 & 不同表格的合併

在此範本檔案中，第一頁及第二頁的表格之間以一個分頁符號將兩個表格分別放置在兩頁，我們要將兩個表格合併為一個。

STEP 01 將分頁符號段落選取起來，直接按下鍵盤上的 Delete 鍵即可刪除該段落，而下頁表格內容便會接續出現在第一頁後方。

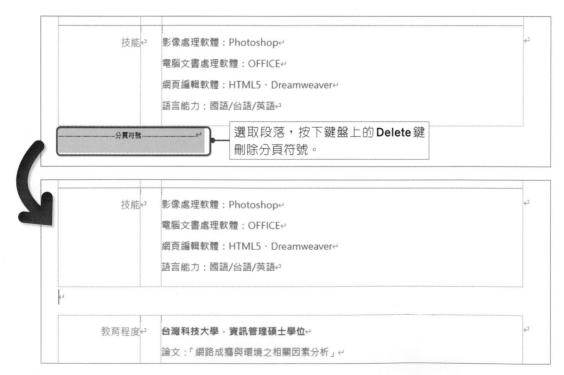

選取段落，按下鍵盤上的 **Delete** 鍵刪除分頁符號。

STEP02 同樣選取表格之間的段落，按下鍵盤上的Delete鍵，將表格之間的換行符號刪除，兩個表格就會合併在一起。

選取段落，按下鍵盤上的**Delete**鍵刪除換行符號。

● 修改文字格式

STEP01 將滑鼠游標移至表格的上方，在A欄上按下**滑鼠左鍵**，選取該欄。

STEP02 選取好後，進入**「常用→字型」**群組中，進行文字格式的設定。

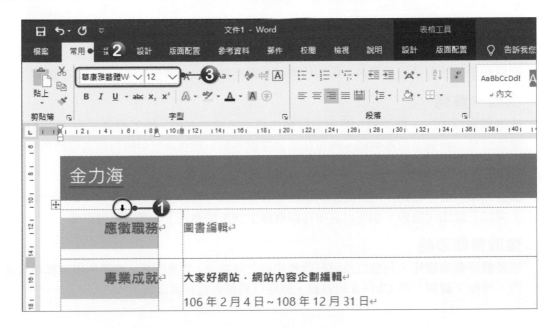

STEP03 接著選取表格的 C 欄，選取好後，進入「常用→字型」群組及「字型→段落」群組中，進行文字格式及段落對齊方式設定。

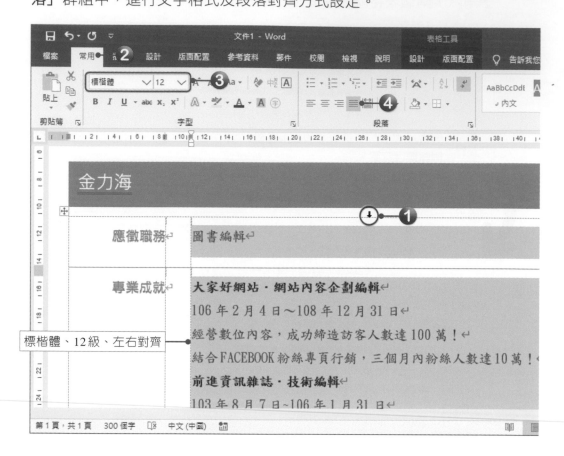

標楷體、12級、左右對齊

💡 **TIPS**

選取一整欄

要選取表格中的一整欄時，將滑鼠移到表格上格線的上方，按下滑鼠左鍵，即可將整欄選取起來。若要選取多欄時，則按住滑鼠左鍵不動，拖曳滑鼠至所有要選取的欄即可。

選取一整列

要選取表格中的一整列時，將滑鼠移到表格左格線的左方，按下滑鼠左鍵，即可將整列選取起來。若要選取多列時，則按住滑鼠左鍵不動，拖曳滑鼠至所有要選取的列即可。

選取單一儲存格

欲選取單一儲存格時，可將滑鼠游標移至儲存格的左框線上，游標會呈「↗」狀態，按一下滑鼠左鍵即可選取。也可以直接在儲存格上快按滑鼠三下，選取該儲存格。

選取整個表格

想要選取整個表格，只要以滑鼠點選表格左上角的 ⊞ 全選方塊，或是先將游標移至表格內，再按下鍵盤上的 **Ctrl+A** 組合鍵，就可以將整個表格選取起來。

STEP 04 選取姓名，進入「**常用→字型**」群組中，進行文字字型及字體大小的格式設定。

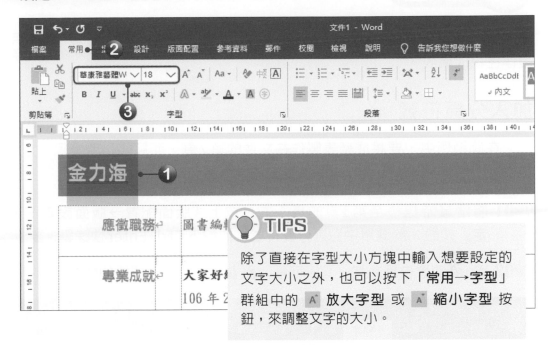

💡 **TIPS**

除了直接在字型大小方塊中輸入想要設定的文字大小之外，也可以按下「**常用→字型**」群組中的 A↑ **放大字型** 或 A↓ **縮小字型** 按鈕，來調整文字的大小。

到這裡， 基本的履歷表內容就製作完成囉！可開啟書附光碟中的 「**履歷表.docx**」 檔案，查看相關設定， 而接下來的相關操作， 也可以使用此檔案繼續進行喔！

3-2 使用表格製作成績表

基本的履歷表內容製作好後，接著便可加入其他相關資料，這裡要利用表格製作在校成績表。

加入分頁符號

在此範例中，要將成績表製作在文件的第2頁，而只要利用分隔設定中的**分頁符號**，即可迅速在文件中將插入點移至第2頁。

STEP01 將滑鼠游標移至第1頁的最下方，按下「**版面配置→版面設定→分隔設定**」按鈕，於選單中點選**分頁符號**，或按下**Ctrl+Enter**快速鍵。

STEP02 Word 便會自動新增一頁，而插入點會跳至下一頁開始的位置。

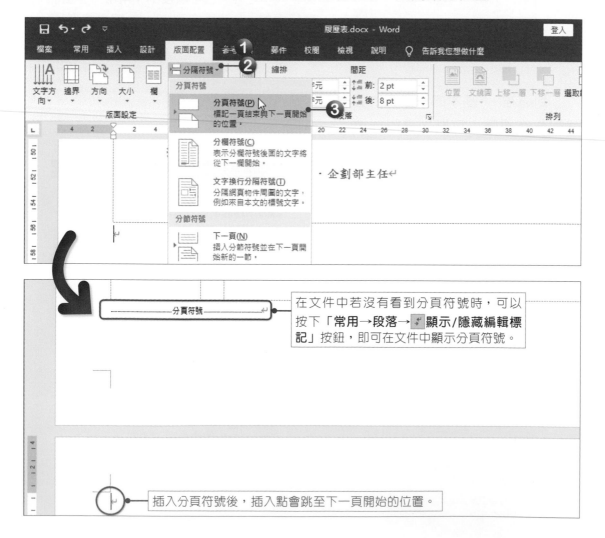

在文件中若沒有看到分頁符號時，可以按下「**常用→段落→ 顯示/隱藏編輯標記**」按鈕，即可在文件中顯示分頁符號。

插入分頁符號後，插入點會跳至下一頁開始的位置。

分隔設定

在 Word 中提供了分隔設定功能，利用這個功能可以針對一份文件進行分節、分頁、…等設定。只要點選「**版面配置→版面設定→分隔設定**」選單鈕，即可在選單中選擇欲插入的分隔符號。

也可以直接在要進行分頁的地方，按下鍵盤上的 **Ctrl＋Enter** 快速鍵進行分頁。

選項		說明
分頁符號	分頁符號	點選此選項時，游標所在位置的文件跳至下一頁，而游標所在位置則會產生一個分頁符號。
	分欄符號	點選此選項時，游標所在位置的文件跳至下一頁，而游標所在位置則會產生一個分欄符號。
	文字換行分隔符號	點選此選項時，會將游標所在位置後方的文字跳至下一行。
分節符號	下一頁	點選此選項時，會將游標所在位置的文件跳至下一頁，並產生一個分節符號。
	接續本頁	點選此選項時，會將游標所在位置的文件跳至下一節，但不會將文件跳至下一頁。
	自下個偶數頁起	點選此選項時，會將游標所在位置的文件產生一個新節，並跳至下一個偶數頁。
	自下個奇數頁起	點選此選項時，會將游標所在位置的文件產生一個新節，跳至下一個奇數頁。

建立表格

表格是由多個「欄」和多個「列」組合而成的，假設一個表格有5個欄、6個列，簡稱它為「5×6表格」。接下來，我們將在文件中建立一個「8×7」的表格。

STEP01 建立表格前，先輸入「**我的在校成績**」標題文字，文字輸入好後，按下「**常用→樣式**」群組中的**姓名**樣式，標題文字就會套用範本中已設定好的文字格式。

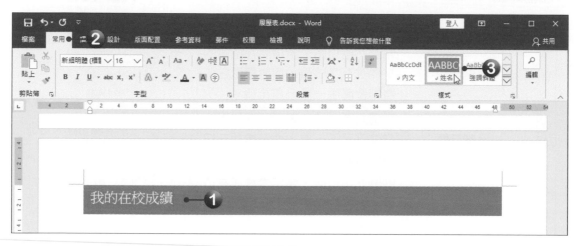

STEP02 將插入點移至標題文字下，按下「**插入→表格→表格**」按鈕，於選單中拖曳出8×7的表格，拖曳好後按下**滑鼠左鍵**，即可在插入點中建立表格。

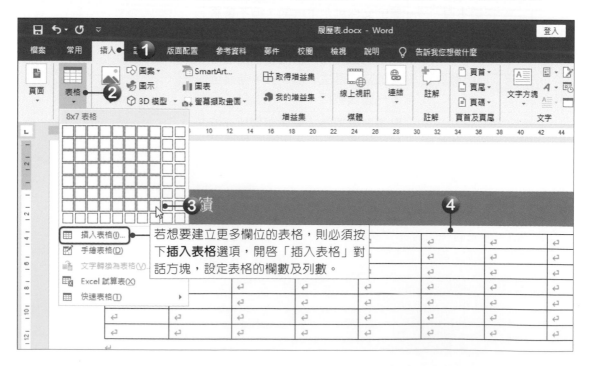

若想要建立更多欄位的表格，則必須按下**插入表格**選項，開啟「插入表格」對話方塊，設定表格的欄數及列數。

在表格中輸入文字及移動插入點

在表格中要輸入文字時，只要將滑鼠游標移至表格內的儲存格，按一下**滑鼠左鍵**，此時儲存格中就會有插入點，接著就可以輸入文字。

在表格中要移動插入點時，可以直接用滑鼠點選，或是使用快速鍵來移動，使用方法請參考下表：

移動位置	按鍵
上一列	↑
下一列	↓
移至插入點位置的右方儲存格	Tab
移至插入點位置的左方儲存格	Shift＋Tab
移至該列的第一格	Alt＋Home
移至該列的最後一格	Alt＋End
移至該欄的第一格	Alt＋Page Up
移至該欄的最後一格	Alt＋Page Down

了解如何在表格中輸入文字後，請在表格中輸入相關內容。

我的在校成績

↵	一年級上↵	一年級下↵	二年級上↵	二年級下↵	三年級上↵	三年級下↵	平均↵
國文↵	80↵	85↵	84↵	87↵	79↵	91↵	↵
英文↵	95↵	90↵	91↵	81↵	85↵	86↵	↵
數學↵	82↵	85↵	79↵	87↵	87↵	93↵	↵
商業概論↵	93↵	78↵	84↵	85↵	86↵	80↵	↵
程式語言↵	79↵	83↵	86↵	92↵	81↵	87↵	↵
電腦網路原理↵	86↵	89↵	98↵	88↵	84↵	90↵	↵

TIPS

新增欄、列及儲存格

要在現有表格中加入一欄或一列時，可將滑鼠游標移至要插入欄或列的位置上，在「**表格工具→版面配置→列與欄**」群組中，選擇要插入上方列、插入下方列、插入左方欄、插入右方欄等。

也可以直接將滑鼠游標移至左側或上方框線，此時會出現 + 的符號，按下後便會在指定位置新增一欄或一列。若要新增多欄或多列時，先選取要新增欄數或列數，再將滑鼠游標移至左側的框線，按下 + 符號，即可新增出多欄或多列。

設定儲存格的文字對齊方式

在表格中的文字通常會往左上方對齊,這是預設的文字對齊方式。這裡要將儲存格的文字對齊方式設定為**對齊中央**。

STEP01 按下表格左上角的 ⊞ 全選方塊,選取整個表格。

STEP02 按下「**表格工具→版面配置→對齊方式**」群組中的 置中對齊按鈕,文字就會對齊中央。

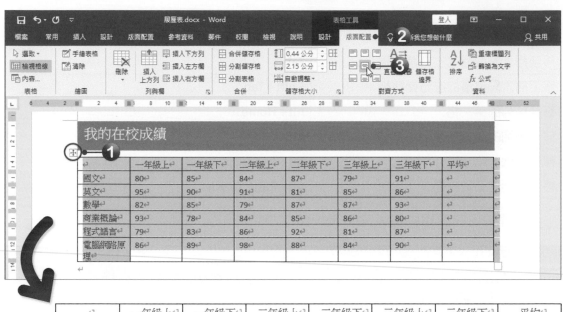

	一年級上	一年級下	二年級上	二年級下	三年級上	三年級下	平均
國文	80	85	84	87	79	91	
英文	95	90	91	81	85	86	
數學	82	85	79	87	87	93	
商業概論	93	78	84	85	86	80	
程式語言	79	83	86	92	81	87	
電腦網路原理	86	89	98	88	84	90	

調整欄寬及列高

要調整欄寬及列高時，可以手動調整，或在「**表格工具→版面配置→儲存格大小**」群組中，使用各種調整儲存格大小的工具。

STEP01 將滑鼠游標移至要調整欄寬的框線上，按著**滑鼠左鍵**不放並往右拖曳，將欄寬加寬。

↵	一年級上	一年級下	二年級
國文	80↵	85↵	84↵
英文	95↵	90↵	91↵
數學	82↵	85↵	79↵
商業概論↵	93↵	78↵	84↵
程式語言↵	79↵	83↵	86↵
電腦網路原理↵	86	89↵	98↵

↵	一年級上	一年級下	二年級
國文↵	80↵	85↵	84↵
英文↵	95↵	90↵	91↵
數學↵	82↵	85↵	79↵
商業概論↵	93↵	78↵	84↵
程式語言↵	79↵	83↵	86↵
電腦網路原理↵	86↵	89↵	98↵

❶ 將滑鼠游標移至框線上，按著**滑鼠左鍵**不放。　　**❷** 往右拖曳即可將欄寬加寬。

STEP02 A 欄調整好後，選取 B 欄到 H 欄，按下「**表格工具→版面配置→儲存格大小→⊞ 平均分配欄寬**」按鈕，即可將選取的欄設定為等寬。

STEP03 將滑鼠游標移至表格的最後一列框線上，按著**滑鼠左鍵**不放並往下拖曳調整列高。

↵	一年級上↵	一年級下↵	二年級上↵	二年級下↵	三年級上↵	三年級下↵	平均↵
國文↵	80↵	85↵	84↵	87↵	79↵	91↵	↵
英文↵	95↵	90↵	91↵	81↵	85↵	86↵	↵
數學↵	82↵	85↵	79↵	87↵	87↵	93↵	↵
商業概論↵	93↵	78↵	84↵	85↵	86↵	80↵	↵
程式語言↵	79↵	83↵	86↵	92↵	81↵	87↵	↵
電腦網路原理↵	86↵	89↵	98↵	88↵	84↵	90↵	↵

↵	一年級上↵	一年級下↵	二年級上↵	二年級下↵	三年級上↵	三年級下↵	平均↵
國文↵	80↵	85↵	84↵	87↵	79↵	91↵	↵
英文↵	95↵	90↵	91↵	81↵	85↵	86↵	↵
數學↵	82↵	85↵	79↵	87↵	87↵	93↵	↵
商業概論↵	93↵	78↵	84↵	85↵	86↵	80↵	↵
程式語言↵	79↵	83↵	86↵	92↵	81↵	87↵	↵
電腦網路原理↵	86↵	89↵	98↵	88↵	84↵	90↵	↵

STEP04 列高調整好後，按下 ⊞ 全選方塊，選取整個表格，按下「**表格工具→版面配置→儲存格大小→**⊞**平均分配列高**」按鈕，即可將選取的列高設定為等高。

↵	一年級上↵	一年級下↵	二年級上↵	二年級下↵	三年級上↵	三年級下↵	平均↵
國文↵	80↵	85↵	84↵	87↵	79↵	91↵	↵
英文↵	95↵	90↵	91↵	81↵	85↵	86↵	↵
數學↵	82↵	85↵	79↵	87↵	87↵	93↵	↵
商業概論↵	93↵	78↵	84↵	85↵	86↵	80↵	↵
程式語言↵	79↵	83↵	86↵	92↵	81↵	87↵	↵
電腦網路原理↵	86↵	89↵	98↵	88↵	84↵	90↵	↵

3-3 美化成績表

使用表格樣式、網底、框線等改變表格的外觀，可以讓表格的閱讀性更高。

套用表格樣式

若要快速改變表格外觀時，可以使用「**表格工具→設計→表格樣式**」群組中所提供的表格樣式。

STEP01 將插入點移至表格內，在「**表格工具→設計→表格樣式**」群組中所提供的表格樣式上按下**滑鼠右鍵**，點選**套用並保留格式設定**，這樣就可以保留原來所設定的文字格式，只套用表格樣式；若是直接點選要套用的樣式，那麼原先所進行的格式設定會被套用成所選擇的表格樣式格式。

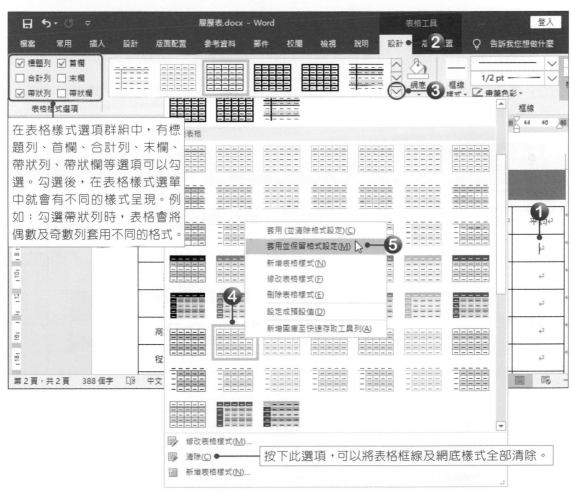

在表格樣式選項群組中，有標題列、首欄、合計列、末欄、帶狀列、帶狀欄等選項可以勾選。勾選後，在表格樣式選單中就會有不同的樣式呈現。例如：勾選帶狀列時，表格會將偶數及奇數列套用不同的格式。

按下此選項，可以將表格框線及網底樣式全部清除。

STEP 02 點選後，表格就會套用所選的樣式，而先前所進行的文字對齊方式等設定都會被保留。

↵	一年級上↵	一年級下↵	二年級上↵	二年級下↵	三年級上↵	三年級下↵	平均↵
國文↵	80↵	85↵	84↵	87↵	79↵	91↵	↵
英文↵	95↵	90↵	91↵	81↵	85↵	86↵	↵
數學↵	82↵	85↵	79↵	87↵	87↵	93↵	↵
商業概論↵	93↵	78↵	84↵	85↵	86↵	80↵	↵
程式語言↵	79↵	83↵	86↵	92↵	81↵	87↵	↵
電腦網路原理↵	86↵	89↵	98↵	88↵	84↵	90↵	↵

變更儲存格網底色彩

將表格套用樣式後，接著要改變標題列的網底色彩，突顯標題列。

STEP 01 選取表格的第1列，再按下「**表格工具→設計→表格樣式→網底**」按鈕，選擇要使用的網底色彩。

STEP 02 因為標題列的網底色彩與文字色彩被設定為一樣，所以請按下「**常用→字型→ △· 字型色彩**」按鈕，於選單中點選**白色**，這樣文字就可以呈現出來了。

	一年級上	一年級下	二年級上	二年級下	三年級上	三年級下	平均
國文↵	80↵	85↵	84↵	87↵	79↵	91↵	↵
英文↵	95↵	90↵	91↵	81↵	85↵	86↵	↵
數學↵	82↵	85↵	79↵	87↵	87↵	93↵	↵
商業概論↵	93↵	78↵	84↵	85↵	86↵	80↵	↵
程式語言↵	79↵	83↵	86↵	92↵	81↵	87↵	↵
電腦網路原理↵	86↵	89↵	98↵	88↵	84↵	90↵	↵

將表格加上較粗的外框線

將表格加上較粗的外框線，可以讓表格看起來更有份量一些。

STEP 01 按下表格左上角的 ⊞ 全選方塊，選取整個表格，再至「**表格工具→設計→框線**」群組中設定框線的樣式、粗細、色彩等。

STEP 02 框線設定好後，按下**框線**按鈕，於選單中點選**外框線**，即可將表格外框線變更為剛剛所設定的樣式。

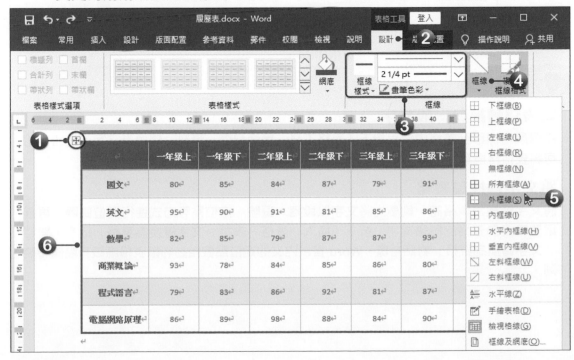

在儲存格內加入對角線

STEP01 選取表格的 **A1 儲存格**，在這個儲存格中要加入對角線。

STEP02 接著至「**表格工具→設計→框線**」群組中，設定框線的樣式、粗細、色彩等。

STEP03 框線設定好後，按下**框線**按鈕，於選單中點選**左斜框線**，即可在儲存格中加入對角線。

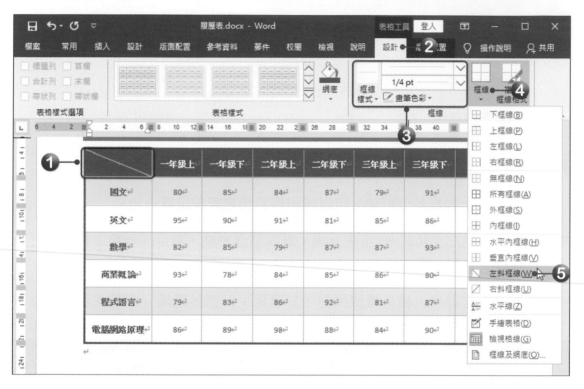

將表格轉換為一般文字

將滑鼠游標移至表格內，再按下「**表格工具→版面配置→資料→轉換為文字**」按鈕，即可將表格轉換為文字，還可選擇要以何種符號區隔文字。

將文字轉換為表格

將文字轉換為表格時，則要先將文字以段落、逗號、定位點等方式進行欄位區隔。再選取要轉換為表格的段落文字，按下「**插入→表格→表格→文字轉換為表格**」指令，開啟「文字轉換為表格」對話方塊，Word 會依內文的定位點數自動判斷表格應該有幾欄和幾列。

表格文字格式設定

表格都設定好後，接著要修改表格內的文字字型及大小。

按下表格左上角的 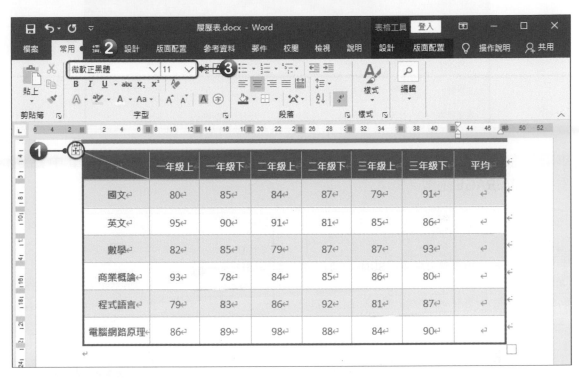 全選方塊，選取整個表格，進入「**常用→字型**」群組中，將字級大小設定為 **11 級**、字型設定為**微軟正黑體**。

	一年級上	一年級下	二年級上	二年級下	三年級上	三年級下	平均
國文	80	85	84	87	79	91	
英文	95	90	91	81	85	86	
數學	82	85	79	87	87	93	
商業概論	93	78	84	85	86	80	
程式語言	79	83	86	92	81	87	
電腦網路原理	86	89	98	88	84	90	

3-4 表格的數值計算

在表格中可以利用**公式**功能，進行一些簡單的計算，例如：加總(SUM)、平均(AVERAGE)、最大值(MAX)、最小值(MIN)等。

加入公式

在此範例中，要在「平均」儲存格中，計算出每科的總平均。

STEP01 將滑鼠游標移至要加入公式的儲存格中，按下「**表格工具→版面配置→資料→公式**」按鈕，開啟「**公式**」對話方塊。

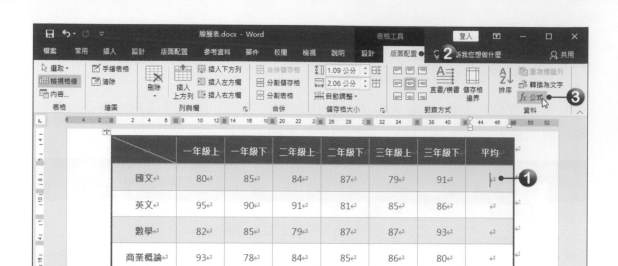

	一年級上	一年級下	二年級上	二年級下	三年級上	三年級下	平均
國文	80	85	84	87	79	91	
英文	95	90	91	81	85	86	
數學	82	85	79	87	87	93	
商業概論	93	78	84	85	86	80	

STEP 02 將預設的SUM公式刪除，再按下**加入函數**選單鈕，於選單中點選
AVERAGE函數。

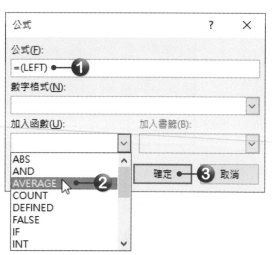

TIPS

在表格中加入公式時，Word 會自行判斷要加總的數值有哪些儲存格，所以儲存格中只要
是數值，大部分都會被加總起來。而 Word 會自動在表格中插入一個「**=SUM(ABOVE)**」
公式，這個公式的意思就是：將儲存格上面屬於數值的儲存格資料加總，這個加總公
式是 Word 預設的公式；若要加總的是從左到右的儲存格時，那麼儲存格的公式就是
「**=SUM(LEFT)**」。

幾個常用的資料範圍表示方法：「**LEFT**」表示儲存格左邊的所有儲存格；「**RIGHT**」表
示儲存格右邊的所有儲存格；「**ABOVE**」表示儲存格上面的所有儲存格。

STEP 03 AVERAGE 函數加入後，按下**數字格式**選單鈕，選擇要使用的格式，都設定好後按下**確定**按鈕。

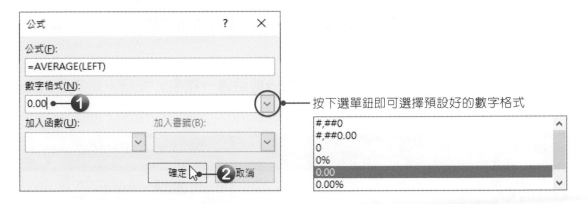

按下選單鈕即可選擇預設好的數字格式

STEP 04 設定好後，儲存格就會計算出該科的平均。

	一年級上	一年級下	二年級上	二年級下	三年級上	三年級下	平均
國文	80	85	84	87	79	91	84.33
英文	95	90	91	81	85	86	
數學	82	85	79	87	87	93	
商業概論	93	78	84	85	86	80	
程式語言	79	83	86	92	81	87	
電腦網路原理	86	89	98	88	84	90	

TIPS

運用公式完成表格計算時，儲存格中所顯示的是結果數字。若想檢視儲存格中的公式，可以按下 Alt＋F9 快速鍵；若要再還原計算結果時，再按下 Alt＋F9 快速鍵即可。

80	85	84	87	79	91	{ =AVERAGE(LEFT) \#."0.00" }.
95	90	91	81	85	86	{ =AVERAGE(LEFT) \#."0.00" }.

複製公式

在表格中建立好公式後，可以利用**複製/貼上**的動作來複製公式至其他儲存格中，但在執行複製公式時，必須要特別執行**「更新功能變數」**指令，計算出的結果才會是正確的。

STEP01 選取 H2 儲存格的內容，按下「**常用→剪貼簿→複製**」按鈕，或按下 Ctrl+C 快速鍵。

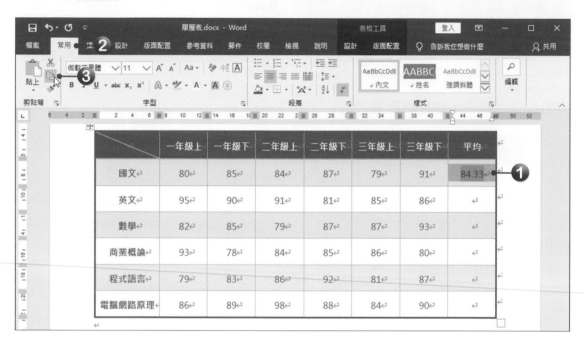

STEP02 接著選取 H3 到 H7 儲存格，按下「**常用→剪貼簿→貼上**」按鈕，或按下 Ctrl+V 快速鍵，此時 H3 到 H7 儲存格會顯示 H2 的計算結果。

STEP03 接著將插入點移至 H3 儲存格中的計算結果上（計算結果會呈現灰底狀態），按下**滑鼠右鍵**，於選單中選擇**更新功能變數**，讓 H3 儲存格重新計算正確的結果。

三年級上	三年級下	平均
79	91	84.3
85	8	84.3
87	93	84.3
86	80	84.3
81	87	84.3
84	90	84.3

微軟正黑　11　A˄ A˅ 嶝　A˅
B I U 💧 A ˅ ⋮ ˅ ⋮ ˅　樣式

✂ 剪下(T)
📋 複製(C)
📋 貼上選項：
📋 📋 📋 📋 📋 A
📄 更新功能變數(U)
編輯功能變數(E)...
切換功能變數代碼(T)
A 字型(F)...
段落(P)...
插入符號(S)

三年級上	三年級下	平均
79	91	84.33
85	86	88.00
87	93	84.33
86	80	84.33
81	87	84.33
84	90	84.33

💡 **TIPS**

也可以直接按下 **F9** 功能鍵，進行更新功能變數。

STEP04 接著再利用相同方式，將其他儲存格內的公式都重新計算。

	一年級上	一年級下	二年級上	二年級下	三年級上	三年級下	平均
國文	80	85	84	87	79	91	84.33
英文	95	90	91	81	85	86	88.00
數學	82	85	79	87	87	93	85.50
商業概論	93	78	84	85	86	80	84.33
程式語言	79	83	86	92	81	87	84.67
電腦網路原理	86	89	98	88	84	90	89.17

3-5 加入作品集、自傳及封面頁

履歷表的基本內容都製作完成後，接著可以在履歷表中加入個人的作品集及自傳等資料，最後再利用Word提供的封面頁功能，加入專業的封面，讓履歷表更加完整。

加入作品集

若有任何作品，或是重大事蹟時，也可以將它加入履歷表中。在此範例中，直接將個人作品加入於成績表下，而此內容的編排可以依照自己的喜好設計。

加入個人自傳

在此範例中，要將自傳加入於第3頁，所以在第2頁最後，按下 **Ctrl+Enter** 快速鍵，在文件中新增第3頁，再進行自傳的輸入。

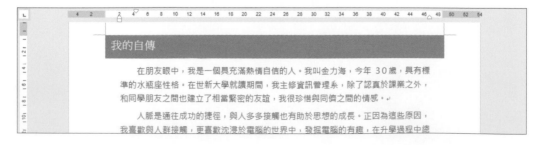

加入封面頁

Word提供了許多已格式化的封面頁，可以直接加入在文件的第1頁，省去許多製作封面的時間。

STEP01 要於文件中加入封面頁時，按下**「插入→頁面→封面頁」**按鈕，開啟封面頁選單，於選單中點選要插入的封面頁。

STEP02 在文件的第1頁就會插入所選擇的封面頁。插入封面頁後，即可在預設的文字方塊控制項中輸入相關的文字，並設定文字格式。若選擇有圖片的封面頁，還可以替換封面頁中的圖片。

🔍 3-6 更換佈景主題色彩及字型

使用佈景主題可以快速將整份文件設定統一的格式，包括了色彩、字型、效果等。要使用佈景主題時，直接按下「**設計→文件格式設定→佈景主題**」按鈕，在選單中點選想要套用的佈景主題即可。在此範例中，要來更換佈景主題色彩及字型。

更換佈景主題色彩

當文件的佈景主題設定好後，還可以進行色彩的更換，讓文件立即呈現另一種風格。要更換色彩時，按下「**設計→文件格式設定→色彩**」按鈕，於選單中點選要使用的色彩，文件的色彩就會被更換為所選擇的色彩。

更換佈景主題字型

在Word中預設了許多不同佈景主題字型組合，讓我們在製作文件時，可以隨時選擇想要的字型組合。要更換字型時，按下**「設計→文件格式設定→字型」**按鈕，即可於選單看到預設的字型組合，直接點選要使用的組合，文件內原先套用佈景主題字型的文字字型就會被更改過來。

若預設的選項中沒有適用的組合時，可以按下**自訂字型**選項，開啟「建立新的佈景主題字型」對話方塊，自行設定想要的字型組合。

到這裡，履歷表就製作完成囉！最後再檢查看看有哪裡還要修改或調整的地方，若沒問題，記得將檔案儲存起來。

○ 選擇題 |||||||||||||||||||||||||||||||||||||||||||||||||||||||||||||||||||||||||||||

( )1. 要在 Word 中插入表格時，要進入下列哪一個索引標籤中？ (A) 常用 (B) 插入 (C) 版面配置 (D) 檢視。

( )2. 在 Word 中，若要檢視儲存格內的公式時，可以按下下列何組快速鍵？ (A)Alt+F9 (B)Ctrl+F9 (C)Shift+F9 (D)Tab+F9。

( )3. 若要在 Word 的表格中進行「平均值」的計算，可以使用下列哪一個函數？ (A)AVERAGE (B)SUM (C)IF (D)MAX。

( )4. 若要在 Word 的表格中進行「加總」的計算，可以使用下列哪一個函數？ (A)AVERAGE (B)SUM (C)IF (D)MAX。

( )5. 在 Word 中，於表格輸入文字時，若要跳至下一個儲存格時，可以使用哪一個按鍵？ (A)Shift (B)Ctrl (C)Tab (D)Alt。

( )6. 若要計算 Word 表格內的 B2 到 E2 儲存格的加總，應在 F2 儲存格中建立下列哪一個公式，才能計算出正確的加總結果？ (A)=SUM(ABOVE) (B)=AVERAGE(ABOVE) (C)=SUM(LEFT) (D)=AVERAGE(LEFT)。

( )7. 在 Word 中，要繪製不同高度之儲存格或每列欄數不同的表格，可運用下列哪一項功能執行？ (A) 插入表格 (B) 手繪表格 (C) 快速表格 (D) 文字轉換為表格。

( )8. 將 Word 文件儲存成 PDF 或 XPS 格式，具有什麼好處？ (A) 無法輕易變更檔案內容 (B) 可以在檔案中內嵌所有字型 (C) 可保存文件外觀 (D) 以上皆是。

( )9. 在 Word 中，若想要在插入點位置上進行強迫分頁時，可按下鍵盤上的何組快速鍵？ (A)Ctrl+Alt (B)Ctrl+Shift (C)Ctrl+Tab (D)Ctrl+Enter。

( )10. 在 Word 中，若要在文件第一頁加入封面頁時，可以進入下列哪一個群組中執行插入封面頁指令？ (A) 常用→頁面 (B) 插入→頁面 (C) 版面配置→頁面 (D) 檢視→頁面。

✪實作題

1. 開啟「範例檔案→Word→Example03→行事曆.docx」檔案，進行以下設定。

   ▶ 在文件中插入一個「7×6」的表格，表格大小請依版面自行調整。

   ▶ 在表格內輸入相關文字，並將表格套用一個自己喜歡的表格樣式。

   ▶ 將佈景主題字型更改為「Tw Cen MT，微軟正黑體，微軟正黑體」組合。

2. 開啟「範例檔案→Word→Example03→成績單.docx」檔案，進行以下設定。

▶ 將標題以下的文字以定位點為區隔轉換為表格，將表格內的資料「對齊中央」。

▶ 將表格欄寬由左到右分別設定為：3、3、1.8、1.8、1.8、1.8、1.8、2.5，單位為公分。

▶ 將外框線設定為2 1/4pt單線外框，框線色彩為綠色，將內框線設為1/4pt單線，框線色彩為灰色。

▶ 在標題列上加入網底顏色為綠色，文字為白色粗體。

▶ 在表格最後加入一列，將前面二個儲存格合併為一個，在欄位中輸入「各科平均」，文字設定為「分散對齊」，網底色彩設定為「15%灰色」。

▶ 計算所有同學的總分，數字格式為0.00。

▶ 在國文、英文、數學、歷史、地理、總分欄位中計算出平均，數字格式為0.00。

全華高職 資二乙成績單

學號	姓名	國文	英文	數學	歷史	地理	總分
10202301	周映君	72	70	68	81	90	381.00
10202302	李慧茹	75	66	58	67	75	341.00
10202303	郭欣怡	92	82	85	91	88	438.00
10202304	李素玲	80	81	75	85	78	399.00
10202305	鄭一成	61	77	78	73	70	359.00
10202306	林慧玲	82	80	60	58	55	335.00
10202307	金城曦	56	80	58	65	60	319.00
10202308	梁永心	78	74	90	74	78	394.00
10202309	羅翔玉	88	85	85	91	88	437.00
10202310	王小桃	81	69	72	85	80	387.00
10202311	王宏樂	94	96	71	97	94	452.00
10202312	劉語桐	85	87	68	65	72	377.00
各　　科　　平　　均		78.67	78.92	72.33	77.67	77.33	384.92

旅遊導覽手冊

Word 長文件的編排

04

學習目標

文件格式設定/套用樣式/
頁首頁尾的設定/
尋找與取代/插入註腳/
大綱模式的應用/製作目錄

⭐ 範例檔案

Word→Example04→旅遊導覽手冊.docx
Word→Example04→偶數頁刊設.png
Word→Example04→奇數頁刊設.png

⭐ 結果檔案

Word→Example04→旅遊導覽手冊-OK.docx

STEP11 回到文件中，套用**標題1**樣式的標題就會套用修改後的樣式。

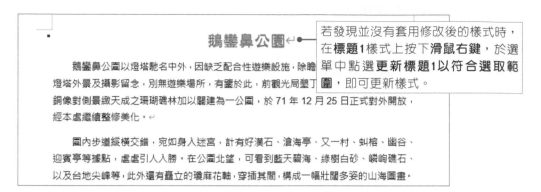

鵝鑾鼻公園←

鵝鑾鼻公園以燈塔馳名中外，因缺乏配合性遊樂設施，除瞻仰燈塔外景及攝影留念，別無遊樂場所，有鑒於此，前觀光局墾丁銅像對側景緻天成之珊瑚礁林加以闢建為一公園，於 71 年 12 月 25 日正式對外開放，經本處繼續整修美化。←

園內步道縱橫交錯，宛如身入迷宮，計有好漢石、滄海亭、又一村、虬榕、幽谷、迎賓亭等據點，處處引人入勝。在公園北望，可看到藍天碧海、綠樹白砂、嶙峋礁石、以及台地尖峰等，此外還有矗立的瓊麻花軸，穿插其間，構成一幅壯闊多姿的山海圖畫。

> 若發現並沒有套用修改後的樣式時，在**標題1**樣式上按下**滑鼠右鍵**，於選單中點選**更新標題1以符合選取範圍**，即可更新樣式。

自訂快速樣式

除了使用預設的樣式外，也可以自行建立樣式。在此範例中，要自訂一個編輯格式，並將它設定為「項目清單」樣式。

STEP01 先將段落文字的所有格式設定完成，再選取該段落文字。

STEP02 進入**「常用→樣式」**群組中，按下▽**其他**按鈕，點選**建立樣式**選項，開啟「從格式建立新樣式」對話方塊。

STEP03 於**名稱**欄位中輸入**「項目清單」**，輸入好後按下**確定**按鈕。

STEP04 新增完樣式後，樣式選單中就會顯示所設定的樣式名稱。若要將段落套用該樣式時，先將滑鼠游標移至該段落上，或選取段落，再按下選單中的樣式即可。

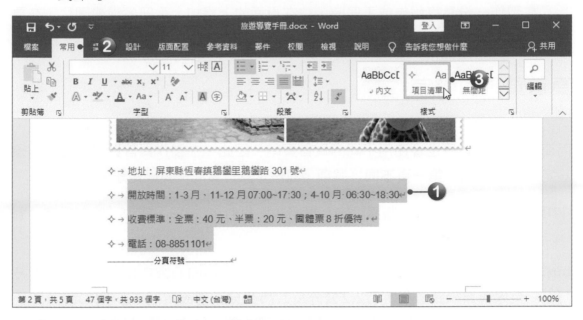

STEP05 接著再利用相同方式，將文件中的相關段落都套用**項目清單**樣式。

TIPS

刪除樣式

若在樣式清單中的樣式用不到時，可以將樣式從清單中移除掉。只要在樣式選項上按下**滑鼠右鍵**，於選單中點選**從樣式庫移除**選項，即可將樣式刪除。

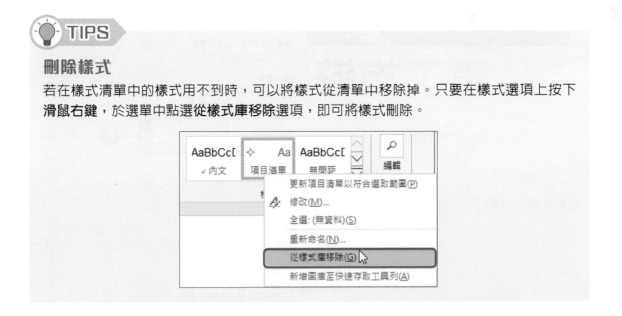

4-2 在文件中加入頁首頁尾

　　在製作一份長篇報告或手冊時，會在頁面的上緣加上手冊名稱或圖片，在頁面的下緣加上頁碼，像這樣的頁面設計，須利用**「頁首及頁尾」**來進行設定。

頁首頁尾的設定

　　在此範例中，要將第一頁設定為封面頁，該封面頁不套用頁首頁尾的設定，而奇數頁與偶數頁也會使用不同的頁首頁尾。因此，在製作頁首頁尾內容時，須設定**奇偶頁不同、第一頁不同**等選項，並設定頁首頁尾與頁緣距離。

STEP01 按下**「版面配置→版面設定」**群組右下角的 ⊡ 按鈕，開啟「版面設定」對話方塊。

STEP02 點選**版面配置**標籤，將**奇偶頁不同**與**第一頁不同**的選項勾選，再將頁首及頁尾與頁緣距離設定為2.2公分及1.75公分，都設定好後按下**確定**按鈕。

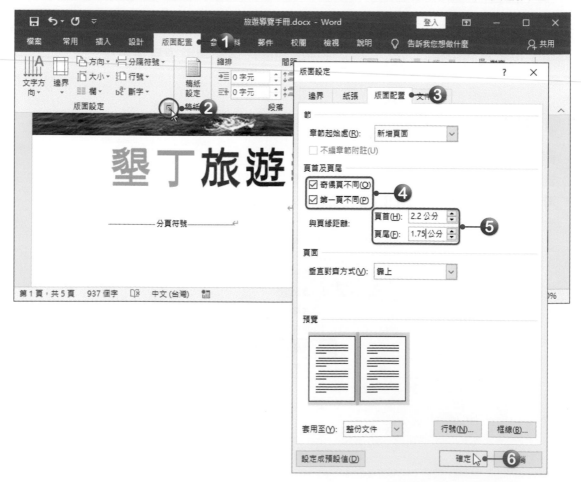

設定奇偶數頁的頁首及頁尾

編輯頁首及頁尾時，可以加入任何的物件，像是圖片、圖案、線上圖片、文字藝術師、框線等，當然也可以直接使用Word所提供的頁首頁尾。

在此範例中，要於偶數頁及奇數頁中加入已製作好的圖片，再輸入相關的頁首文字，並於頁尾加入頁碼。

STEP01 進入文件的第2頁，將滑鼠游標移至頁面左上角，並**雙擊滑鼠左鍵**，或按下「**插入→頁首及頁尾→頁首**」按鈕，於選單中點選**編輯頁首**，進入頁首及頁尾的設計模式中。

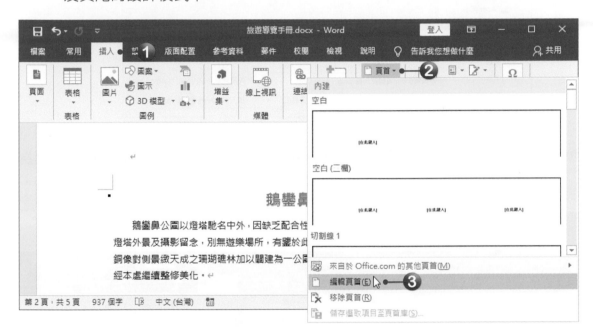

STEP02 在偶數頁頁首中要插入已製作好的頁首圖片。先將滑鼠游標移至**偶數頁頁首**區域中，按下「**頁首及頁尾工具→設計→插入→圖片**」按鈕，開啟「插入圖片」對話方塊。

若在「版面設定」中沒有設定「第一頁不同」與「奇偶頁不同」選項，也可以直接在「**頁首及頁尾工具→設計→選項**」群組中進行設定。

STEP03 選擇要插入的圖片，按下**插入按鈕**。

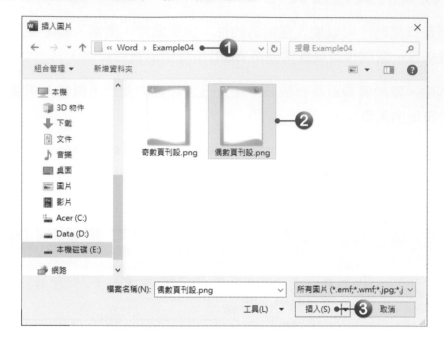

STEP04 圖片插入後，進入「**圖片工具→格式→大小**」群組中，將圖片寬度設定為 21公分，高度就會自動等比例調整。

STEP05 按下「**圖片工具→格式→排列→文繞圖**」按鈕，於選單中點選**文字在前**。

STEP 06 按下「圖片工具→格式→排列→位置」按鈕，於選單中點選**其他版面配置選項**，開啟「版面配置」對話方塊，設定圖片的水平及垂直位置，設定好後按下**確定**按鈕。

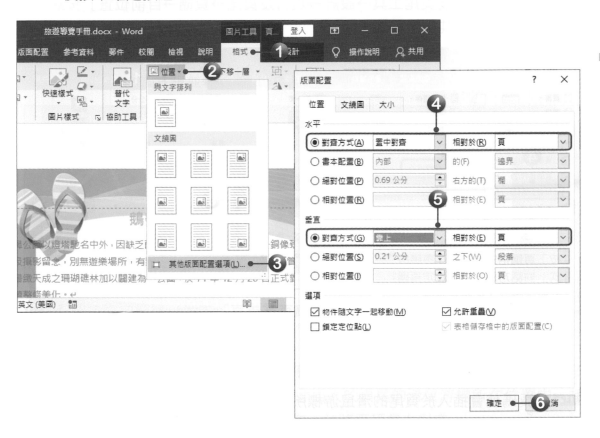

STEP 07 圖片就會自動於頁面中水平置中及垂直靠上對齊了。

STEP 08 接著將滑鼠游標移至**偶數頁頁首**區域中，輸入要設定的頁首文字，並進行文字格式設定。

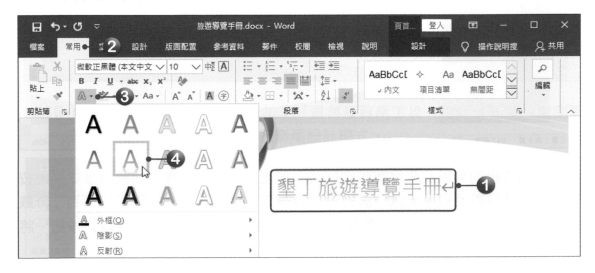

STEP 17 回到文件編輯模式後，即可看到設定好的頁首及頁尾。按下「檢視→縮放
→多頁」按鈕，即可一次檢視多頁內容。

STEP 18 或按下「檢視→檢視→閱讀模式」按鈕，使用閱讀模式來檢視文件內容。
閱讀模式會暫時隱藏功能表及頁首頁尾，為頁面保留更多空間以便閱讀。
另外也會自動調整欄寬和字體，以自動配合閱讀裝置的版面配置。

TIPS

文件檢視模式

Word 提供**整頁模式**、**閱讀模式**、**Web 版面配置**、**大綱模式**及**草稿**等文件檢視模式。要切換文件的檢視模式時,可以直接按下視窗右下角的檢視工具鈕,或是按下「**檢視**」索引標籤,進行檢視的設定。

檢視模式		說明
整頁模式		會顯示最完整的版面,包含所有設定的格式、編輯頁首及頁尾、調整邊界等。
閱讀模式		會以一頁一頁的方式呈現文件,且可調整文字大小,方便閱讀。
Web 版面配置		在此模式下,可以建立一份網頁文件及編輯出網頁之外貌。
大綱模式		一個架構分明的文章,需要有一個清楚明確的大綱。大綱模式就是將文件中的內容依大綱為主軸,呈現文章的架構,可以有效率地進行建構、舖陳、重組等編輯,但在這個模式下不會顯示邊界、頁首及頁尾、圖形、背景。
草稿		主要用於文件內文尚在初擬及編修的階段。在草稿模式下,會簡化版面顯示的內容,只顯示文件中的文字內容,而忽略圖片、圖表、文字方塊等物件,同時也不會顯示頁面的章首章尾、註腳,及多欄的編排效果。

🔍 4-3 尋找與取代的使用

利用尋找與取代功能，可以快速尋找到文件中的某個關鍵字，並進行取代的動作。

文字的尋找

在Word中可以利用**尋找**功能，於文件中尋找特定的文字、符號等。

STEP01 按下「**常用→編輯→尋找**」按鈕，或按下**Ctrl+F**快速鍵，開啟**導覽**窗格。

STEP02 在**導覽**欄位中輸入要尋找的關鍵字。輸入時，Word便會將文件中所有找到的關鍵字，以黃色醒目提示標示出來。

STEP03 在清單中會列出該關鍵字的段落，點選該段落後，便會跳至該段落的所在位置。

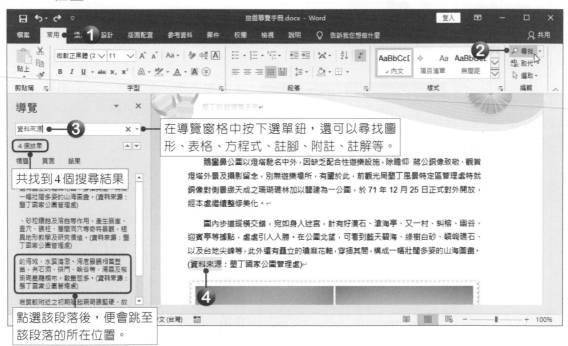

文字的取代

在文件中若有大量相同的文字需要修改，或是要套用相同格式時，可以使用**取代**功能來進行修改。在此範例中，要將文件中的半形「()」左右括號，改為全形「（）」。

STEP01 按下「**常用→編輯→取代**」按鈕,或Ctrl+H快速鍵,開啟「**尋找及取代**」對話方塊。

STEP02 在**尋找目標**欄位中輸入「(」,在**取代為**欄位中輸入「(」,設定好後,按下**全部取代**按鈕,文件便會開始進行取代的動作,取代完成後,按下**確定**按鈕即可。

STEP03 接著再於**尋找目標**欄位中輸入「)」,在**取代為**欄位中輸入「)」,設定好後,按下**全部取代**按鈕,文件便會開始進行取代的動作,取代完成後,按下**確定**按鈕即可。

STEP04 最後按下「**關閉**」按鈕,關閉「**尋找及取代**」對話方塊即可。

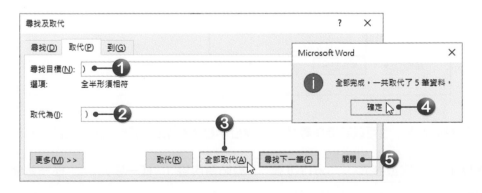

 **TIPS**

特殊符號的取代

當文件中有一些空白、分行符號、段落標記、定位點、大小寫要轉換時，都可以使用**取代**功能來完成。

舉例來說，在「尋找及取代」對話方塊中，先將滑鼠游標移至**尋找目標**欄位中，按下**特殊**按鈕，在選單中選擇要取代的符號；**而取代為**欄位中不須輸入任何文字，直接按下**全部取代**按鈕，文件中所有相關符號就會被刪除。

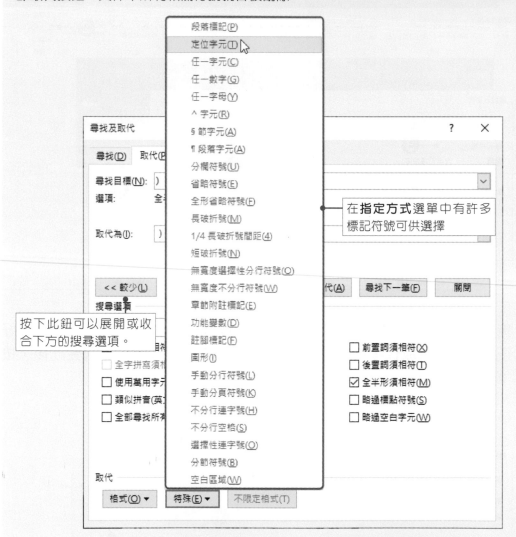

在**指定方式**選單中有許多標記符號可供選擇

按下此鈕可以展開或收合下方的搜尋選項。

要取代特殊符號時，也可以直接於**尋找目標**欄位中輸入相關的符號，進行取代的動作。

段落標記	定位字元	分行符號	剪貼簿內容	任一字元	任一數字
^p	^t	^l	^c	^?	^#

4-4 插入註腳

在文件中有些需要補充說明的文字或內容，可以使用**註腳**功能，將說明文字附註在該頁面的下緣，以便讀者參考。

STEP01 選取欲建立註腳的文字，按下「**參考資料→註腳**」群組右下角的 🔲 按鈕，開啟「註腳及章節附註」對話方塊。

STEP02 設定註腳位置於**本頁下緣**，亦可設定註腳的**數字格式**，設定完成後，按下**插入**按鈕。

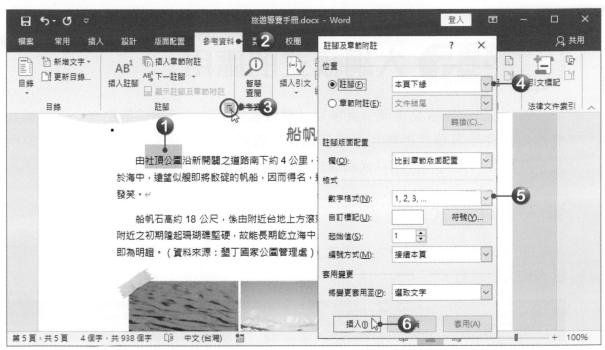

STEP03 回到文件中，該頁的下緣就會出現註腳，接著輸入註腳文字，文字輸入完後還可以進行文字格式及段落的設定。

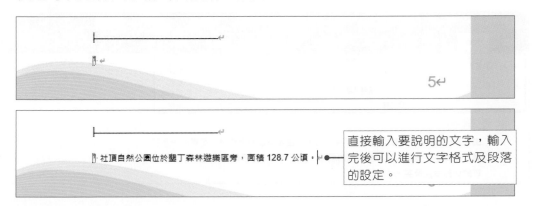

直接輸入要說明的文字，輸入完後可以進行文字格式及段落的設定。

STEP04 當文件中的名詞插入註腳後，該名詞後方會增加一個註腳編號，對應至頁面下方的註腳內容。若要查看註腳內容，只要在名詞後方的註腳編號上**雙擊滑鼠左鍵**，即可直接跳到註腳內容上；同樣地，在註腳內容的編號上**雙擊滑鼠左鍵**，也可切換至文件中的名詞所在位置喔！

> ■ 船帆石↵
>
> 　由社頂公園沿新開闢之道路南下約 4 公里，在海岸珊瑚礁前緣，可見到一巨石聳立於海中，遠望似艘即將啟碇的帆船，因而得名，近看則像美國前總統尼克森的頭部令人發笑。↵

🔍 4-5 大綱模式的應用

　在 Word 中編排文件時，大多以**「整頁模式」**來進行編排的動作，這種模式能檢視文件所有格式的設定，是較適合的編輯模式。但是，若要進行文件的內文、階層等調整時，使用**「大綱模式」**會更便於對文件內容進行調整喔！

進入大綱模式

　按下**「檢視→檢視→大綱模式」**按鈕，即可將文件切換到大綱模式，同時開啟**大綱**索引標籤。

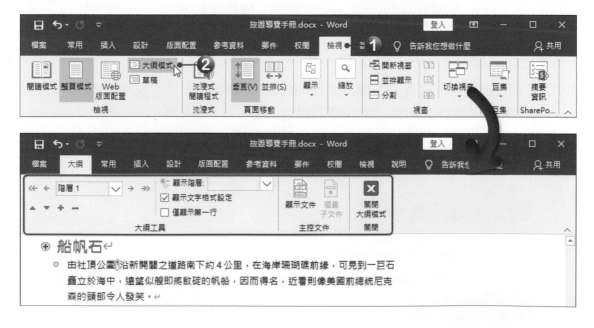

在大綱模式檢視內容

在大綱模式的預設情況下是顯示「**所有階層**」，若是只想看到某個階層以下的內容，則可設定顯示階層工具鈕選單，來選擇欲顯示的階層內容。

STEP01 假設想要顯示階層1的內容，只要按下「**大綱→大綱工具→顯示階層**」選單鈕，在選單中點選**階層1**，文件就只會將階層1的段落文字顯示出來。

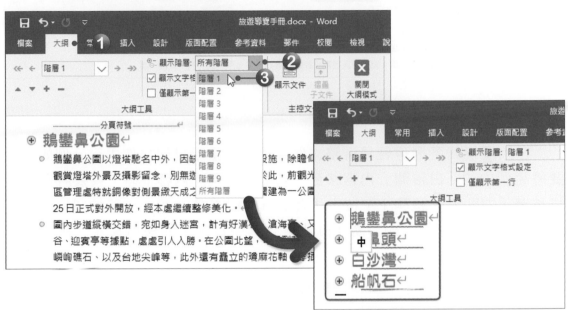

STEP02 接著以滑鼠游標雙擊前方的 ⊕ 大綱符號，就可以將其下原本隱藏的內容顯示出來。

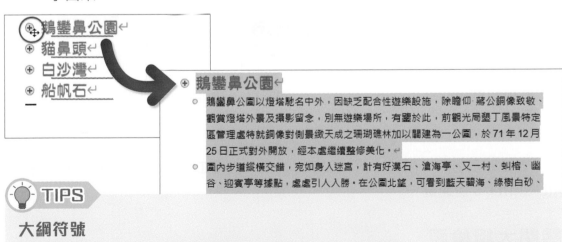

💡 TIPS

大綱符號

當文件處於大綱模式下，每個段落之前都會顯示一個「大綱符號」，並依照段落的層次順序縮排，以顯示文章的大綱結構。各大綱符號說明如下：

⊕ 表示此段落為大綱架構中的一個層次，且其下還有其他更小的層級或本文。

⊖ 表示此段落為大綱架構中的一個層次，且其下並無其他更小的層級。

◦ 表示此段落為本文，沒有層級之分。

STEP03 此外，如果只想顯示每個段落文字的第一行，則將**僅顯示第一行**的選項勾選起來，這樣在文件中就只會顯示每個段落的第一行。

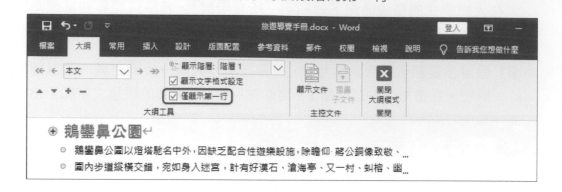

調整文件架構

在大綱模式下還可輕易調整文件架構，或重新排列文件內容。例如：想要將範例中的「白沙灣」內容移至「鵝鑾鼻公園」內容下時，只要將滑鼠游標移至「白沙灣」標題上，按下「**大綱→大綱工具→▲**」上移按鈕，或按下Alt+Shift+↑快速鍵，即可將「白沙灣」標題及其下的段落移至「鵝鑾鼻公園」標題其下的段落後。

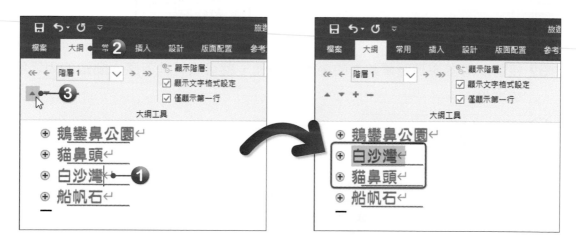

若要將內容往下移時，可以按下「**大綱→大綱工具→▼**」**下移**按鈕，或按下Alt+Shift+↓快速鍵。

關閉大綱檢視

若想離開大綱檢視模式，只要按下「**大綱→關閉→關閉大綱檢視**」按鈕，即可回到原先的整頁模式下進行編輯。

🔍 4-6 目錄的製作

　　文件編排完成後,可以在文件中加上目錄,讓文件更加完整。在製作文件目錄時,Word會將文件中有套用標題樣式的文字自動歸為目錄,例如:套用了「標題1」樣式的文字,會被歸為第一個階層的目錄;套用「標題2」則會被歸為第二個階層的目錄。

建立目錄

　　在此範例中,要為墾丁旅遊導覽手冊製作一個包含**階層1**的目錄。

STEP01 將滑鼠游標移至第1頁的標題文字下,按下**「參考資料→目錄→目錄→自訂目錄」**按鈕,開啟「目錄」對話方塊,即可進行設定。

STEP02 按下**格式**選單鈕,選擇目錄要使用的格式,再將顯示階層設定為1,都設定好後按下**確定**按鈕。

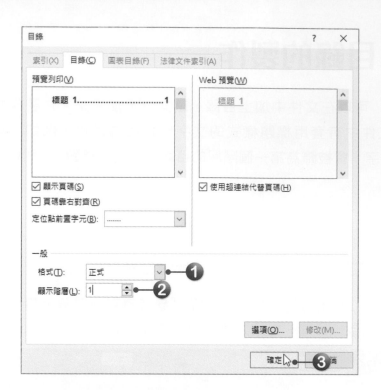

STEP 03 回到文件中，在滑鼠游標所在位置上，就會插入文件目錄。此時便可選取目錄進行文字格式及段落的設定。

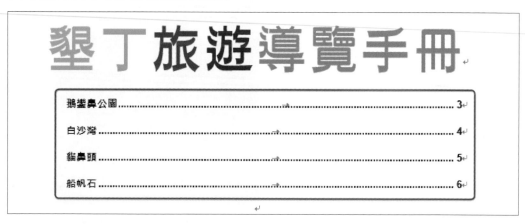

STEP 04 若將滑鼠游標移至目錄標題上，按著 **Ctrl** 鍵不放，再按下**滑鼠左鍵**，即可將文件跳至該標題所在的頁面。

通常在自訂樣式的同時，會將樣式的階層也一起設定好，設定好以後，在製作目錄時，Word 才會自動抓取要顯示的階層。

要設定樣式的階層時，可以在「**段落**」對話方塊中，點選**縮排與行距**標籤頁，於大綱階層選項中，即可設定樣式的階層。

更新目錄

　　若文件中的標題文字位置有所調整，或是內容被刪除時，就要進行「更新目錄」的動作。在目錄上按下**滑鼠右鍵**，於選單中選擇**更新功能變數**，或是按下「**參考資料→目錄→更新目錄**」按鈕，也可以將滑鼠游標移至目錄上，再按下F9按鍵，開啟「更新目錄」對話方塊，即可進行更新目錄的動作。

移除目錄

　　若想要移除文件中的目錄時，可以按下「**參考資料→目錄→目錄→移除目錄**」按鈕，即可將目錄從文件中移除。

○ 選擇題

(　　)1. 在Word中，文件包含多個不同部分，若希望每個部分都有獨特的頁首及頁尾，則需於文件的各部分之間，建立下列哪一項？ (A)分節符號 (B)分頁符號 (C)版面配置 (D)版面設定。

(　　)2. 在Word中，若只需要封面頁的頁首及頁尾與其他頁面不同，應進行下列哪一項操作？ (A)在首頁的最後一段之後插入一個「下一頁」分節符號 (B)直接刪除首頁的頁首及頁尾文字或物件 (C)勾選「版面配置」中的「第一頁不同」選項 (D)勾選「版面配置」中的「奇偶頁不同」選項。

(　　)3. 在Word中，下列哪個方式無法進入「頁首及頁尾工具」索引標籤中？ (A)插入→頁首→編輯頁首 (B)插入→頁尾→編輯頁尾 (C)插入→頁碼→頁碼格式 (D)將插入點放在頁首或頁尾區，雙擊滑鼠左鍵。

(　　)4. 在Word中，下列關於頁碼格式與位置設定，何者不正確？ (A)頁碼的起始頁可以為任一正數 (B)一份文件中只能有一種頁碼格式 (C)可以在文件的第二頁上開始編號 (D)頁碼的位置可以在「頁首及頁尾」層的任一位置。

(　　)5. 在Word中，要建立目錄時，可以進入下列哪個群組中？ (A)常用→目錄 (B)插入→目錄 (C)參考資料→目錄 (D)版面配置→目錄。

(　　)6. 在Word中，要更新目錄時，可以按下下列哪個快速鍵？ (A)F9 (B)F10 (C)F11 (D)F12。

(　　)7. 在Word中，欲使用層級功能來檢視檔案，應該在哪一種檢視模式下進行？ (A)標準模式 (B)大綱模式 (C)整頁模式 (D)閱讀版面配置模式。

(　　)8. 欲在Word文件中建立註腳，應該要在下列哪一個索引標籤中進行設定？ (A)常用 (B)插入 (C)版面配置 (D)參考資料。

✪ 實作題

1. 開啟「範例檔案→Word→Example04→企劃案.docx」檔案，進行以下的設定。

   ▶ 幫文件加入頁首及頁尾（第1頁不套用），頁首文字為「數位內容產品企劃案」，頁尾須包含頁碼，格式請自行設計。

   ▶ 將標題1的文字格式修改為：文字大小20、粗體、置中對齊。

   ▶ 標題1段落文字皆從各頁的第一行開始。

   ▶ 將文件中的 ※ 符號皆刪除。

2. 開啟「範例檔案→Word→Example04→推甄備審資料.docx」檔案，進行以下的設定。

▶ 在第1頁加入目錄，目錄階層設定到階層1，目錄文字格式請自行設計。

▶ 將「專題製作」文字加入註腳，並自行輸入說明文字。

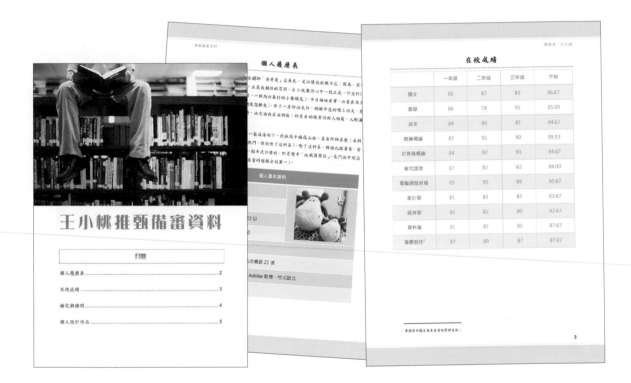

喬遷茶會邀請函

Word 合併列印

05

學習目標

認識合併列印/
合併列印的設定/地址標籤/
插入合併列印規則/
資料篩選與排序/信封製作/
合併列印到印表機/
建立單一標籤及信封

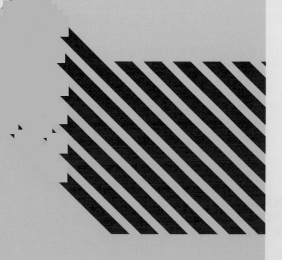

✪ **範例檔案**

Word → Example05 → 喬遷茶會邀請函 .docx
Word → Example05 → 客戶名單 .docx
Word → Example05 → 客戶名單 .xslx
Word → Example05 → 底圖 .png

✪ **結果檔案**

Word → Example05 → 喬遷茶會邀請函 - 合併檔 .docx
Word → Example05 → 喬遷茶會邀請函 - 文件檔 .docx
Word → Example05 → 地址標籤 - 合併檔 .docx
Word → Example05 → 地址標籤 - 文件檔 .docx
Word → Example05 → 信封 - 合併檔 .docx
Word → Example05 → 信封 - 文件檔 .docx

在企業中常常會製作一些邀請函、地址標籤、套印信封等,而這些文件只要利用Word所提供的「合併列印」功能,就可以既輕鬆又簡單地完成這份工作。在「喬遷茶會邀請函」範例中,要先製作大量的邀請函文件,再印製地址標籤及信封。

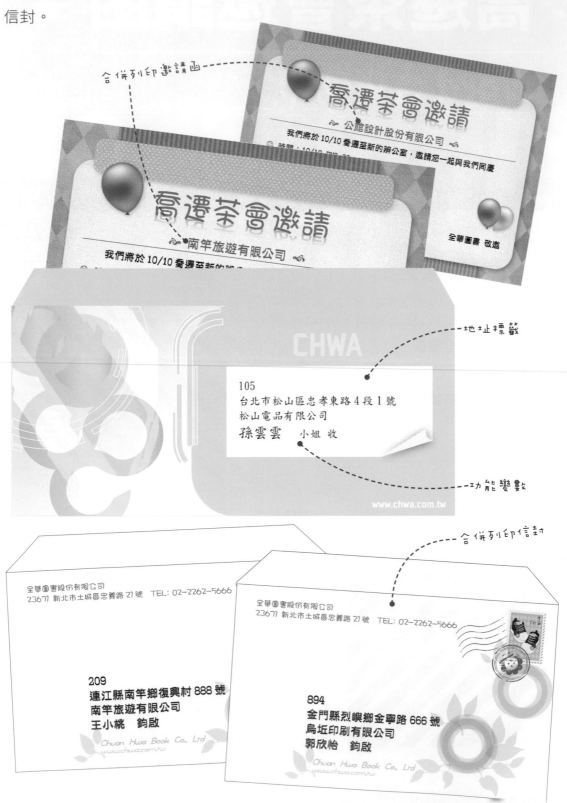

 **5-1 認識合併列印**

　　當一份相同的資料要寄給十個不同的人時，作法可能是直接利用影印機印出十份，然後再分別將每個人的名字寫上，最後分寄給每個人。在 Word 中並不需要那麼麻煩，只需利用「合併列印」功能，就可以完成這份工作。在進行合併列印前，需要先準備「主文件」檔案與「資料」檔案，其架構如下圖所示。

☆ **主文件檔案**：是指用 Word 製作好的文件檔案，例如：要寄一封信函給多人時，就可以先將信函的內容製作成 Word 檔案，而這份文件就是主文件。

☆ **資料檔案**：就是所謂的資料來源，或是資料庫檔案。資料檔案可以是：**Word 檔案、Excel 檔案、Access 檔案、Outlook 連絡人檔案**。在製作這類檔案時，是有一定格式規範的。例如：資料來源如果是 Word 檔，通常會以表格方式呈現，不僅欄、列固定，而且檔案的開頭就是表格，不要加入其他的文字列；若是使用 Excel 製作資料檔案時，也需要遵守這些規定。

愛心學院學生通訊錄

班級	姓名	性別	備註
101	王小桃	女	
102	郭小怡	女	

正確的樣式：文件開頭就是表格

班級	姓名	性別	備註
101	王小桃	女	
102	郭小怡	女	

不正確的樣式：文件開頭不能有標題文字

	A	B	C	D	E	F	G
1	班級	姓名	性別	備註			
2	101	王小桃	女				
3	102	郭小怡	女				

Excel 正確的樣式：工作表開頭就是表格，通常每一列就代表一筆紀錄

🔍 5-2 大量邀請函製作

當要製作大量的信件、邀請函、通知單或是廣告宣傳單時，可以使用**合併列印**功能來完成。在此範例中，將利用合併列印功能，將套印後的邀請函文件利用電子郵件寄給收件人，讓每個連絡人都可以收到屬於自己的邀請函。

合併列印的設定

在進行大量文件製作時，要先於主文件中加入資料檔的相關欄位，這樣主文件才會自動產生相關的資料。

STEP 01 開啟主文件檔案 (喬遷茶會邀請函.docx)，按下「**郵件→啟動合併列印→啟動合併列印→信件**」按鈕。

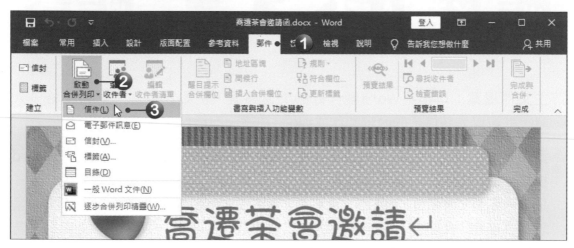

STEP 02 啟動合併列印功能後，按下「**郵件→啟動合併列印→選取收件者→使用現有清單**」按鈕，開啟「選取資料來源」對話方塊。

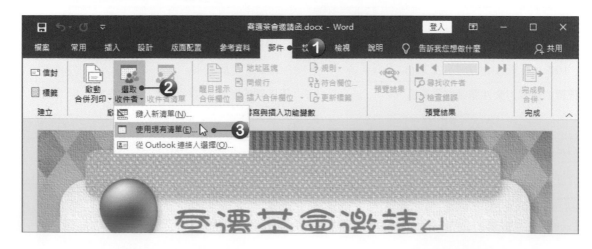

STEP03 點選**客戶名單.docx**檔案,選擇好後按下**開啟**按鈕。

STEP04 選擇好後,即可開始進行「插入合併欄位」的動作,這裡要在儲存格中分別插入相對應的欄位。先將滑鼠游標移至要插入欄位的儲存格中,按下「郵件→書寫與插入功能變數→插入合併欄位」按鈕,於選單中點選要插入的欄位。

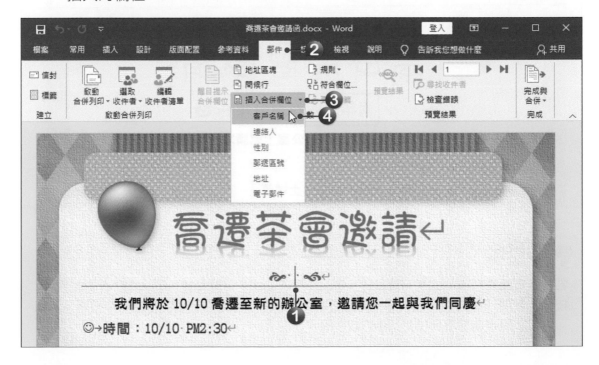

STEP 05 將欄位插入到相關位置後，位置上就會顯示該欄位的名稱。

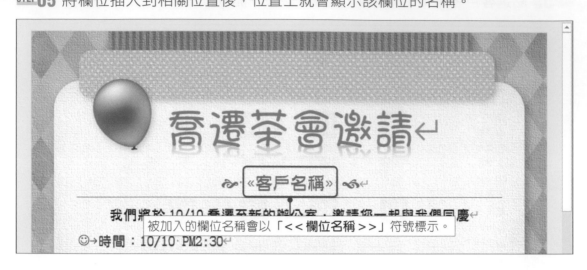

被加入的欄位名稱會以「＜＜欄位名稱＞＞」符號標示。

STEP 06 到這裡合併列印的工作就算完成了，最後只要按下「**郵件→預覽結果→預覽結果**」按鈕，即可預覽合併的結果。預覽時，可切換要預覽的紀錄。

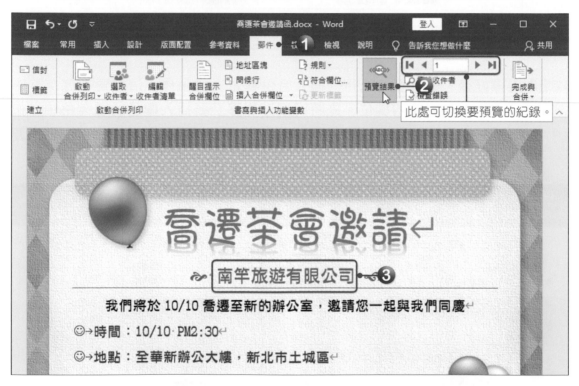

此處可切換要預覽的紀錄。

TIPS

若想要查看資料檔中的所有資料時，可以按下「郵件→啟動合併列印→編輯收件者清單」按鈕，開啟「合併列印收件者」對話方塊，由此方塊中即可查看所有的收件者資料，也可以在此新增或移除合併列印中的收件者。

完成與合併

完成合併列印設定後，即可進行**完成與合併**的動作。按下「**郵件→完成→完成與合併**」按鈕，於選單中會有**編輯個別文件、列印文件、傳送電子郵件訊息**等選項，分別介紹如下：

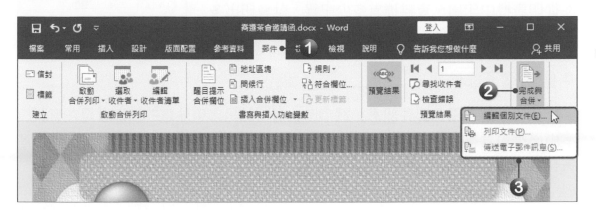

◉ 編輯個別文件

執行「**編輯個別文件**」後，會開啟「合併到新文件」對話方塊，即可選擇要合併哪些記錄，選擇好後按下**確定**按鈕，會將製作好的檔案合併至新文件，Word 會開啟一份新的文件存放這些被合併的資料，若資料檔中有 20 筆資料，那麼新文件中就會有 20 頁不同資料的文件。在此文件中即可針對每筆資料，再進行個別編輯的動作，或是直接將文件儲存起來。

TIPS

也可按下 **Alt+Shift+N** 快速鍵，將合併列印的結果合併至個別文件。

● 列印文件

執行「**列印文件**」選項，或按下 Alt+Shift+M 快速鍵，會開啟「合併到印表機」對話方塊，接著選擇要列印哪些記錄，選擇好後按下**確定**按鈕，即可將文件從印表機中印出，資料檔有多少記錄，就會印出多少份。

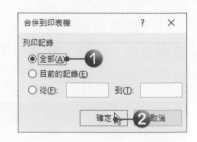

● 傳送電子郵件訊息

執行「**傳送電子郵件訊息**」選項時，有一點是必須注意的，那就是在資料檔案中必須包含存放**電子郵件地址**的欄位，這樣才會依據欄位中的電子郵件地址進行合併的動作。

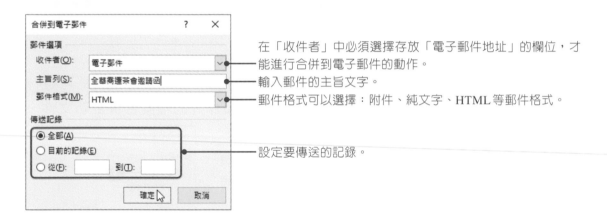

在「收件者」中必須選擇存放「電子郵件地址」的欄位，才能進行合併到電子郵件的動作。

輸入郵件的主旨文字。

郵件格式可以選擇：附件、純文字、HTML 等郵件格式。

設定要傳送的記錄。

TIPS

合併檔案開啟問題

開啟一個有進行合併列印設定的檔案時，會先開啟一個警告視窗，當遇到這個視窗時，請直接按下**是**按鈕，才能順利開啟該檔案。

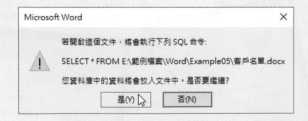

如果按下之後還是顯示找不到來源資料的訊息，此時請按下**尋找資料來源**按鈕，開啟「選取資料來源」對話方塊，選擇正確的檔案位置即可。

🔍 5-3 地址標籤的製作

完成了邀請函製作後,接下來將利用**標籤**功能,製作客戶的地址標籤。

合併列印的設定

利用合併列印還可以快速製作出地址、商品等標籤。進行標籤製作時,必須確認標籤紙的規格,及每一個標籤的尺寸大小,這樣在設定標籤時,才能很精確地完成設定。

STEP01 開啟一份空白文件,按下「**郵件→啟動合併列印→啟動合併列印→標籤**」按鈕,開啟「標籤選項」對話方塊,進行標籤的設定。

STEP02 在**印表機資訊**中,選擇印表機類型,在**標籤樣式**選單中選擇一個樣式,在**標籤編號**中選擇要使用的標籤規格,都選擇好後按下**確定**按鈕。

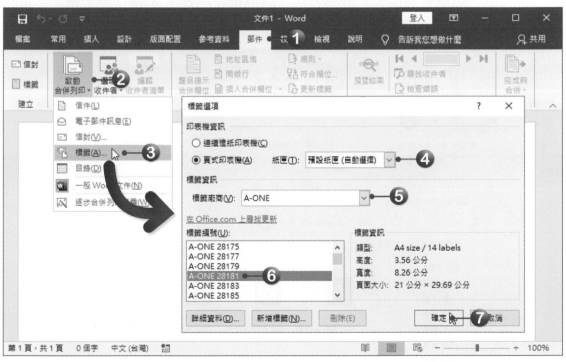

💡 **TIPS**

Word 預設了許多不同的標籤樣式,可以在這些樣式中尋找是否有符合需求的標籤。若都沒有可使用的規格時,可按下**新增標籤**按鈕,自行設定標籤的大小。

STEP03 回到文件中，文件的版面已被設定成所選擇的標籤樣式了。

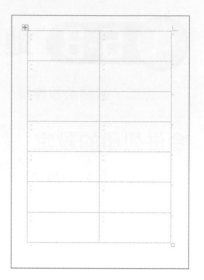

> **TIPS**
>
> 文件中的標籤是以表格製作而成。若沒有顯示格線，可以按下「**表格工具→版面配置→表格→檢視格線**」按鈕，顯示表格的格線。

STEP04 接著按下「**郵件→啟動合併列印→選取收件者→使用現有清單**」按鈕，選取資料來源。

STEP05 開啟「選取資料來源」對話方塊，請選擇**客戶名單**.xlsx檔案，當作「**資料檔**」，選擇好後按下**開啟**按鈕。

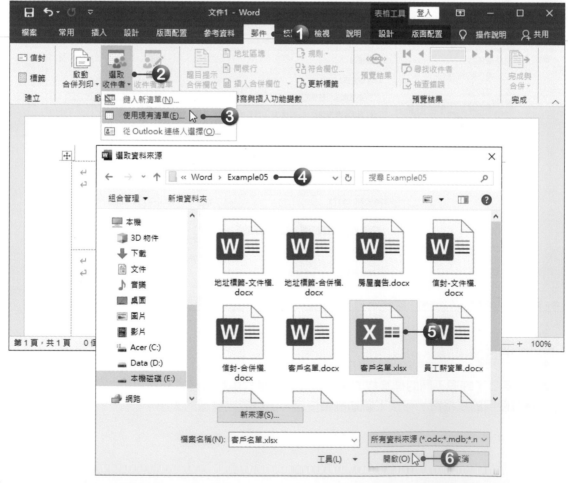

STEP06 在「選取表格」對話方塊，選擇要使用檔案中的哪一個工作表。這裡請選擇**工作表1\$**，將**資料的第一列包含欄標題**勾選(若工作表第一列非標題列時，此選項請勿勾選)，按下**確定**按鈕(若檔案來源是Word格式的檔案時，就不會有這個步驟)。

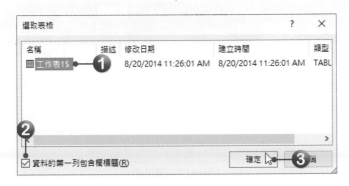

STEP07 資料來源選擇好後，接下來就可以在標籤中插入相關的欄位。按下「**郵件→書寫與插入功能變數→插入合併欄位**」按鈕，選擇要插入的欄位，這裡請插入**郵遞區號、地址、客戶名稱、連絡人**等欄位。

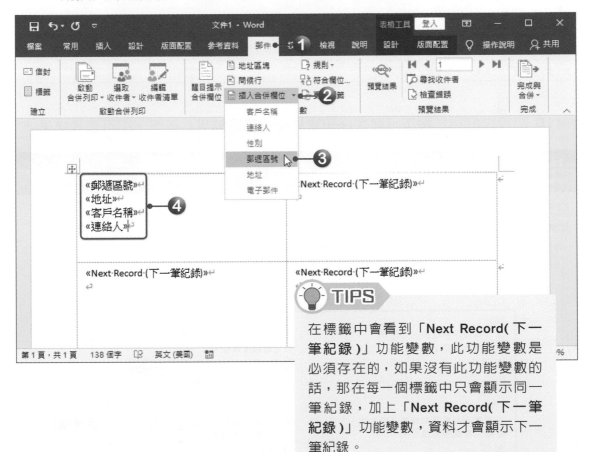

TIPS

在標籤中會看到「**Next Record(下一筆紀錄)**」功能變數，此功能變數是必須存在的，如果沒有此功能變數的話，那在每一個標籤中只會顯示同一筆紀錄，加上「**Next Record(下一筆紀錄)**」功能變數，資料才會顯示下一筆紀錄。

STEP08 欄位都插入後，選取所有欄位名稱，進行文字格式的設定。

STEP09 格式都設定好後，請按下「**郵件→書寫與插入功能變數→更新標籤**」按鈕，即可將第一個標籤中的欄位套用到其他標籤中。

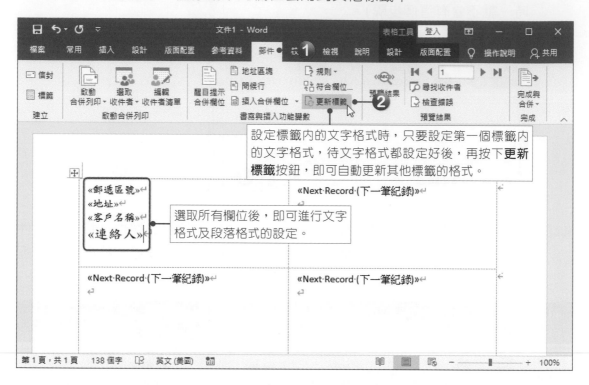

STEP10 都設定好後，按下「**郵件→預覽結果→預覽結果**」按鈕，即可預覽結果。

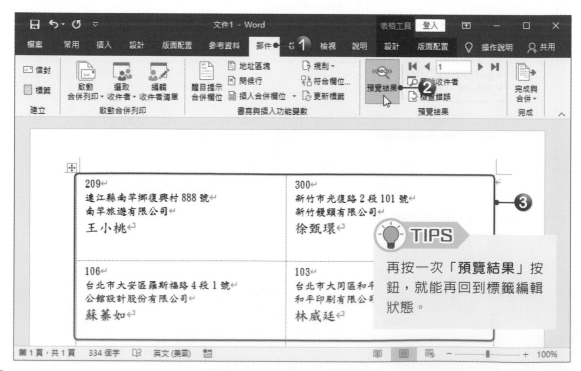

使用規則加入稱謂

在合併列印中提供了許多不同的「規則」，利用這些「規則」，可以幫我們完成一些工作，規則的使用說明如下表所列。

規則	說明
Ask	可以設定書籤名稱，並提供提示文字。
Fill-in	可以設定提示文字。
If…Then…Else	可以設定條件。
Merge Record	可以在文件中加入資料的紀錄編號。
Merge Sequence	可以設定進行合併列印時顯示紀錄編號。
Next Record	設定將下一筆紀錄合併到目前的文件。
Next Record If	設定當條件符合時，將下一筆紀錄合併到目前文件。
Set BookMark	設定書籤名稱。
Skip Record If	設定當條件符合時，不要將下一筆紀錄合併到目前文件。

在接下來的範例中，我們要使用「If…Then…Else」規則，在「連絡人」後自動依**性別**加入「小姐 收」或「先生 收」文字。

STEP01 將插入點移至<<連絡人>>欄位後，先輸入兩個空白，再按下「**郵件→書寫與插入功能變數→規則**」按鈕，於選單中點選 If…Then…Else(以條件評估引數)規則，開啟「插入 Word 功能變數:IF」對話方塊，進行條件的設定。

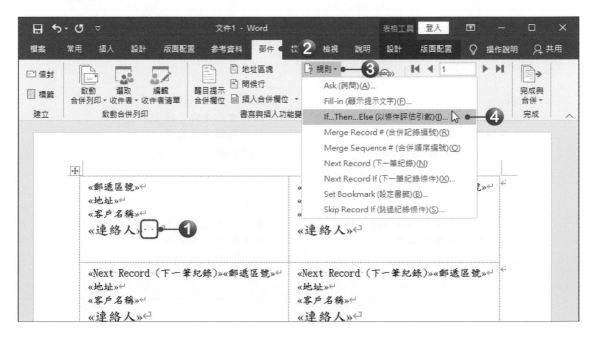

STEP02 將條件設定為：若**性別**等於**女**時，插入「**小姐 收**」文字；否則插入「**先生 收**」文字，設定好後按下**確定**按鈕。

STEP03 回到文件中，就會依據**性別**欄位，自動判斷是要加入「先生 收」或「小姐 收」文字了。

STEP04 文字加入後，即可選取該文字並進行文字格式設定。

STEP05 最後請按下「**郵件→書寫與插入功能變數→更新標籤**」按鈕，即可將第一個標籤中的設定套用到其他標籤中。

209↵ 連江縣南竿鄉復興村 888 號↵ 南竿旅遊有限公司↵ 王小桃‥小姐‥收↵	300↵ 新竹市光復路 2 段 101 號↵ 新竹饅頭有限公司↵ 徐甄環‥小姐‥收↵
106↵ 台北市大安區羅斯福路 4 段 1 號↵ 公館設計股份有限公司↵ 蘇蓁如‥小姐‥收↵	103↵ 台北市大同區和平東路 1 段 162 號↵ 和平印刷有限公司↵ 林威廷‥先生‥收↵

資料篩選與排序

在進行合併列印前，還可以對資料先進行**資料篩選**和**資料排序**的動作。

◎ 資料篩選

在此範例中，從檔案中篩選出連絡人性別為「男」的客戶。

STEP01 按下「**郵件→啟動合併列印→編輯收件者清單**」按鈕，開啟「合併列印收件者」對話方塊。

STEP02 按下**篩選**選項，開啟「篩選與排序」對話方塊，將條件設定為：**性別**必須**等於「女」**，設定好後按下**確定**按鈕。

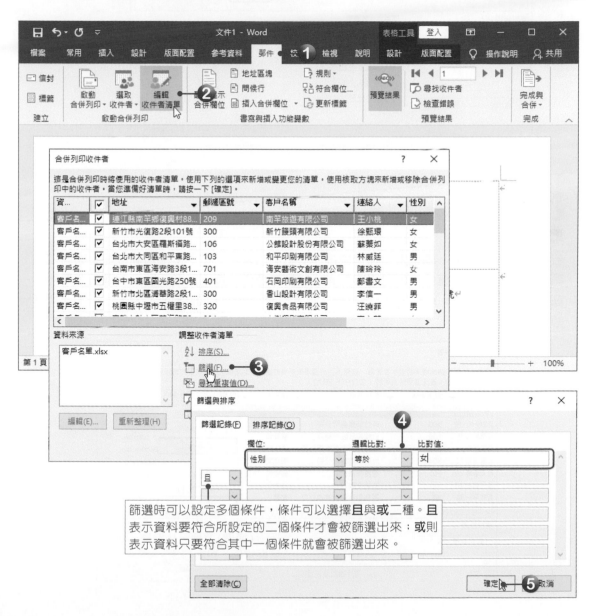

篩選時可以設定多個條件，條件可以選擇**且**與**或**二種。**且**表示資料要符合所設定的二個條件才會被篩選出來；**或**則表示資料只要符合其中一個條件就會被篩選出來。

STEP03 回到「合併列印收件者」對話方塊後，會發現資料原來有32筆，經過篩選後，只剩下符合性別欄位為「女」的資料共20筆，最後按下**確定**按鈕，完成篩選的動作。

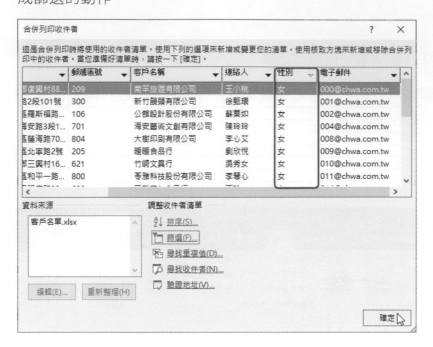

取消篩選

若要取消篩選結果，請進入「篩選與排序」對話方塊中，按下**全部清除**按鈕，即可取消篩選結果；或者是在「合併列印收件者」對話方塊中，按下有進行篩選的欄位選單鈕，在選單中選擇**（全部）**選項，此時資料就會全部顯示出來，而此動作也就表示取消了篩選的設定。

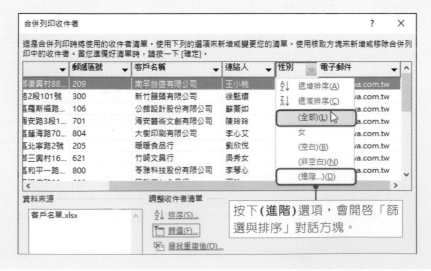

按下**（進階）**選項，會開啟「篩選與排序」對話方塊。

◎ 資料排序

利用排序功能可以讓資料依照指定的順序排列。

STEP01 按下「**郵件→啟動合併列印→編輯收件者清單**」按鈕,開啟「合併列印收件者」對話方塊,按下**排序**選項,開啟「篩選與排序」對話方塊。

STEP02 將**排序方式**條件設定為「**郵遞區號**」以「**遞增**」排序;**次要鍵**條件設定為「**地址**」以「**遞增**」排序,設定好後按下**確定**按鈕。

STEP03 回到「合併列印收件者」對話方塊後，資料就會依照**郵遞區號**進行排序，若遇到相同時，則會依照**地址**排序，最後按下**確定**按鈕，完成排序的動作。

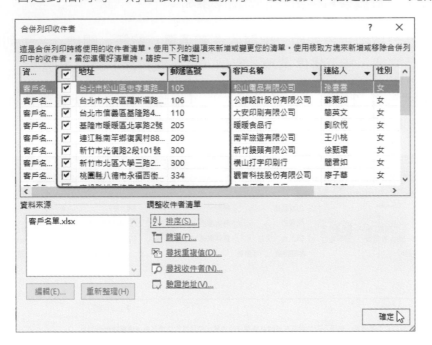

 TIPS

要進行排序時，也可以直接按下要排序的欄位選單鈕，於選單中即可選擇要**遞增排序**或**遞減排序**。

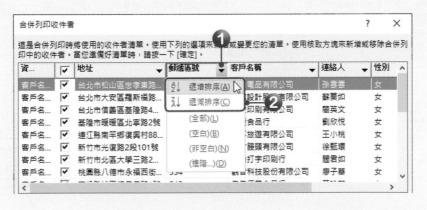

列印地址標籤

　　當資料篩選排序好後，即可將地址標籤從印表機中印出。若要列印時，請先將標籤紙放置於印表機中，再按下「**郵件→完成→完成與合併→列印文件**」按鈕，進行列印。

　　在列印標籤時，有可能會發生列印位置不對的情形，此時可以依據列印結果再調整文字位置、文字段落等。標籤列印好後，即可將標籤黏貼至邀請函或是信封上。

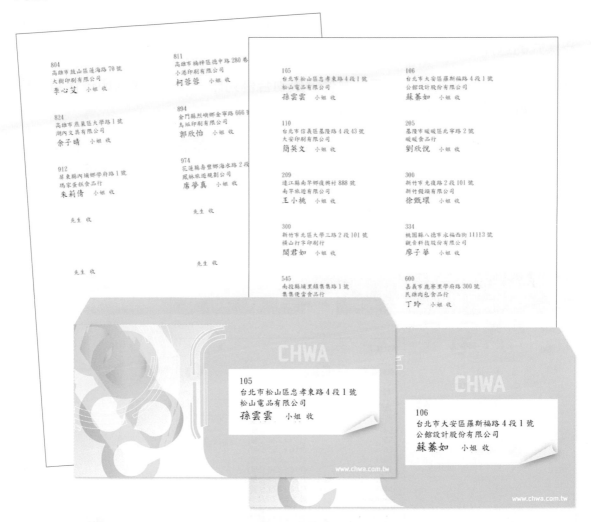

　　最後別忘了將檔案儲存起來，如此一來，當下次要使用時，就可以直接開啟使用。在開啟檔案時，則必須確認來源資料檔也在同一個資料夾中，才不會發生找不到資料檔的狀況。

Q 5-4 信封的製作

如果想要快速印出大量收件者的郵寄信封，可以利用Word的合併列印功能，在現有信封上直接列印出所有收件者的資料，就不用一封一封編輯設定，十分方便。

合併列印設定

信封與標籤的合併列印設定方式大致上是差不多的，主要不同在於信封大小及樣式的選擇。

STEP 01 開啟一份新文件，按下「**郵件→啟動合併列印→啟動合併列印→信封**」按鈕，開啟「信封選項」對話方塊。

STEP 02 在**信封大小**選單中選擇想要套用的信封尺寸。若選單中沒有適合的信封尺寸，則點選選單中的**自訂大小**選項，開啟「信封大小」對話方塊自訂信封尺寸。

STEP 03 在「信封大小」對話方塊中輸入信封的**寬度**和**高度**，設定完成後，按下**確定**按鈕，回到「信封選項」對話方塊。

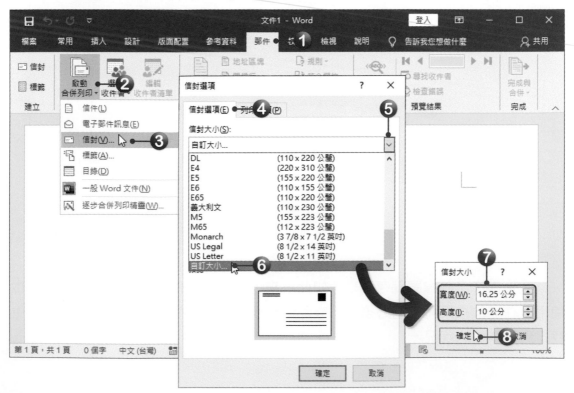

STEP 04 信封大小設定好後，按下**列印選項**標籤，在**進紙方式**中設定印表機的進紙方式，並設定**紙張來源**，最後按下**確定**按鈕完成設定。

STEP 05 回到文件中，文件版面就會調整成所設定的信封大小。接著按下「**郵件→啟動合併列印→選取收件者→使用現有清單**」按鈕，選擇資料來源。

STEP06 資料檔選擇好後，將插入點移至收件者圖文框中，接著按下「**郵件→書寫與插入功能變數→插入合併欄位**」按鈕，分別將郵遞區號、地址、客戶名稱、連絡人欄位插入於文字方塊中。

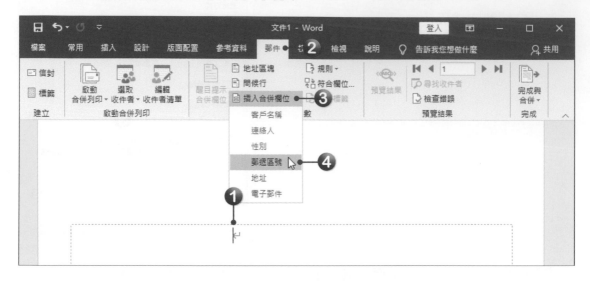

STEP07 都設定好後，按下「**郵件→預覽結果→預覽結果**」按鈕，即可預覽結果。

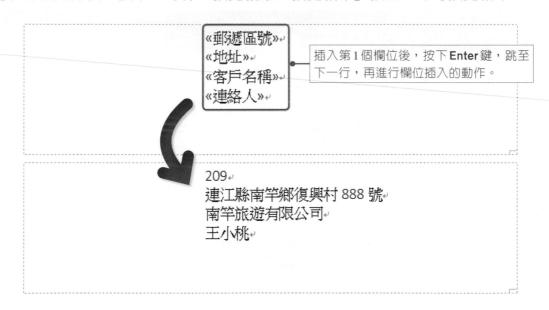

> 插入第 1 個欄位後，按下 **Enter** 鍵，跳至下一行，再進行欄位插入的動作。

信封版面設計

接下來為了要讓信封的版面更美觀、更專業，要加入寄件者的資料，並進行文字格式及版面的設定。

● 加入寄件者地址

STEP01 將滑鼠游標移至信封左上角的插入點，輸入寄件者的地址資料。

STEP02 輸入後，再於「**常用→字型**」群組中，進行文字格式的設定。

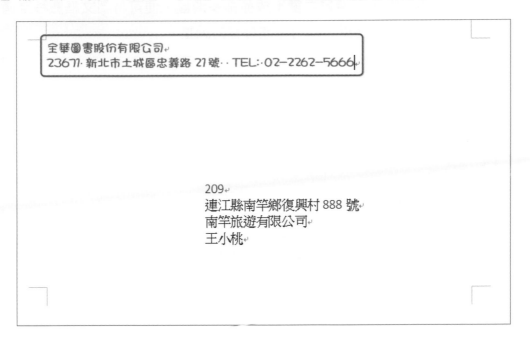

TIPS

若常使用到信封的合併列印時，可以按下「**檔案→選項**」功能，開啟「Word 選項」視窗，點選**進階**標籤，將自己的寄件地址及資訊輸入到**地址**欄位中，日後在設定合併列印時，就會直接在寄件處顯示該段文字，而不必一直重複編輯寄件資訊的內容。

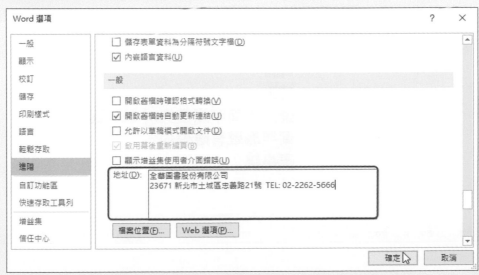

◎ 調整收件者位置

在信封中的收件者資料是以「**圖文框**」方式製作而成的，若要調整收件者資料位置時，可在圖文框的框線上按下**滑鼠左鍵**，此時圖文框會出現八個控制點，接著在圖文框的框線按下**滑鼠左鍵**不放並拖曳滑鼠，便可將圖文框搬移至適當位置，搬移好後放掉滑鼠左鍵，即可完成位置的調整。

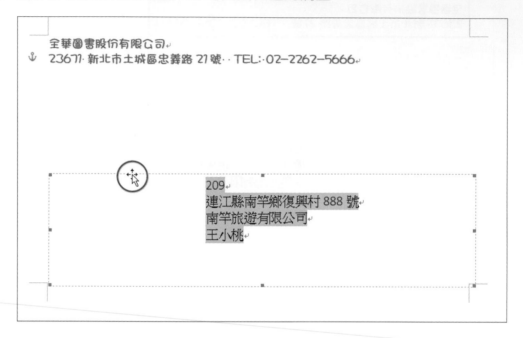

◎ 收件者文字格式及縮排設定

STEP01 選取圖文框，再於「**常用→字型**」群組中進行文字格式設定。

STEP02 接著再將滑鼠游標移至尺規上的**左邊縮排**鈕上。

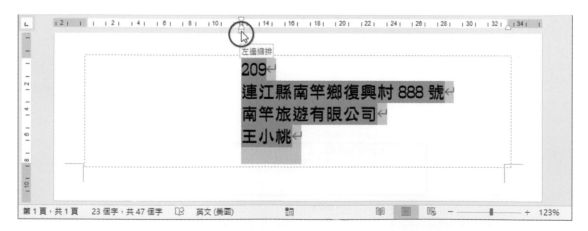

STEP03 按著**滑鼠左鍵**不放並往左拖曳，將左邊的縮排縮小。

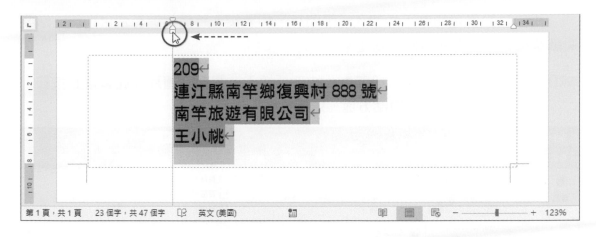

⊙ 加入啟封詞

　　我們要在收件者的「連絡人」欄位後，統一加入啟封詞。當將信封合併到新文件或是印表機時，所有印出來的信封也會自動加上所輸入的啟封詞。

　　將滑鼠游標移至「連絡人」欄位後方，輸入要加上的啟封詞文字即可 (或是使用 If...Then...Else 規則來自動判斷要加入的稱謂)。

● 加入圖片

　　我們要於信封的右下角加入一張圖片，加入後，將信封進行合併列印，該圖片就會自動顯示在所有的信封上。

STEP01 將滑鼠游標移至文字段落中，按下「**插入→圖例→圖片→此裝置**」按鈕，開啟「插入圖片」對話方塊，選擇要插入的圖片。

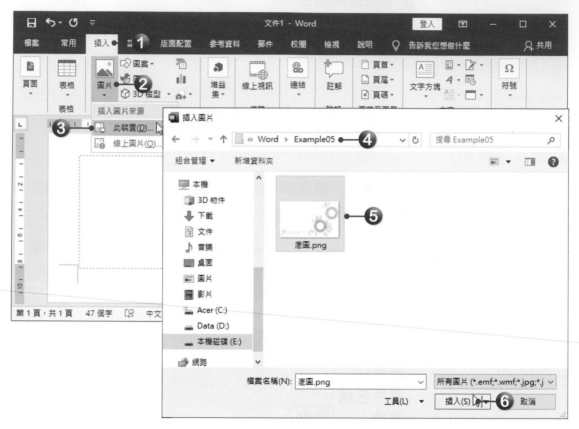

STEP02 圖片插入後，將圖片的文繞圖方式設定為**文字在前**。

STEP03 接著將圖片搬移至信封的右下角位置，完成信封的製作。

合併至印表機

信封設計好後，接下來要將資料合併到「印表機」，將編輯好的信封內容直接從印表機中列印出來。

STEP01 按下「郵件→完成→完成與合併→列印文件」按鈕，開啟「合併到印表機」對話方塊。

STEP02 接著即可選擇要列印全部記錄、目前的記錄、從第幾筆記錄到第幾筆記錄，設定好後按下確定按鈕。

STEP 03 開啟「列印」對話方塊，進行列印的相關設定。設定完成後，按下**確定**按
鈕，即可進行列印工作。

　　列印時別忘了要按照之前設定的進紙方向，將信封放入印表機中，若列印位
置不正確時，可再回到文件中調整文字及圖文框的位置。

建立單一標籤及信封

使用合併列印功能可以製作大量的標籤及信封，但若只想製作單一內容的標籤或信封時，可以按下「**郵件→建立**」群組中的**標籤**按鈕或**信封**按鈕，進行單一標籤或信封的製作。

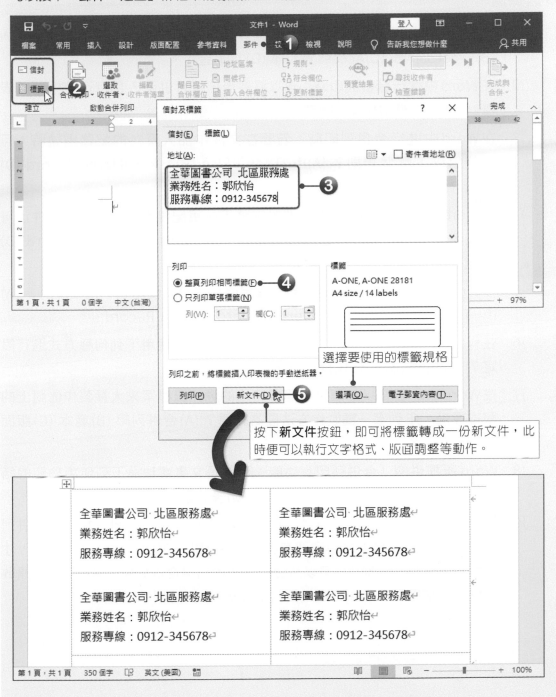

⭐ 選擇題

( )1. 在Word中進行合併列印設定時，其資料來源可以是？ (A)Outlook連絡人 (B)Excel工作表 (C)Access資料庫 (D)以上皆可。

( )2. 在Word中進行合併列印時，可以將最後結果合併至？ (A)新文件 (B)印表機 (C)電子郵件 (D)以上皆可。

( )3. 在Word中進行合併列印時，若要在文件中加入資料的紀錄編號時，可以使用以下哪個規則？ (A)If…Then…Else (B)Ask (C)Merge Record (D)Next Record。

( )4. 在Word中進行合併列印時，要設定將下一筆紀錄合併到目前的文件，可以使用以下哪個規則？ (A)If…Then…Else (B)Ask (C)Merge Record (D)Next Record。

( )5. 在Word中進行合併列印時，若要設定條件，可以使用以下何項規則？ (A)If…Then…Else (B)Ask (C)Merge Record (D)Next Record。

( )6. 在Word中要製作大量而且相同的名牌時，最好使用下列何種方式進行設定？ (A)信封 (B)標籤 (C)目錄 (D)文件。

( )7. 在Word中，若要以一個預先建置完成的通訊錄檔案來大量製作信封上的郵寄標籤，下列哪一種製作方法最為簡便？ (A)合併列印 (B)範本 (C)版面設定 (D)表格。

( )8. Word所提供的「合併列印」功能，可說是文書處理與下列何項功能的結合？ (A)統計圖表 (B)資料庫 (C)簡報 (D)多媒體。

( )9. 下列有關「合併列印」之敘述，何者有誤？ (A)若以Word表格作為合併列印的資料檔，表格上方必須要有標題文字 (B)一定要有資料來源檔案，才能執行合併列印功能 (C)可以將合併列印的結果合併到新文件中 (D)在開啟合併列印檔案時，必須確定其資料來源檔在同一個資料夾內。

✪實作題

1. 將「範例檔案→Word→Example05→房屋廣告.docx」檔案，設定為合併列印的資料來源，進行以下設定。

▶ 製作一個房屋廣告標籤，標籤規格請選擇 Word 內建的「A-ONE 28447」標籤紙。

▶ 分別插入相關欄位，文字格式請自行設定，標籤欄位順序如右圖所示：

▶ 將設定好的結果合併至新文件，如下圖所示。

《商品》

《照片》

《機能》

《坪數》坪

《租金》元

歡　迎　參　觀　比　較

2. 開啟「範例檔案→Word→Example05→員工薪資單.docx」檔案,進行以下的設定。

▶ 請以「薪資表.xlsx」為資料來源檔。

▶ 於表格中插入相關的欄位。

▶ 合併列印前依照員工部門遞減排序,若員工部門相同再依員工編號遞增排序。

▶ 將設定好的結果合併至新文件。

員工編號	《員工編號》	員工姓名	《姓名》
員工部門	《部門》		
本月薪資			
本□□薪	津貼加給	伙食費	加班費	健保費
《本薪》	《津貼加給》	《伙食費》	《加班費》	《健保費》
薪資合計	《薪資合計》		
備□□註	以上若有任何問題請洽管理部。		

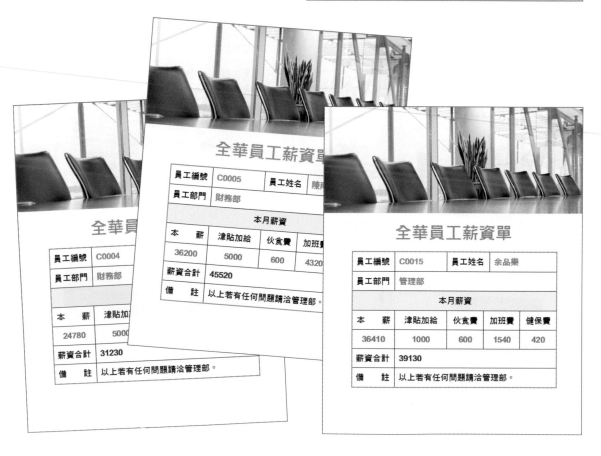

Excel

2019

產品訂購單

Excel 基本操作

01

學習目標

自動填滿/儲存格的調整/
儲存格的格式設定/
資料格式的設定/加入圖片/
認識運算符號及運算順序/
建立公式/複製公式/修改公式/
SUM加總函數/活頁簿的儲存

⭐ 範例檔案

Excel→Example01→產品訂購單.xlsx

Excel→Example01→招牌.png

⭐ 結果檔案

Excel→Example01→產品訂購單-OK.xlsx

如果想要製作具有計算功能的表單時，那麼可以使用Excel試算表軟體來完成。Excel具有計算、統計、分析等功能，只要將資料輸入並進行相關設定，便可立即計算出結果，還可以減少計算錯誤發生的機率。

在「產品訂購單」範例中，將學習如何進行文字格式、儲存格、工作表等基本操作，除此之外，還會學習到如何讓產品訂購單具有計算的功能。

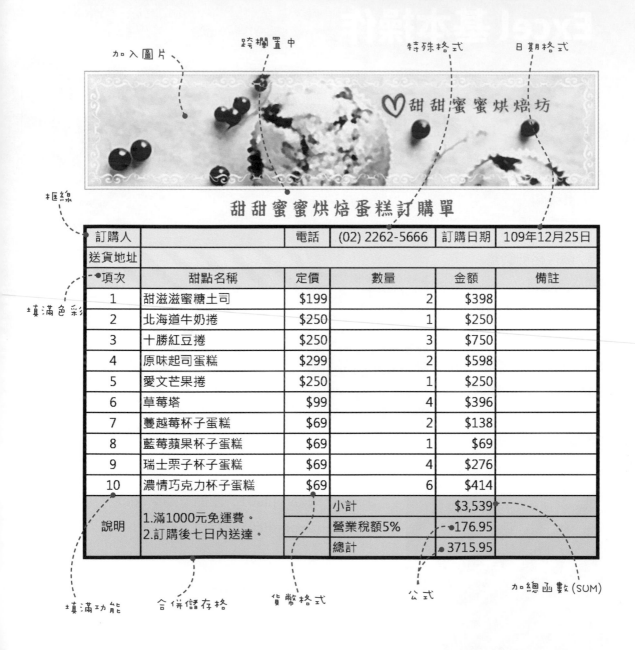

加入圖片　跨欄置中　特殊格式　日期格式

框線　　甜甜蜜蜜烘焙蛋糕訂購單

填滿色彩

訂購人			電話	(02) 2262-5666	訂購日期	109年12月25日
送貨地址						
項次	甜點名稱		定價	數量	金額	備註
1	甜滋滋蜜糖土司		$199	2	$398	
2	北海道牛奶捲		$250	1	$250	
3	十勝紅豆捲		$250	3	$750	
4	原味起司蛋糕		$299	2	$598	
5	愛文芒果捲		$250	1	$250	
6	草莓塔		$99	4	$396	
7	蔓越莓杯子蛋糕		$69	2	$138	
8	藍莓蘋果杯子蛋糕		$69	1	$69	
9	瑞士栗子杯子蛋糕		$69	4	$276	
10	濃情巧克力杯子蛋糕		$69	6	$414	
說明	1.滿1000元免運費。 2.訂購後七日內送達。	小計			$3,539	
		營業稅額5%			176.95	
		總計			3715.95	

填滿功能　合併儲存格　貨幣格式　公式　加總函數 (SUM)

🔍 1-1 建立產品訂購單內容

在「產品訂購單」範例中，已先將一些基本的文字輸入於工作表，但還有一些未完成的內容需要輸入，而在建立這些內容時，有一些技巧是不可不知的。首先，先來學習如何開啟檔案及輸入資料吧！

啟動Excel並開啟現有檔案

安裝好Office應用軟體後，先按下**「開始」**鈕，接著在程式選單中，點選**「Excel」**，即可啟動Excel。

啟動Excel時，會先進入開始畫面中，在畫面下方會顯示 **最近** 曾開啟的檔案，直接點選即可開啟該檔案；按下左側的 **開啟** 選項，即可選擇其他要開啟的Excel活頁簿。

若要開啟現有的檔案時，可依以下步驟進行：

STEP01 開啟 Excel 操作視窗後，請按下**開啟**，進入**開啟舊檔**頁面中。

若要開啟 Excel 的現有檔案，可以直接在 Excel 活頁簿的檔案名稱或圖示上，**雙擊滑鼠左鍵**，啟動 Excel 操作視窗，並開啟該份活頁簿。

1-3

STEP02 進入**開啟舊檔**頁面後，按下瀏覽按鈕，開啟「開啟舊檔」對話方塊，即可
　　　　選擇要開啟的檔案。

- 💡 TIPS

最近使用的活頁簿

若要開啟最近曾編輯過的活頁簿，可以直接按下**最近**，Excel 就會列出最近曾經開啟過的
活頁簿，而這份清單會隨著開啟的活頁簿而有所變換。

若已進入 Excel 操作視窗，要開啟已存在的 Excel 檔案時，可以按下「**檔案→開啟舊檔**」
功能；或按下 **Ctrl+O** 快速鍵，進入開啟舊檔頁面中，進行開啟檔案的動作。

於儲存格中輸入資料

工作表是由一個個格子所組成的，這些格子稱為「**儲存格**」，當滑鼠點選其中一個儲存格時，該儲存格會有一個粗黑的邊框，而這個儲存格即稱為「**作用儲存格**」，代表要在此進行作業。

要在儲存格中輸入文字時，須先選定一個作用儲存格，選定好後就可以進行輸入文字的動作，輸入完後按下 Enter 鍵，即可完成輸入。若在同一儲存格要輸入多列時，可以按下 Alt+Enter 快速鍵，進行換行的動作。若要到其他儲存格中輸入文字時，可以按下鍵盤上的↑、↓、←、→及 Tab 鍵，移動到上面、下面、左邊、右邊的儲存格。

STEP01 先選取 **B15** 儲存格，再把滑鼠游標移到資料編輯列上按一下**滑鼠左鍵**，即可輸入文字。

B15		×	✓	fx	1.滿1000元免運費。	❷
	A	B	C	D	E	F
13		瑞士栗子和	69			
14		濃情巧克フ	69			
15	說明	費。 ❶		小計		
16				營業稅額5%		
17				總計		

在工作表的上方是**欄標題**，以 A、B、C 等表示；
而左方則是**列標題**，以 1、2、3 等表示。

STEP02 當完成第一行文字的輸入後，按下 **Alt+Enter** 快速鍵，將插入點移至下一行中，再繼續輸入第二行文字。輸入好後，按下 **Enter** 鍵，即可完成輸入的動作。

B15		×	✓	fx	2.訂購後七日內送達。
	A	B	C	D	E	F
13		瑞士栗子和	69			
14		濃情巧克フ	69			
15	說明	達。		小計		
16				營業稅額5%		
17				總計		

使用填滿功能輸入資料

在選取儲存格時，於儲存格的右下角有個黑點，稱作**填滿控點**，利用該控點可以依據一定的規則，快速填滿大量的資料。

在此範例中，要在項次欄位中輸入1~10的數字。輸入時不必辛苦地一個一個輸入，只要使用填滿功能的**等差級數**方式輸入即可。

STEP01 先在 A5 及 A6 兩個儲存格中，輸入 1 和 2，表示起始值是 1，間距是 1。

STEP02 選取 A5 及 A6 這兩個儲存格，將滑鼠游標移至**填滿控點**，並拖曳**填滿控點**到 A14 儲存格，即可產生間距為 1 的遞增數列。

填滿智慧標籤

使用填滿控點進行複製資料時,在儲存格的右下角會有個 填滿智慧標籤圖示,點選此圖示後,即可在選單中選擇要填滿的方式。

選項	說明
複製儲存格	會將資料與資料的格式一模一樣地填滿。
以數列方式填滿	依照數字順序依序填滿,是一般預設的複製方式。
僅以格式填滿	只會填滿資料的格式,而不會將該儲存格的資料填滿。
填滿但不填入格式	會將資料填滿至其他儲存格,而不套用該儲存格所設定的格式。
快速填入	會自動分析資料表內容,判斷要填入的資料。此功能最適合用來分割資料表中的儲存格內容,例如:將含有區碼的電話號碼,分成區碼及電話兩個欄位。

填滿功能的使用

- **填滿重複性資料**:當要在工作表中輸入多筆相同資料時,利用填滿控點,即可把目前儲存格的內容快速複製到其他儲存格中。

- **填滿序號**:若要產生連續性的序號時,先在儲存格中輸入一個數值,在拖曳填滿控點時,同時按下 **Ctrl** 鍵,向下或向右拖曳,資料會以遞增方式 (1、2、3……) 填入;向上或向左拖曳,則資料會以遞減方式 (5、4、3……) 填入。

- **等差級數**:若要依照自行設定的間距值產生數列時,先在兩個儲存格中,分別輸入 1 和 3,表示起始值是 1,間距是 2,選取這兩個儲存格,將滑鼠游標移至填滿控點,並拖曳填滿控點到其他儲存格,即可產生間距為 2 的遞增數列。

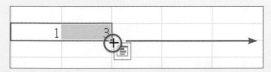

- **填滿日期**:若要產生一定差距的日期序列時,只要輸入一個起始日期,拖曳填滿控點到其他儲存格中,即可產生連續日期。

- **其他**:在 Excel 中預設了一份填滿清單,所以輸入某些規則性的文字,例如:星期一、一月、第一季、甲乙丙丁、子丑寅卯、Sunday、January 等文字時,利用自動填滿功能,即可在其他儲存格中填入規則性的文字。

🔍 1-2 儲存格的調整

資料都建立好後,接著就要進行儲存格的列高、欄寬等調整。

欄寬與列高調整

在輸入文字資料時,若文字超出儲存格範圍,儲存格中的文字會無法完整顯示;而輸入的是數值資料時,若欄寬不足,則儲存格會出現「######」字樣。此時,可以直接拖曳欄標題或列標題之間的分隔線,或是在分隔線上**雙擊滑鼠左鍵**,將該欄自動調整為最適欄寬,以便容下所有的資料內容。

在此範例中,要將列高都調整成一樣大小,而欄寬則依內容多寡分別調整。

STEP01 按下工作表左上角的 ◢ **全選方塊**,選取整份工作表。

STEP02 將滑鼠移到列與列標題之間的分隔線,按下**滑鼠左鍵**不放,往下拖曳即可增加列高。

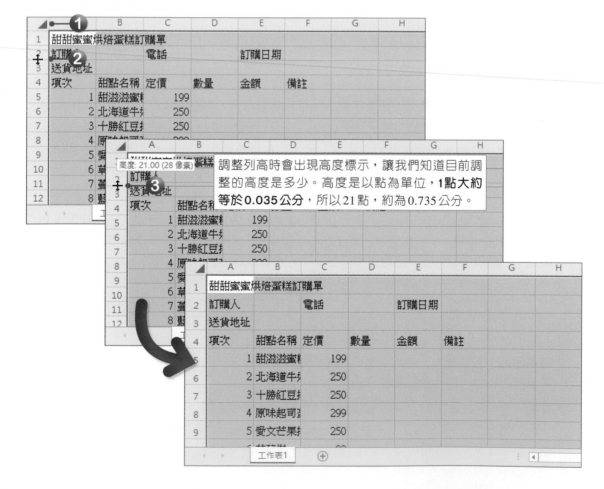

調整列高時會出現高度標示,讓我們知道目前調整的高度是多少。高度是以點為單位,**1點大約等於0.035公分**,所以21點,約為0.735公分。

STEP03 列高調整好後，將滑鼠移到要調整的欄標題之間的分隔線，按下**滑鼠左鍵**不放，往右拖曳即可增加欄寬；往左拖曳則縮小欄寬。

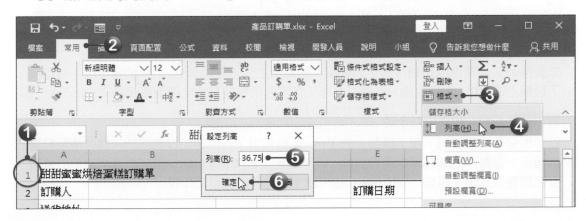

STEP04 利用相同方式將所有要調整的欄寬都調整完成。

	A	B	C	D	E	F
1	甜甜蜜蜜烘焙蛋糕訂購單					
2	訂購人		電話		訂購日期	
3	送貨地址					
4	項次	甜點名稱	定價	數量	金額	備註
5	1	甜滋滋蜜糖土司	199			
6	2	北海道牛奶捲	250			
7	3	十勝紅豆捲	250			
8	4	原味起司蛋糕	299			
9	5	愛文芒果捲	250			

工作表1

STEP05 接著點選第1列列號，選取整列。按下「**常用→儲存格→格式→列高**」按鈕，開啟「設定列高」對話方塊。

STEP06 輸入該列列高為「**36.75**」，按下**確定**按鈕，完成儲存格列高的設定。

TIPS

儲存格的選取

要選取某一個儲存格時,直接用滑鼠去點選要選取的儲存格,儲存格的外框就會變粗變黑,就表示已被選取。

選取相鄰的儲存格

要選取相鄰的儲存格時,必須以滑鼠將欲選取的儲存格區域拖曳選取起來,當儲存格呈現藍色狀態時,表示此區域已被選取。

欲選取相鄰的儲存格,除了上述方法之外,也可以先在左上角的開頭儲存格上按一下滑鼠左鍵,再按住鍵盤上的 **Shift** 鍵不放,接著再到右下角的結束儲存格中按一下滑鼠左鍵,即可將開頭和結束之間的所有儲存格選取起來。

選取不相鄰的儲存格

要選取不相鄰的儲存格時,必須先選取第一個要選取的儲存格後,按住鍵盤上的 **Ctrl** 鍵不放,接著再選取其他欲選取的儲存格。

選取一整欄

要選取單一欄時,直接以滑鼠點選該欄欄號,即可將整欄選取起來。若要選取多欄時,則按住滑鼠左鍵不動,拖曳滑鼠至所要選取的欄號即可。

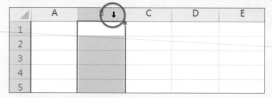 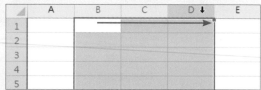

選取一整列

要選取單一列時,直接以滑鼠點選該列列號,即可將整列選取起來。若要選取多列時,則按住滑鼠左鍵不動,拖曳滑鼠至所要選取的列號即可。

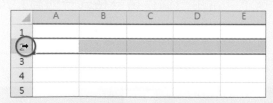 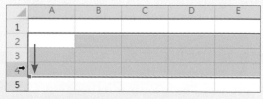

選取工作表所有欄位

想要選取工作表中所有儲存格,只要以滑鼠點選工作表左上角的 ◢ **全選方塊**,或是按下鍵盤上的 **Ctrl+A** 組合鍵,就可以將該工作表的所有儲存格全部選取起來。

好用的 Ctrl + A 組合鍵

若作用儲存格為空白,按下鍵盤上的 **Ctrl+A** 組合鍵,可將該工作表的所有儲存格全部選取起來;但當作用儲存格中含有資料,按下鍵盤上的 **Ctrl+A** 組合鍵,則會將目前的資料表範圍選取起來,再按一次 **Ctrl+A** 組合鍵,便可選取整份工作表。

跨欄置中及合併儲存格的設定

　　產品訂購單的標題文字輸入於A1儲存格中,現在要利用**跨欄置中**功能,使它與表格齊寬,且文字還會自動置中對齊;還要再利用**合併儲存格**功能,將一些相連的儲存格合併,以維持產品訂購單的美觀。

STEP 01 選取A1:F1儲存格,再按下「**常用→對齊方式→跨欄置中**」選單鈕,於選單中選擇**跨欄置中**,文字就會自動置中。

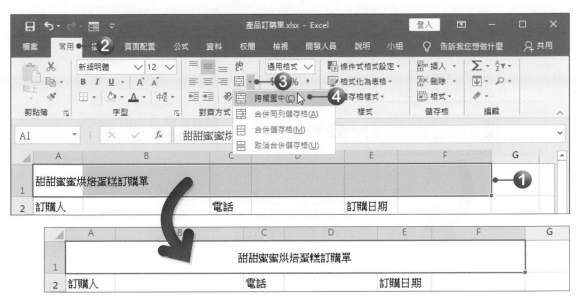

STEP 02 選取B3:F3儲存格,再按下「**常用→對齊方式→跨欄置中**」選單鈕,於選單中選擇**合併同列儲存格**,位於同列的儲存格就會合併為一個。

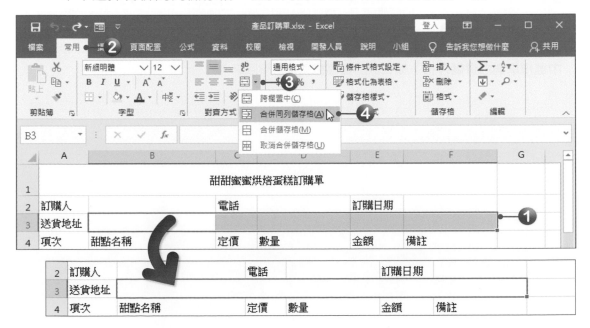

STEP 03 分別選取A15:A17及B15:C17儲存格,按下「**常用→對齊方式→跨欄置中**」選單鈕,於選單中選擇**合併儲存格**,被選取的儲存格就會合併為一個。

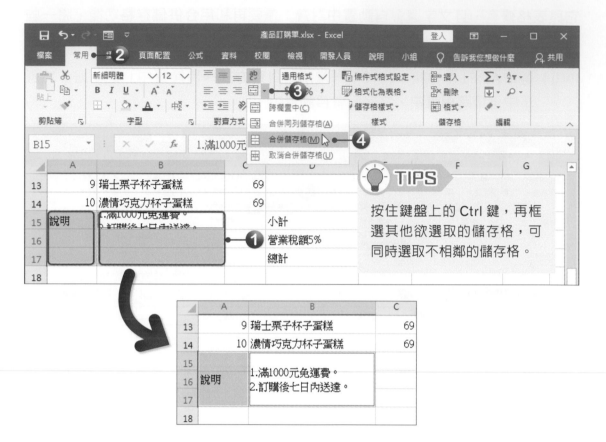

取消合併儲存格

若要將合併的儲存格還原時,可以按下「**常用→對齊方式→跨欄置中**」選單鈕,於選單中選擇**取消合併儲存格**,被合併的儲存格就會還原回來。

1-3 儲存格的格式設定

若想要美化工作表，可以為儲存格進行一些文字格式、對齊方式、外框樣式、填滿效果等格式設定，讓工作表更加美觀。

文字格式設定

要變更儲存格文字樣式時，可以使用「常用→字型」群組中的各種指令按鈕；或是按下**字型**群組右下角的 ⬈ 按鈕，開啟「儲存格格式」對話方塊，進行字型、樣式、大小、底線、色彩、特殊效果等設定。

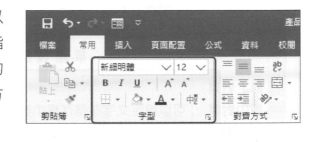

STEP01 選取整個工作表，進入「**常用→字型**」群組中，更換字型。

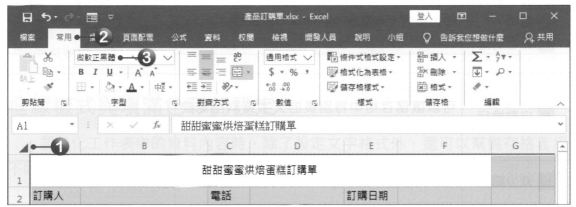

STEP02 選取 **A1** 儲存格，進入「**常用→字型**」群組中，進行文字格式的設定。

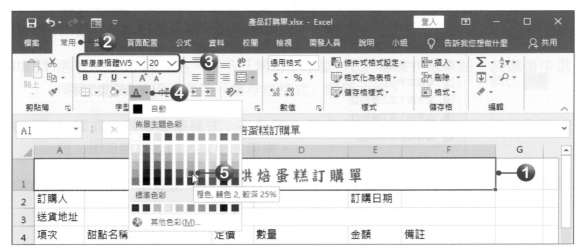

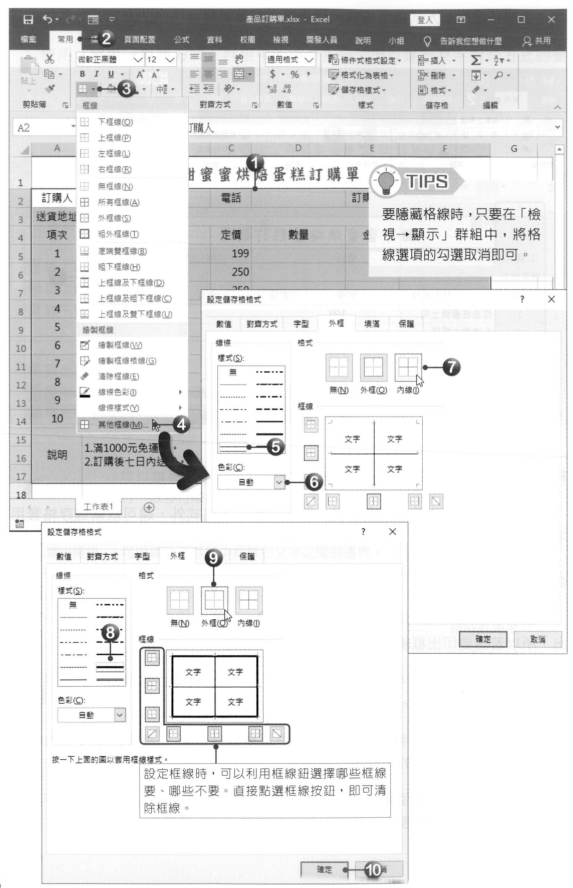

◎ 改變儲存格填滿色彩

這裡要將訂購人的資料加入填滿色彩，以便跟下方的訂單有所區隔。

STEP01 選取 A2:F3 儲存格，按下「**常用→字型→** 🔽 **填滿色彩**」選單鈕，於選單中選擇要填入的色彩即可。

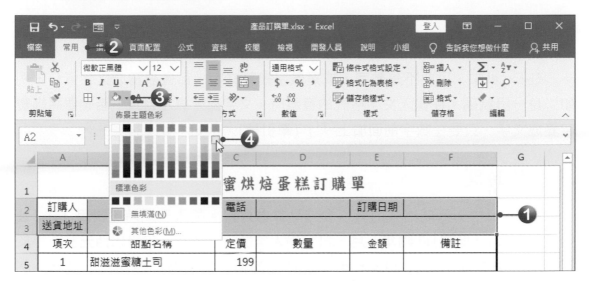

STEP02 接著將 A4:F4 及 A15:F17 儲存格，也填入不同的色彩。

	A	B	C	D	E	F	G
1			甜 甜 蜜 蜜 烘 焙 蛋 糕 訂 購 單				
2	訂購人		電話		訂購日期		
3	送貨地址						
4	項次	甜點名稱	定價	數量	金額	備註	
5	1	甜滋滋蜜糖土司	199				
6	2	北海道牛奶捲		橙色，輔色2，較淺80%			
7	3	十勝紅豆捲	250				
8	4	原味起司蛋糕	299				
9	5	愛文芒果捲	250				
10	6	草莓塔	99				
11	7	蔓越莓杯子蛋糕	69				
12	8	藍莓蘋果杯子蛋糕	69				
13	9	瑞士栗子杯子蛋糕	藍色，輔色1，較淺60%				
14	10	濃情巧克力杯子蛋糕	69				
15	說明	1.滿1000元免運費。 2.訂購後七日內送達。		小計			
16				營業稅額5%			
17				總計			
18							

工作表1 ⊕

🔍 1-4 儲存格的資料格式

依據儲存格的內容，可以將儲存格的資料格式設定為文字、數字、日期、貨幣等各種不同的格式。在進行資料格式設定前，先來認識這些資料格式的使用。

文字格式

在 Excel 中，只要不是數字，或是數字摻雜文字，都會被當成文字資料，例如：身分證號碼。在輸入文字格式的資料時，文字都會**靠左對齊**。若想要將純數字變成文字，只要在**數字前面加上「'」**（單引號），例如：'0123456。

日期及時間

在 Excel 中，日期格式的資料會自動**靠右對齊**。輸入日期時，**要用「-」**（破折號）或**「/」**（斜線）區隔年、月、日。輸入年份時需注意：年是以**西元計**，小於29的值，會被視為西元20××年；大於29的值，會被當作西元19××年，例如：輸入00到29的年份，會被當作2000年到2029年；輸入30到99的年份，則會被當作1930年到1999年。

在輸入日期時，若只輸入月份與日期，那麼 Excel 會自動加上當時的年份，例如：輸入12/25，Excel 在資料編輯列中，就會自動顯示為「2018/12/25」，表示此儲存格為日期資料，而其中的年份會自動顯示為當年的年份。

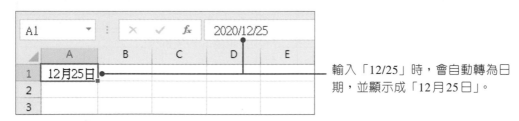

輸入「12/25」時，會自動轉為日期，並顯示成「12月25日」。

在儲存格中要輸入時間時，**要用「:」**（冒號）隔開，以**12小時制**或**24小時制**表示。使用12小時制時，最好按一個空白鍵，加上「am」（上午）或「pm」（下午）。例如：「3:24 pm」是下午3點24分。

數值格式

在 Excel 中，數值格式的資料會**靠右對齊**。數值是進行計算的重要元件，Excel 對於數值的內容有很詳細的設定。

首先來看看在儲存格中輸入數值的各種方法，如下表所列。

正數	負數	小數	分數
55980	-6987	12.55	4 1/2
	前面加上「-」負號	按鍵盤的「.」表示小數點	分數之前要按一個空白鍵

除了不同的輸入方法，也可以使用**「常用→數值→數值格式」**按鈕，進行格式變更的動作。而在**「數值」**群組中，列出了一些常用的數值按鈕，可以快速變更數值格式，如下表所列。

按鈕	功能	範例
$ ▾	加上會計專用格式，會自動加入貨幣符號、小數點及千分位符號。按下選單鈕，還可以選擇英磅、歐元及人民幣等貨幣格式。 若輸入以「$」開頭的數值資料，如$3600，會將該資料自動設定為貨幣類別，並自動顯示為「$3,600」。	12345→$12,345.00
%	加上百分比符號。 在儲存格中輸入百分比樣式的資料，如66%，必須先將儲存格設定為百分比格式，再輸入數值66。若先輸入66，再設定百分比格式，則會顯示為「6600%」。 要將數值轉換為百分比時，可以按下**Ctrl+Shift+%**快速鍵。	0.66→66%
,	加上千分位符號，會自動加入「.00」。	12345→12,345.00
←.0 .00	增加小數位數。	666.45→666.450
.00 →.0	減少小數位數，減少時會自動四捨五入。	888.45→888.5

特殊格式設定

在此範例中，要將電話的儲存格設定為「特殊」格式中的「一般電話號碼」格式。設定後，只要在聯絡電話儲存格中輸入「0222625666」，儲存格就會自動將資料轉換為「(02)2262-5666」。

STEP01 選取 D2 儲存格，按下**「常用→數值」**群組右下角的 ⬐ 按鈕，或按下 **Ctrl+1** 快速鍵，開啟「設定儲存格格式」對話方塊。

STEP02 開啟「設定儲存格格式」對話方塊，點選**數值**標籤，於類別選單中選擇**特殊**，再於類型選單中選擇**一般電話號碼**(8 位數)，選擇好後按下**確定**按鈕，即完成特殊格式的設定。

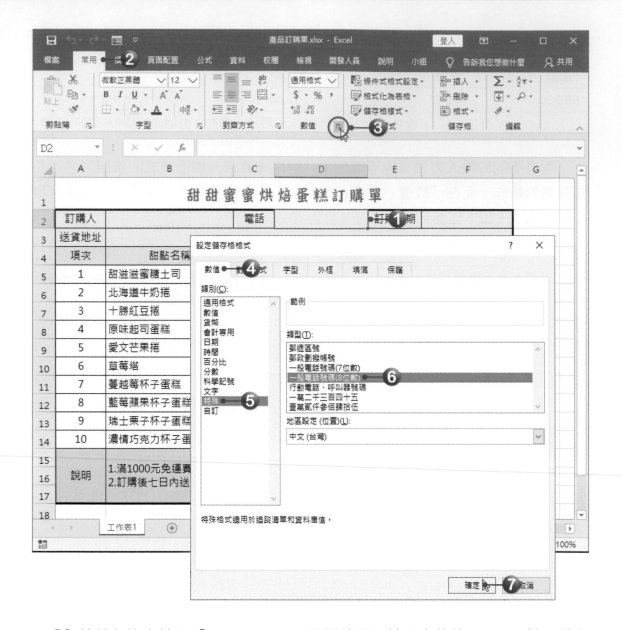

STEP 03 於儲存格中輸入「0222625666」電話號碼，輸入完後按下Enter鍵，儲存格內的文字就會自動變更為「(02)2262-5666」。

日期格式設定

在訂購日期中，要將儲存格的格式設定為日期格式。

STEP01 選取 **F2** 儲存格，按下**「常用→數值」**群組右下角的 🔽 按鈕，開啟「設定儲存格格式」對話方塊。

STEP02 開啟「設定儲存格格式」對話方塊，點選**數值**標籤，於類別選單中選擇**日期**，先於**行事曆類型**選單中選擇**中華民國曆**，再於類型選單中選擇**101 年3月14日**，選擇好後按下**確定**按鈕，即完成日期格式的設定。

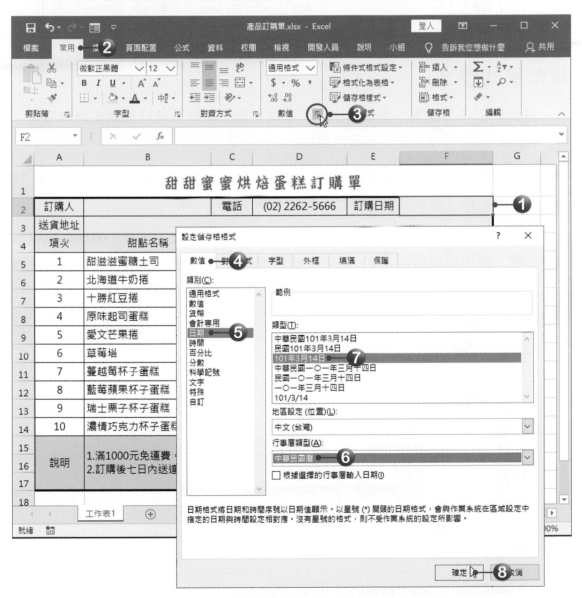

STEP03 於儲存格中輸入日期「12/25」，輸入完後按下Enter鍵，儲存格內的文字就會自動變更為我們所設定的日期格式「109年12月25日」。

貨幣格式設定

在此範例中，定價、金額、小計、營業稅額、總計等資料皆屬於貨幣格式，所以要將相關的儲存格設定為**貨幣格式**。

STEP01 選取C5:C14及E5:E17儲存格，按下「**常用→數值**」群組右下角的 ⬛ 按鈕，開啟「設定儲存格格式」對話方塊。

STEP02 開啟「設定儲存格格式」對話方塊，點選**數值**標籤，於類別選單中選擇**貨幣**，將小數位數設為0，再將符號設定為$，再選擇 -$1,234 為負數表示方式，都選擇好後按下**確定**按鈕，即完成貨幣格式的設定。

STEP 03 回到工作表中，儲存格內的文字就會自動變更為我們所設定的貨幣格式。

	甜甜蜜蜜烘焙蛋糕訂購單					
訂購人		電話	(02) 2262-5666	訂購日期	109年12月25日	
送貨地址						
項次	甜點名稱	定價	數量	金額	備註	
1	甜滋滋蜜糖土司	$199				
2	北海道牛奶捲	$250				
3	十勝紅豆捲	$250				
4	原味起司蛋糕	$299				
5	愛文芒果捲	$250				
6	草莓塔	$99				
7	蔓越莓杯子蛋糕	$69				
8	藍莓蘋果杯子蛋糕	$69				
9	瑞士栗子杯子蛋糕	$69				
10	濃情巧克力杯子蛋糕	$69				

🔍 1-5 用圖片美化訂購單

Excel提供了線上圖片與圖片功能，可以在編輯活頁簿時，將線上圖片或圖片插入至工作表中，達到圖文整合的效果。

插入空白列

在加入圖片時，要先在工作表插入一列空白列，用來放置即將插入的圖片。

STEP 01 選取第1列或點選第1列的任一儲存格，按下「**常用→儲存格→插入**」選單鈕，於選單中選擇**插入工作表列**選項，即可在第1列上方插入一個空白列。

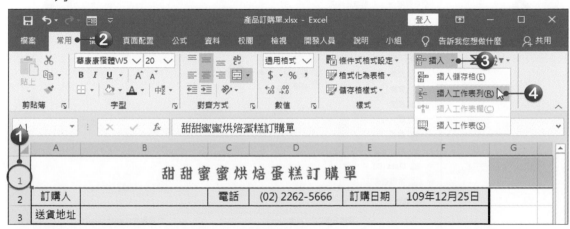

STEP02 接著調整該空白列的高度,大約調高至120點。

	甜甜蜜蜜烘焙蛋糕訂購單					
訂購人		電話	(02) 2262-5666	訂購日期	109年12月25日	
送貨地址						
項次	甜點名稱	定價	數量	金額	備註	
1	甜滋滋蜜糖土司	$199				
2	北海道牛奶捲	$250				

插入圖片

在產品訂購單範例中,要在第一列加入一張招牌圖片。

STEP01 點選A1儲存格,按下「**插入→圖例→圖片→此裝置**」按鈕。

STEP02 開啟「插入圖片」對話方塊,選擇要插入的圖片,選擇好後按下**插入按鈕**。

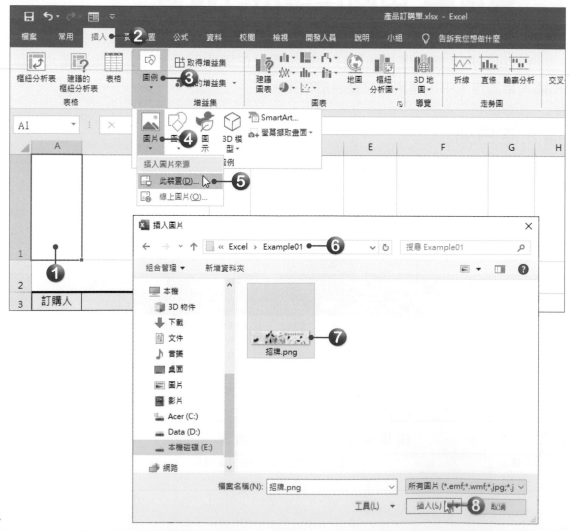

STEP03 回到工作表後，工作表中就會多了一張圖片。接著選取圖片，將滑鼠游標移至圖片右下角的控制點上，按著**滑鼠左鍵**不放並拖曳滑鼠，將圖片縮小至 F 欄的欄寬內。

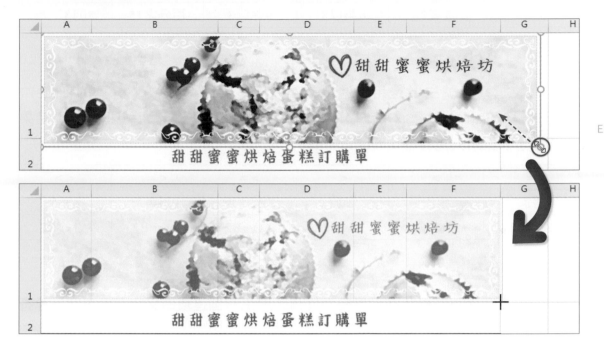

🔍 1-6 建立公式

Excel 的公式跟一般數學方程式一樣，也是由「=」建立而成。Excel 的公式是這麼解釋的：等號左邊的值，是存放計算結果的儲存格；等號右邊的算式，是實際計算的公式。建立公式時，會選取一個儲存格，然後從「=」開始輸入。只要在儲存格中輸入「=」，Excel 就知道這是一個公式。

認識運算符號

在 Excel 中最重要的功能，就是利用公式進行計算。而在 Excel 中要計算時，就跟平常的計算公式非常類似。在進行運算前，先來認識各種運算符號。

● 算術運算符號

算術運算符號的使用，與平常所使用的運算符號是一樣的，像是加、減、乘、除等，例如：輸入「=(5-3)^6」，會先計算括號內的 5 減 3，然後再計算 2 的 6 次方，常見的算術運算符號如下表所列。

+	-	*	/	%	^
加	減	乘	除	百分比	乘冪
6+3	5-2	6*8	9/3	15%	5^3
6加3	5減2	6乘以8	9除以3	百分之15	5的3次方

◎ 比較運算符號

比較運算符號主要是用來進行邏輯判斷,例如:「10>9」是真的(True);「8=7」是假的(False)。通常比較運算符號會與 IF 函數搭配使用,根據判斷結果做選擇。下表所列為各種比較運算符號。

=	>	<	>=	<=	<>
等於	大於	小於	大於等於	小於等於	不等於
A1=B2	A1>B2	A1<B2	A1>=B2	A1<=B2	A1<>B2

◎ 文字運算符號

使用文字運算符號,可以連結兩個值,產生一個連續的文字,而文字運算符號是以「&」為代表。例如:輸入「=" 台北市 "&" 中山區 "」,會得到「台北市中山區」結果;輸入「=123&456」會得到「123456」結果。

◎ 參照運算符號

在 Excel 中所使用的參照運算符號如下表所列。

符號	說明	範例
:(冒號)	**連續範圍**:兩個儲存格間的所有儲存格,例如:「B2:C4」就表示從 B2 到 C4 的儲存格,也就是包含了 B2、B3、B4、C2、C3、C4 等儲存格。	B2:C4
,(逗號)	**聯集**:多個儲存格範圍的集合,就好像不連續選取了多個儲存格範圍一樣。	B2:C4,D3:C5,A2,G:G
空格(空白鍵)	**交集**:擷取多個儲存格範圍交集的部分。	B1:B4 A3:C3

◎ 運算順序

在 Excel 的各種運算符號中,進行運算的執行順序為:**參照運算符號>算術運算符號>文字運算符號>比較運算符號**。而運算符號只有在公式中才會發生作用,如果直接在儲存格中輸入,則會被視為普通的文字資料。

建立公式

在產品訂購單範例中，分別要在金額、營業稅額、總計等儲存格加入公式，公式加入後，只要輸入「數量」，即可計算出「金額」；再計算「小計」，即可計算出「營業稅額」，最後就可以知道「總計」金額了。

STEP01 先在數量儲存格中隨意輸入數量，選取 E6 儲存格，輸入「=C6*D6」公式（英文字母大小寫皆可），輸入完後，按下 Enter 鍵，即可計算出金額。

COUNTIF	⋮	×	✓	fx	=C6*D6	
	A	B	C	D	E	F	G
5	項次	甜點名稱	定價	數量	金額	備註	
6	1	甜滋滋蜜糖土司	$199	2	=C6*D6		
7	2	北海道牛奶捲	$250	1			
8	3	十勝					

在建立公式時，運算元與儲存格的框線會使用相同色彩，主要是讓我們可以清楚辨識它們的對應關係。

	A	B	C	D	E	F	G
5	項次	甜點名稱	定價	數量	金額	備註	
6	1	甜滋滋蜜糖土司	$199	2	$398		
7	2	北海道牛奶捲	$250	1			
8	3	十勝紅豆捲	$250	3			

STEP02 選取 E17 儲存格，輸入「=E16*5%」公式，輸入完後按下 Enter 鍵，即可計算出營業稅額。

COUNTIF	▼	⋮	×	✓	fx	=E16*5%	
	A	B	C	D	E	F	G
16	說明	1.滿1000元免運費。 2.訂購後七日內送達。		小計			
17				營業稅額5%	=E16*5%		
18				總計			
19							

STEP03 選取 E18 儲存格，輸入「=E16+E17」公式，輸入完後按下 Enter 鍵，即可計算出總計金額。

COUNTIF	▼	⋮	×	✓	fx	=E16+E17	
	A	B	C	D	E	F	G
16	說明	1.滿1000元免運費。 2.訂購後七日內送達。		小計			
17				營業稅額5%	0		
18				總計	=E16+E17		
19							

在建立公式時，為了避免儲存格位址的錯誤，可以在輸入「＝」後，再用滑鼠去點選要運算的儲存格，在「＝」後就會自動加入該儲存格位址。

複製公式

在一個儲存格中建立公式後，可以將公式直接複製到其他儲存格使用。選取 **E6** 儲存格，將滑鼠游標移至**填滿控點**，並拖曳填滿控點到 **E15** 儲存格中，即可完成公式的複製。在複製的過程中，公式會自動調整參照位置。

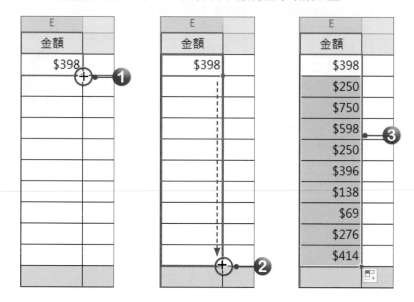

修改公式

若公式有誤，或儲存格位址變動時，就必須要進行修改公式的動作。修改公式的方式與修改儲存格內容是一樣的，直接雙擊公式所在的儲存格，即可進行修改。也可以在資料編輯列上按一下**滑鼠左鍵**，進行修改。

認識儲存格參照

使用公式時，會填入儲存格位址，而不是直接輸入儲存格的資料，這種方式稱作參照。公式會根據儲存格位址，找出儲存格的資料，來進行計算。為什麼要使用參照？如果在公式中輸入的是儲存格資料，則運算結果是固定的，不能靈活變動。使用參照就不同了，當參照儲存格的資料有變動時，公式會立即運算產生新的結果，這就是電子試算表的重要功能—自動重新計算。

 **TIPS**

相對參照

在公式中參照儲存格位址,可以進一步稱為**相對參照**,因為 Excel 用相對的觀點來詮釋公式中的儲存格位址的參照。有了相對參照,即使是同一個公式,位於不同的儲存格,也會得到不同的結果。我們只要建立一個公式後,再將公式複製到其他儲存格,則其他的儲存格都會根據相對位置調整儲存格參照,計算各自的結果,而相對參照的主要的好處就是:**重複使用公式**。

E2	▾	:	✕	✓	fx	=B2-C2+D2

▲	A	B	C	D	E
1	單位:箱	上週庫存	賣出	進貨	本週庫存
2	桃子	23	15	32	**40**
3	櫻桃	67	24	10	**53**
4	芒果	36	10	7	**33**

將「=B2-C2+D2」公式複製到 E3 及 E4 儲存格時,會得到不同的結果,這是因為公式中使用了**相對參照**,所以公式會自動調整參照的儲存格位址。

E2	=B2-C2+D2
E3	=B3-C3+D3
E4	=B4-C4+D4

絕對參照

雖然相對參照有助於處理大量資料,可是偏偏有時候必須指定一個固定的儲存格,這時就要使用**絕對參照**。只要在儲存格位址前面加上「$」,公式就不會根據相對位置調整參照,這種加上「$」的儲存格位址,例如:$F$2,就稱作**絕對參照**。

絕對參照可以只固定欄或只固定列,沒有固定的部分,仍然會依據相對位置調整參照,例如:B2 儲存格的公式為「=B$1*$A2」,公式移動到 C2 儲存格時,會變成「=C$1*$A2」;如果移到儲存格 B3 時,公式會變為「=B$1*$A3」。

C3	▾	:	✕	✓	fx	=C$1*$A3

▲	A	B	C	D
1		100	120	
2	15	1500	1800	
3	20	2000	2400	

公式中絕對參照的部分是不會變動的

B2	=B$1*$A2	C2	=C$1*$A2
B3	=B$1*$A3	C3	=C$1*$A3

相對參照與絕對參照的轉換

當儲存格要設定為絕對參照時,可在儲存格位址前輸入「$」符號。除此之外,還有一個可快速將位址轉換為絕對參照的小技巧:只要在資料編輯列上選取要轉換的儲存格位址,選取好後再按下 **F4** 鍵,即可將選取的位址轉換為絕對參照。

立體參照位址

立體參照位址是指參照到**其他活頁簿或工作表中**的儲存格位址,例如:活頁簿 1 要參照到活頁簿 2 中的工作表 1 的 B1 儲存格,則公式會顯示為:

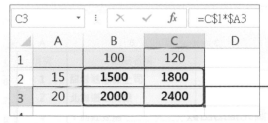

= 　 [活頁簿2.xlsx] 　 工作表 1! 　 B1

　 　 參照的活頁簿檔名,以中括　參照的工作表名稱,　參照的儲存格
　 　 號表示　　　　　　　　　以驚嘆號表示

3. 開啟「範例檔案→ Excel → Example01 →零用金支出明細表 .xlsx」檔案,進行以下的設定。

▶ 將第1列的標題文字跨欄置中。

▶ 將 B2:E2、A3:A4、B3:B4、C3:G3 等儲存格合併。

▶ 將編號欄位以自動填滿方式分別填入1到30。

▶ 將日期欄位以自動填滿方式分別填入「10月1日～10月30日」的日期。

▶ 於 A35 儲存格加入「合計」文字,並將 A35:B35 儲存格合併。

▶ 將 C5:G35 儲存格的格式皆設定為貨幣格式。

▶ 利用加總函數計算每項費用的金額。

▶ 將欄寬與列高做適當調整;請自行變換儲存格與文字的格式。

編號	日期	餐費	交通費	工讀費	文具費	雜支
	巷口咖啡零用金支出明細表					
月份:	十月份				製表人:	王小桃
編號	日期	支出明細				
		餐費	交通費	工讀費	文具費	雜支
1	10月1日	$350				
2	10月2日	$600	$1,200			$350
3	10月3日	$300		$1,200		
4	10月4日	$400			$50	
5	10月5日	$658				
6	10月6日	$268	$300			$100
7	10月7日	$367				
8	10月8日	$246		$1,000		
9	10月9日	$256				$200
10	10月10日	$245	$300			
11	10月11日	$862				
12	10月12日	$360			$199	
13	10月13日	$890	$400			
14	10月14日	$410				
15	10月15日	$1,200		$900	$20	
16	10月16日	$690		$800		
17	10月17日	$480				
18	10月18日	$370			$88	
19	10月19日	$2,100				$99
20	10月20日	$360	$800			
21	10月21日	$980				
22	10月22日	$560				$30
23	10月23日	$260		$1,000		
24	10月24日	$450		$700	$30	
25	10月25日	$820				
26	10月26日	$760				$105
27	10月27日	$360		$600		
28	10月28日	$450			$99	
29	10月29日	$750				
30	10月30日	$690				
合計		$17,492	$3,000	$6,200	$486	$884

員工考績表

Excel 函數應用

02

學習目標

YEAR 函數/MONTH 函數/
DAY 函數/IF 函數/
COUNTA 函數/LOOKUP 函數/
RANK.EQ 函數/
VLOOKUP 函數/
隱藏資料/格式化條件設定

★ 範例檔案

　Excel→Example02→員工考績表.xlsx

★ 結果檔案

　Excel→Example02→員工考績表-OK.xlsx

○ 用YEAR取出年份

STEP01 進入「**員工年資表**」工作表,點選E5儲存格,再按下「**公式→函數庫→日期及時間**」按鈕,於選單中點選YEAR函數,開啟「函數引數」對話方塊。

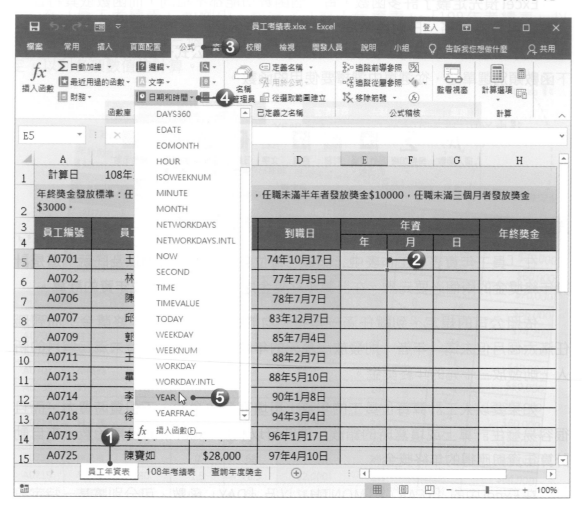

STEP02 在「函數引數」對話方塊中,按下引數(Serial_number)欄位的 🔼 按鈕,開啟公式色板,選擇儲存格範圍。

STEP03 於工作表中選取 B1 儲存格，此儲存格為年資計算的標準日期。選取好後，按下 按鈕，回到「函數引數」對話方塊。

STEP04 因為所有員工都要以 B1 儲存格做為年資計算標準，所以在這裡要將 B1 改成絕對參照位址 $B$1，修改好後，按下**確定**按鈕，回到工作表中。

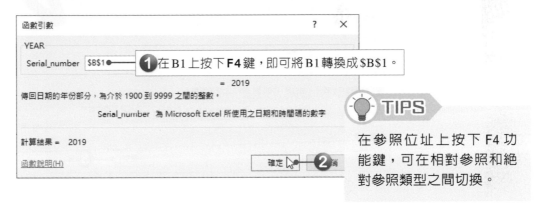

① 在 B1 上按下 **F4** 鍵，即可將 B1 轉換成 $B$1。

EX 2 員工考績表 / Excel 函數應用

TIPS

在參照位址上按下 F4 功能鍵，可在相對參照和絕對參照類型之間切換。

STEP05 目前已設定好的函數公式為「=YEAR($B$1)」，是用來擷取「108 年 12 月 31 日」資料中的「年」，接下來還必須扣除員工的到職日，才能計算出實際年資。

STEP06 在資料編輯列的公式最後，繼續輸入一個「-」減號。接著按下資料編輯列左邊的**方塊名稱**選單鈕，於選單中選擇 YEAR 函數。

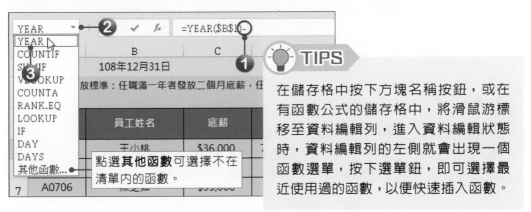

點選**其他函數**可選擇不在清單內的函數。

TIPS

在儲存格中按下方塊名稱按鈕，或在有函數公式的儲存格中，將滑鼠游標移至資料編輯列，進入資料編輯狀態時，資料編輯列的左側就會出現一個函數選單，按下選單鈕，即可選擇最近使用過的函數，以便快速插入函數。

STEP 07 選擇後，會開啟「函數引數」對話方塊，請按下**引數**(Serial_number)欄位的 ⬆ 按鈕。

STEP 08 在工作表中選取 **D5** 儲存格，選取好後，按下 ▣ 按鈕，回到「函數引數」對話方塊，最後按下**確定**按鈕，完成兩個YEAR函數的相減。

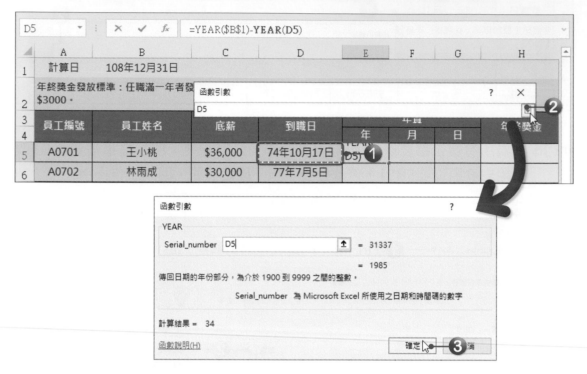

STEP 09 到這裡就計算出員工「王小桃」已經在公司服務34年了。

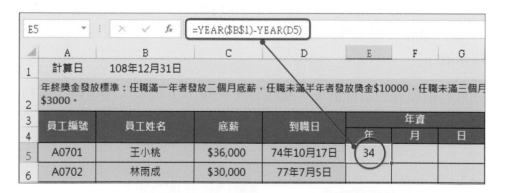

TIPS

YEAR 函數相減出來的結果，會以「日期」的格式顯示，所以必須將儲存格格式設定為「G/ 通用格式」，讓儲存格以一般數值顯示，才可以正確顯示計算結果（在此範例中，已事先將 E 至 G 欄的儲存格格式設定為「G/ 通用格式」了）。

● 用MONTH函數取出月份

STEP01 點選 F5 儲存格，按下「**公式→函數庫→日期及時間**」按鈕，於選單中點選 MONTH函數，開啟「函數引數」對話方塊。

STEP02 在「函數引數」對話方塊中，年資計算都要以B1儲存格為計算標準，所以直接在引數(Serial_number)欄位中輸入 **$B$1**，輸入好後按下**確定**按鈕。

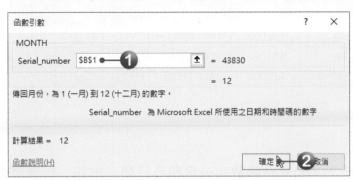

STEP03 接著在資料編輯列的公式最後，繼續輸入一個「-」減號，再按下資料編輯列左邊的**方塊名稱**選單鈕，於選單中選擇MONTH函數，開啟「函數引數」對話方塊。

STEP04 直接在引數(Serial_number)欄位中輸入 **D5**，輸入好後按下**確定**按鈕，完成兩個MONTH函數的相減。

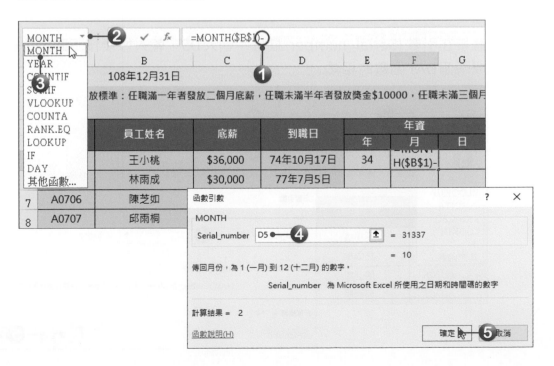

STEP 05 到這裡就計算出員工「王小桃」已經在公司服務32年又2個月。

F5			f_x	=MONTH($B$1)-MONTH(D5)		
	A	B	C	D	E	F	G

	A	B	C	D	E	F	G
1	計算日	108年12月31日					
2	年終獎金發放標準：任職滿一年者發放二個月底薪，任職未滿半年者發放獎金$10000，任職未滿三個月 $3000。						
3	員工編號	員工姓名	底薪	到職日		年資	
4					年	月	日
5	A0701	王小桃	$36,000	74年10月17日	34	2	
6	A0702	林雨成	$30,000	77年7月5日			
7	A0706	陳芝如	$35,000	78年7月7日			

● 用DAY函數取出日期

STEP 01 點選 **G5** 儲存格，按下「**公式→函數庫→日期及時間**」按鈕，於選單中點選 **DAY**函數，開啟「函數引數」對話方塊。

STEP 02 在「函數引數」對話方塊的引數(Serial_number)欄位中輸入 **$B$1**，輸入好後按下**確定**按鈕。

STEP 03 接著在資料編輯列的公式最後，繼續輸入一個「-」減號，再按下資料編輯列左邊的**方塊名稱**選單鈕，於選單中選擇**DAY**函數，開啟「函數引數」對話方塊。

STEP 04 直接在引數(Serial_number)欄位中輸入 **D5**，輸入好後按下**確定**按鈕，完成兩個DAY函數的相減。

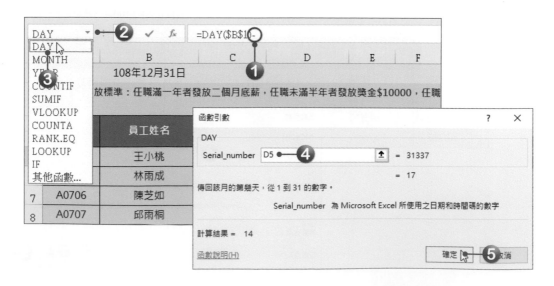

STEP05 到這裡就計算出員工「王小桃」已經在公司服務32年2個月又14天了。

	A	B	C	D	E	F	G	H
G5			f_x	=DAY($B$1)-DAY(D5)				
1	計算日	108年12月31日						
2	年終獎金發放標準：任職滿一年者發放二個月底薪，任職未滿半年者發放獎金$10000，任職未滿三個月者發放獎金 $3000。							
3	員工編號	員工姓名	底薪	到職日		年資		年終獎
4					年	月	日	
5	A0701	王小桃	$36,000	74年10月17日	34	2	14	
6	A0702	林雨成	$30,000	77年7月5日				
7	A0706	陳芝如	$35,000	78年7月7日				

STEP06 年、月、日都計算完成後，選取 E5:G5 儲存格，將滑鼠游標移至 G5 儲存格的填滿控點上，**雙擊滑鼠左鍵**，即可將公式複製到 E6:G34 儲存格中，完成所有員工的年資計算。

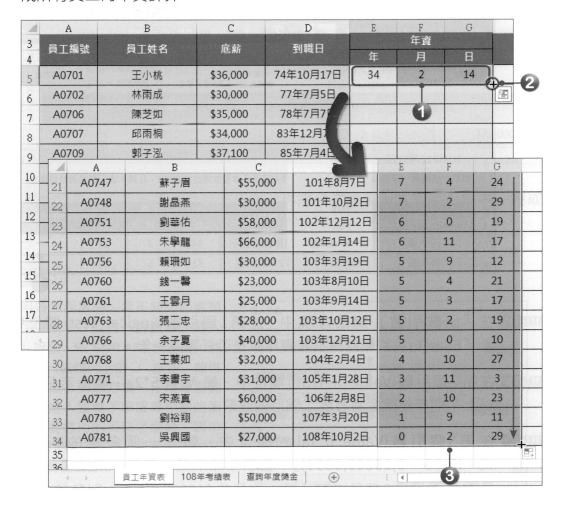

	A	B	C	D	E	F	G
3	員工編號	員工姓名	底薪	到職日		年資	
4					年	月	日
5	A0701	王小桃	$36,000	74年10月17日	34	2	14
6	A0702	林雨成	$30,000	77年7月5日			
7	A0706	陳芝如	$35,000	78年7月7日			
8	A0707	邱雨桐	$34,000	83年12月			
9	A0709	郭子泓	$37,100	85年7月4日			
21	A0747	蘇子眉	$55,000	101年8月7日	7	4	24
22	A0748	謝晶燕	$30,000	101年10月2日	7	2	29
23	A0751	劉華佑	$58,000	102年12月12日	6	0	19
24	A0753	朱學龍	$66,000	102年1月14日	6	11	17
25	A0756	賴珊如	$30,000	103年3月19日	5	9	12
26	A0760	錢一馨	$23,000	103年8月10日	5	4	21
27	A0761	王雲月	$25,000	103年9月14日	5	3	17
28	A0763	張二忠	$28,000	103年10月12日	5	2	19
29	A0766	余子夏	$40,000	103年12月21日	5	0	10
30	A0768	王蓁如	$32,000	104年2月4日	4	10	27
31	A0771	李書宇	$31,000	105年1月28日	3	11	3
32	A0777	宋燕真	$60,000	106年2月8日	2	10	23
33	A0780	劉裕翔	$50,000	107年3月20日	1	9	11
34	A0781	吳興國	$27,000	108年10月2日	0	2	29
35							
36							

員工年資表　108年考績表　查詢年度獎金　⊕

隱藏資料

在資料量很多的情況下,或者工作表中有些資料不需要呈現的時候,不一定要刪除資料,只要暫時將這些不必要顯示的資料隱藏起來,就可以減少畫面上的資料,而同時保留這些內容。假設要將範例中所建立的區間標準資料隱藏起來,作法如下:

STEP01 在「108年考績表」工作表中,選取J:L欄,再按下「**常用→儲存格→格式 →隱藏及取消隱藏→隱藏欄**」按鈕,此時J:L欄資料已被隱藏起來了。

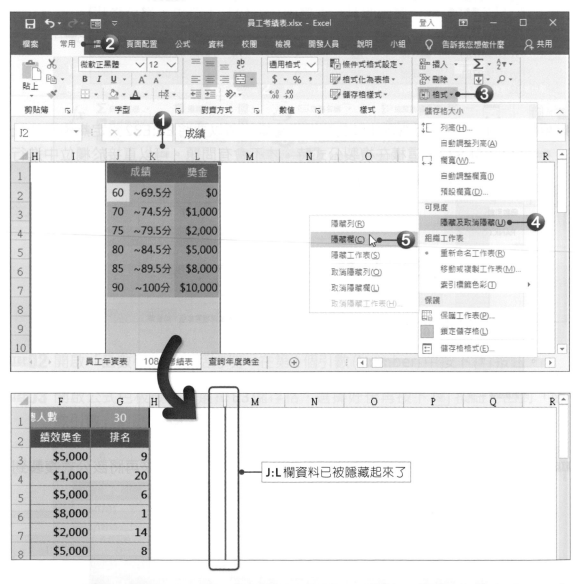

J:L欄資料已被隱藏起來了

STEP02 被隱藏的欄位並非消失,當需要時都可取消隱藏。只要同時選取隱藏欄兩旁的欄位,也就是I欄與M欄,再按下「**常用→儲存格→格式→隱藏及取消隱藏→取消隱藏欄**」功能即可。

2-3 年度獎金查詢表製作

年終獎金與績效獎金都計算完成後，接著要製作年度獎金查詢表，來查詢員工在今年度所能領到的總獎金。

用VLOOKUP函數自動顯示資料

在「查詢年度獎金」工作表，要使用VLOOKUP函數，使表格只須輸入員工編號，就能自動顯示這位員工的員工姓名、年終獎金、績效獎金以及總獎金。

語法	VLOOKUP(lookup_value,table_array,col_index_num,range_lookup)
說明	**Lookup_value**：打算在陣列最左欄中搜尋的值，可以是數值、參照位址或字串。 **Table_array**：要在其中搜尋資料的文字、數字或邏輯值的表格，通常是儲存格範圍的參照位址或類似資料庫或清單的範圍名稱。 **Col_index_num**：表示所要傳回的值位於Table_array的第幾個欄位。引數值為1代表表格中第一欄的值。 **Range_lookup**：是一個邏輯值，用來設定VLOOKUP函數要尋找「完全符合」(FALSE)或「部分符合」(TRUE)的值。若為TRUE或忽略不填，則表示找出第一欄中最接近的值(以遞增順序排序)。若為FALSE，則表示僅尋找完全符合的數值，若找不到，就會傳回#N/A。

STEP01 點選C4儲存格，按下「公式→函數庫→查閱與參照」按鈕，於選單中選擇VLOOKUP函數，開啟「函數引數」對話方塊。

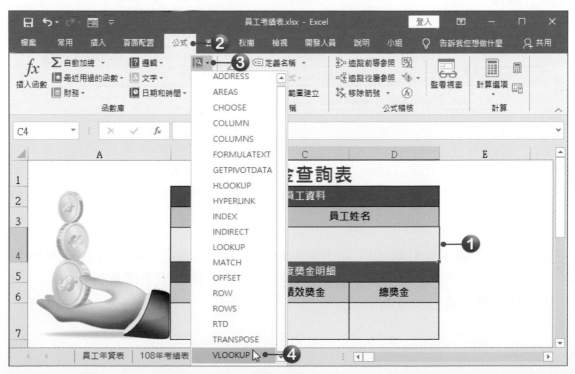

STEP02 在「函數引數」對話方塊中，VLOOKUP函數共有四個引數，在第1個引數 (Lookup_value) 欄位中輸入員工編號的儲存格位址 $B$4 (因為後續會將公式複製到其他儲存格，所以此處設定為絕對參照)。

STEP03 接著點選第2個引數 (Table_array) 欄位的 ⬆ 按鈕，設定要進行搜尋的儲存格範圍。

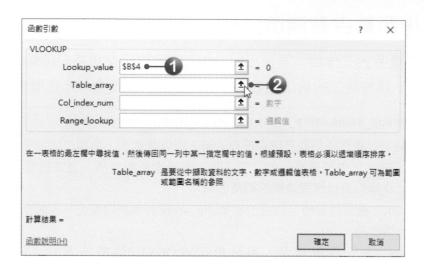

STEP04 點選**「員工年資表」**工作表，在工作表中選取 A5:H34 儲存格範圍，選取好後，按下 ▣ 按鈕，回到「函數引數」對話方塊中。

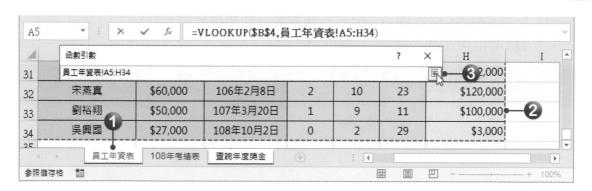

STEP05 回到「函數引數」對話方塊中，因為後續要將公式複製到其他儲存格，所以將游標移至資料儲存格位址 A5:H34，按下 F4 功能鍵，把儲存格範圍轉換成絕對參照 $A$5:$H$34。

STEP06 接著在第3個引數 (Col_index_num) 欄位中輸入 2，表示顯示 A5:H34 儲存格範圍中的第二欄資料，設定完成之後，最後按下**確定**按鈕，即可完成「員工姓名」查詢的設定。

STEP07「員工姓名」查詢設定完成後，選取 C4 儲存格，按下 Ctrl+C 複製快速鍵，選取 B7 儲存格，再按下「**常用→剪貼簿→貼上**」選單鈕，於選單中選擇**公式**，即可將公式複製到 B7 儲存格。

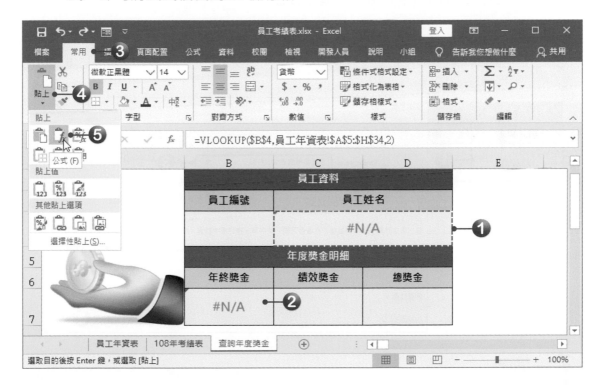

STEP08 再利用相同方式，將公式複製到 C7 儲存格。

STEP09 將 C4 公式複製到 B7 儲存格後，在資料編輯列上，將最後一個引數修改為 8，表示這裡要傳回的值位於陣列的第 8 欄 (年終獎金)。

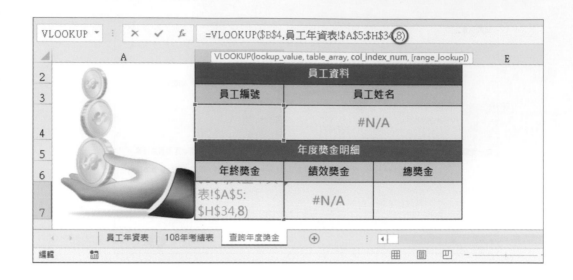

STEP10 點選**C7**儲存格，按下資料編輯列上的 f_x 按鈕，開啟「函數引數」對話方塊，將第2個引數的資料範圍更改為「'108年考績表'!A3:G32」，第3個引數更改為**6**，都設定好後按下**確定**按鈕。

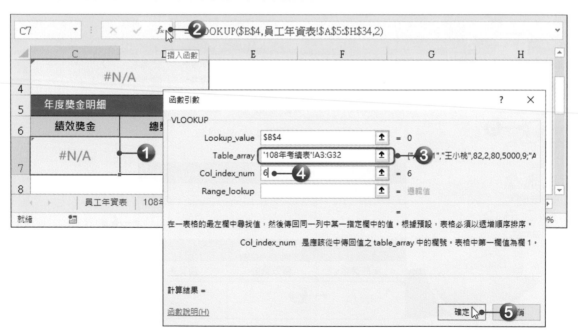

 TIPS

HLOOKUP 函數

跟 VLOOKUP 函數類似，HLOOKUP 函數可以查詢某個項目，傳回指定的欄位，只不過它在尋找資料時，是以水平的方式左右查詢，找到項目後，傳回同一欄的某一列資料。

用SUM函數計算總獎金

當年終獎金、績效獎金都被查詢出來後，就可以將這二個獎金加總，便是總獎金了。

STEP01 點選 **D7** 儲存格，按下「**公式→函數庫→自動加總→加總**」按鈕，加入 SUM函數。

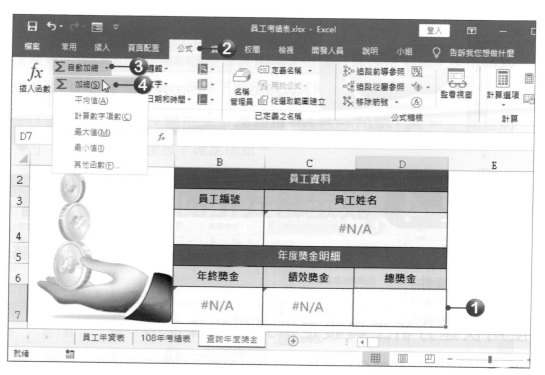

STEP02 選取 **B7:C7** 儲存格，選取好後按下 **Enter** 鍵，完成函數的建立。到這裡，年度獎金的查詢表已經製作完成囉！

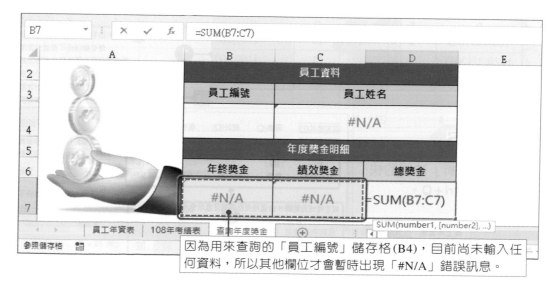

因為用來查詢的「員工編號」儲存格(B4)，目前尚未輸入任何資料，所以其他欄位才會暫時出現「#N/A」錯誤訊息。

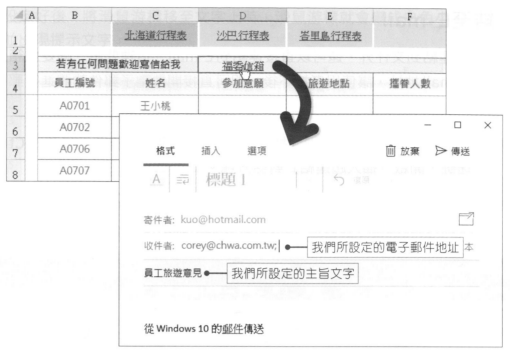

自動校正

在儲存格中輸入 E-mail(含有「@」符號) 時，Excel 會自動產生郵件超連結；或是在儲存格中輸入網站位址時，也會自動產生超連結，這就是「自動校正」功能。若想取消自動校正功能，可將游標移至儲存格左下方 — 圖示，點選開啟的 ⚡ ▾ **自動校正選項**按鈕，於選單中點選**停止自動建立超連結**選項即可。

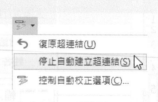

STEP05 超連結都設定好後，選取 **C1:E1** 及 **D3** 儲存格，進入**「常用→字型」** 群組中，按下**字型**選單鈕，選擇要使用的字型。

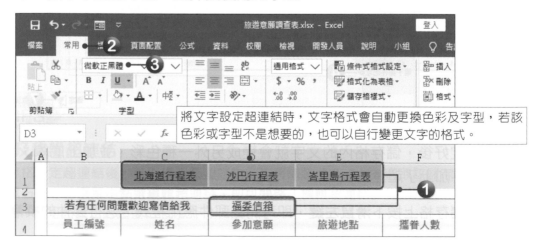

將文字設定超連結時，文字格式會自動更換色彩及字型，若該色彩或字型不是想要的，也可以自行變更文字的格式。

🔍 3-2 設定資料驗證

在某些只有特定選擇的情況下，為了提高表單填寫的效率，並避免填寫內容不統一而造成統計上的失誤，此時可以利用**資料驗證**功能，以「提供選單」的方式來限制填寫內容。

使用資料驗證建立選單及提示訊息

以此範例來說，「參加意願」欄位是初步估計員工是否有意願參加本次的員工旅遊，所以限定員工必須填寫明確的意願，也就是答案須在「是」與「否」兩者擇一。在這樣的情況下，就可以在此欄位中設定資料驗證功能，來確保填寫者所填寫的答案符合本表單的填寫規則。

STEP01 先選取「參加意願」的所有儲存格，也就是 D5:D19 儲存格，再按下「**資料→資料工具→ 📋 資料驗證**」按鈕，開啟「資料驗證」對話方塊。

STEP02 在資料驗證對話方塊中，按下**設定**標籤頁，在**儲存格內允許**的欄位中選擇**清單**選項，並將**儲存格內的下拉式清單**勾選，再於**來源**欄位中設定清單選項為「**是,否**」(選項之間用逗號間隔)。

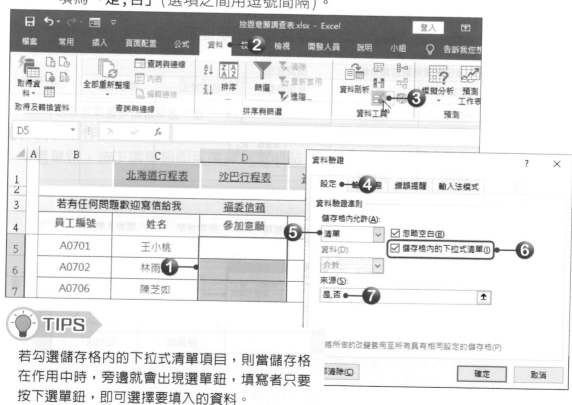

> 💡 **TIPS**
>
> 若勾選儲存格內的下拉式清單項目，則當儲存格在作用中時，旁邊就會出現選單鈕，填寫者只要按下選單鈕，即可選擇要填入的資料。

STEP01 選取 D5:F5 儲存格，按下「**校閱→保護→允許編輯範圍**」按鈕，開啟「允許使用者編輯範圍」對話方塊，按下**新範圍**按鈕。

STEP02 開啟「新範圍」對話方塊，在**標題**欄位中輸入要使用的標題名稱；在**參照儲存格**中會自動顯示所選取的範圍；在**範圍密碼**欄位中輸入密碼(密碼為員工編號)，不輸入表示不設定保護密碼。

也可按此鈕重新選取參照儲存格

STEP03 王小桃的密碼設定好後按下**確定**按鈕，會要再確認一次密碼，密碼確認完後，會回到「允許使用者編輯範圍」對話方塊。

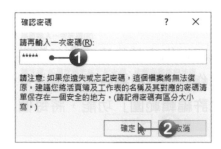

STEP 04 此時再按下**新範圍**按鈕，設定另外一位員工的密碼。利用此方法將所有員工的密碼(密碼為員工編號)皆設定完成。當所有範圍密碼都設定完成後，按下**保護工作表**按鈕，開啟「保護工作表」對話方塊。

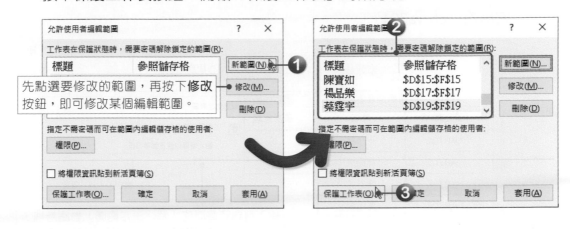

STEP 05 建立一個保護工作表的密碼(chwa001)，將**選取鎖定的儲存格**及**選取未鎖定的儲存格**選項勾選，設定好後按下**確定**按鈕。

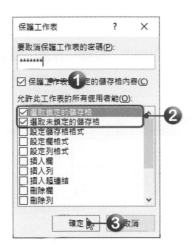

STEP 06 開啟「確認密碼」對話方塊，請再輸入一次密碼，輸入好後按下**確定**按鈕。

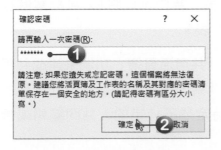

STEP 07 完成以上步驟後，當員工開啟該檔案，若要填寫資料時，必須先輸入密碼，才能進行資料輸入的動作。這裡可以開啟「**旅遊意願調查表-保護-OK**」檔案試試看，每個範圍的密碼是員工編號；活頁簿與工作表保護密碼為「chwa001」。

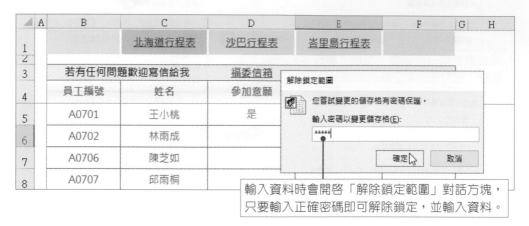

輸入資料時會開啟「解除鎖定範圍」對話方塊，只要輸入正確密碼即可解除鎖定，並輸入資料。

💡 TIPS

取消保護工作表及活頁簿

當工作表及活頁簿都被設定為保護時，若要取消保護，可以按下「**校閱→保護→取消保護工作表**」按鈕；或「**校閱→保護→保護活頁簿**」按鈕，即可取消保護，取消時會要求輸入設定的密碼。

共同撰寫

為了要讓所有人一同使用這份意見調查表，我們可以將 Excel 檔案儲存在雲端空間，方便大家直接透過網路填寫這份調查表。

在 Excel 2016 及更早之前的版本，是以「**共用活頁簿**」功能來達成共用活頁簿。而在 Excel 2019 中，則以更易於使用的「**共同撰寫**」功能來取代先前的「**共用活頁簿**」功能。「**共同撰寫**」功能可以讓特定或不特定的人共同編輯或檢視同一份 Excel 活頁簿內容。

STEP01 點選視窗右上角的**共用**按鈕,會開啟「共用」窗格,按下其中的**儲存至雲端**按鈕。

STEP02 在另存新檔頁面中,選擇**OneDrive**雲端位置,以OneDrive帳號登入。

💡 **TIPS**

在 OFFICE 2019 中若已登入個人 Microsoft 帳戶,則日後在「另存新檔」頁面中,就會顯示個人 OneDrive 選項,方便直接點選上傳。

STEP03 檔案順利儲存在 OneDrive 雲端位置之後，回到 Excel 視窗，可在**共用**窗格中進行更詳細的共用權限設定。若有特定共用者的電子郵件，則可設定其共用權限為可以編輯或可以檢視(預設值為可以編輯)。

STEP04 設定完成後，按下**共用**按鈕，對方就會收到邀請他們開啟該檔案的電子郵件訊息，按下郵件中的連結即可透過網頁瀏覽器來開啟活頁簿，即使收件者的電腦中沒有安裝 OFFICE 軟體，也可以透過網頁版 OFFICE 進行編輯或檢視。

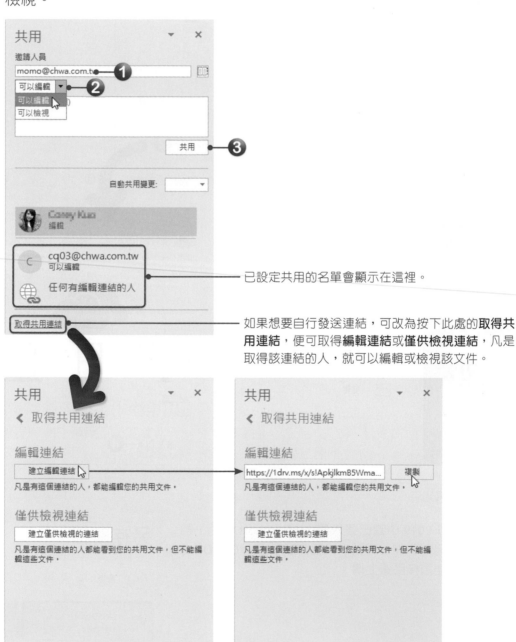

已設定共用的名單會顯示在這裡。

如果想要自行發送連結，可改為按下此處的**取得共用連結**，便可取得**編輯連結**或**僅供檢視連結**，凡是取得該連結的人，就可以編輯或檢視該文件。

🔍 3-4 統計調查結果

當所有員工都填寫完畢，別忘了先關閉活頁簿的共用功能以及資源分享。接下來就可以計算最後的投票結果。這裡請開啟「**旅遊意願調查表-統計.xlsx**」檔案，這是一份經傳閱填寫完成的檔案。

用COUNTIF函數計算參加人數

如果只想計算符合條件的儲存格個數，例如：特定的文字、或是一段比較運算式，就可以使用「COUNTIF」函數。

語法	COUNTIF(Range,Criteria)
說明	**Range**：比較條件的範圍，可以是數字、陣列或參照。 **Criteria**：是用以決定要將哪些儲存格列入計算的條件，可以是數字、表示式、儲存格參照或文字。

這裡要利用「COUNTIF」函數來計算在「參加意願」中選擇「是」的個數，即可計算出要參加的員工人數。

STEP 01 進入「**投票結果**」工作表中，點選 E2 儲存格，按下「**公式→函數庫→其他函數→統計**」按鈕，點選 COUNTIF 函數，開啟「函數引數」對話方塊。

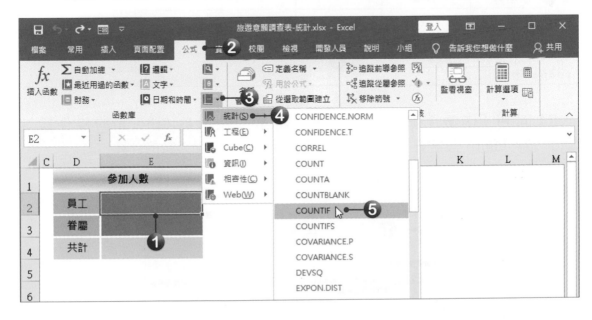

STEP02 在「函數引數」對話方塊按下第1個引數(Range)的 ⬆ 按鈕,選取範圍。

STEP03 要選取的範圍在「調查表」工作表中,所以進入「**調查表**」工作表中,選取 **D5:D19** 儲存格,選擇好後按下 ⬇ 按鈕。

| D5 | | × ✓ fx | =COUNTIF(調查表!D5:D19) |

▲ A	B	C	D	E	F	G	H	I
1								
2								
3	若有任何問題歡…							
4	員工編號	姓名	參加意願	旅遊地點	攜眷人數			
17	A0730	楊品樂	是	峇里島	1			
18	A0731	周時書	是	北海道	2			
19	A073	蔡霆宇	是	北海道	3			
20								

函數引數：調查表!D5:D19

調查表　投票結果

STEP04 回到「函數引數」對話方塊,將第二個引數(Criteria)的條件設定為「**是**」,設定好後按下**確定**按鈕,即可完成參加人數的計算。

用SUMIF函數計算眷屬人數

要計算眷屬人數時，可以直接使用加總函數，將「G5:G19」儲存格內的數字加總即可，但為了避免某些人在參加意願選擇了「否」，但又多此一舉的在攜眷人數中填入數字，所以這裡要使用「SUMIF」函數來計算眷屬的人數。SUMIF函數可以計算符合指定條件的數值總和。

語法	SUMIF(Range,Criteria, [Sum_range])
說明	Range：要加總的範圍。 Criteria：要加總儲存格的篩選條件，可以是數值、公式、文字等。 Sum_range：將被加總的儲存格，如果省略，則將使用目前範圍內的儲存格。

STEP01 點選 E3 儲存格，按下「**公式→函數庫→數學與三角函數**」按鈕，於選單中點選 SUMIF 函數，開啟「函數引數」對話方塊。

STEP02 在「函數引數」對話方塊，按下第1個引數(Range) 的 ⬆ 按鈕，選取「調查表」工作表中的 **D5:D19** 儲存格，選擇好後按下 ▣ 按鈕。

STEP03 回到「函數引數」對話方塊，將第二個引數(Criteria)的條件設定為「**是**」，再按下第3個引數(Sum_range) 的 ⬆ 按鈕，選取要加總的範圍。

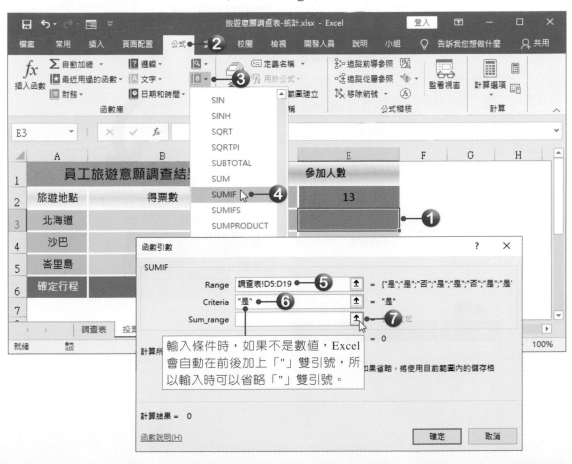

STEP04 選取「調查表」工作表中的 **F5:F19** 儲存格,選擇好後按下 按鈕。

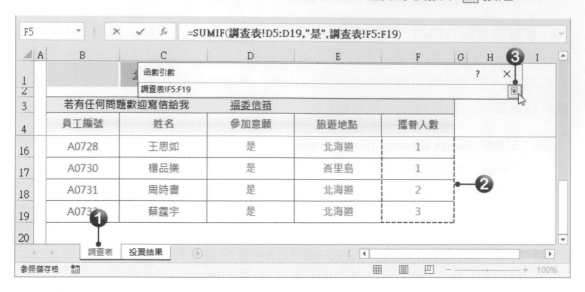

STEP05 回到「函數引數」對話方塊,按下**確定**按鈕,即可計算出眷屬人數。

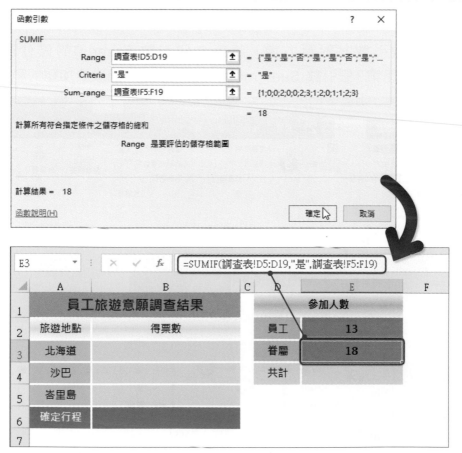

STEP 06 員工與眷屬人數都統計完成後，點選 E4 儲存格，按下「**公式→函數庫→自動加總**」按鈕，於選單中點選**加總**，或直接按下 Alt+= 快速鍵，Excel 會自動偵測，並框選出加總範圍，範圍沒問題後，按下 Enter 鍵，即可完成總參加人數的計算。

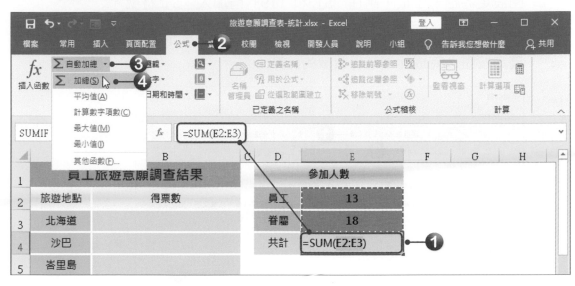

用COUNTIF函數計算旅遊地點的得票數

STEP 01 點選 B3 儲存格，按下「**公式→函數庫→其他函數→統計**」按鈕，於選單中點選 COUNTIF 函數，開啟「函數引數」對話方塊。

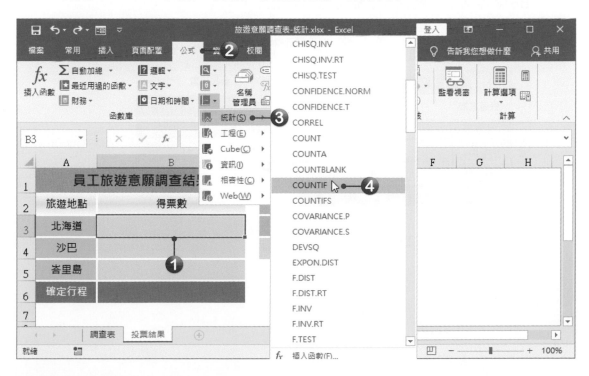

STEP 02 按下第1個引數(Range)的 🔼 按鈕，選取「調查表」工作表中的E5:E19
儲存格，選擇好後按下 🔽 按鈕。

STEP 03 回到「函數引數」對話方塊，為了之後要複製公式，這裡先將「列」的範
圍設定為絕對位址，請在「5」和「19」前加入「$」符號。

STEP 04 將第二個引數(Criteria)的條件設定為A3(內容為北海道)，設定好後按下
確定按鈕，完成北海道得票數的計算。

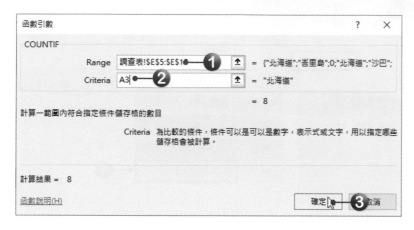

STEP 05 接著將公式複製到B4:B5儲存格中，即可計算出沙巴與峇里島的得票數。

STEP 06 旅遊地點的得票數計算完成後，最後再將得票數最高的地點(北海道)填入
B6儲存格中，就完成了旅遊地點的統計。

3-5 工作表的版面設定

在列印工作表之前，可以先到「**頁面配置→版面設定**」群組中，進行邊界、方向、大小、列印範圍、背景等設定。這節請開啟「**旅遊意願調查表-列印.xlsx**」檔案，進行以下的練習。

邊界設定

要調整邊界時，按下「**頁面配置→版面設定→邊界**」按鈕，於選單中選擇**自訂邊界**，即可進行邊界的調整。在**置中方式**選項中，若將**水平置中**和**垂直置中**勾選，則會將工作表內容放在紙張的正中央。若都沒有勾選，則工作表內容會靠左邊和上面對齊。

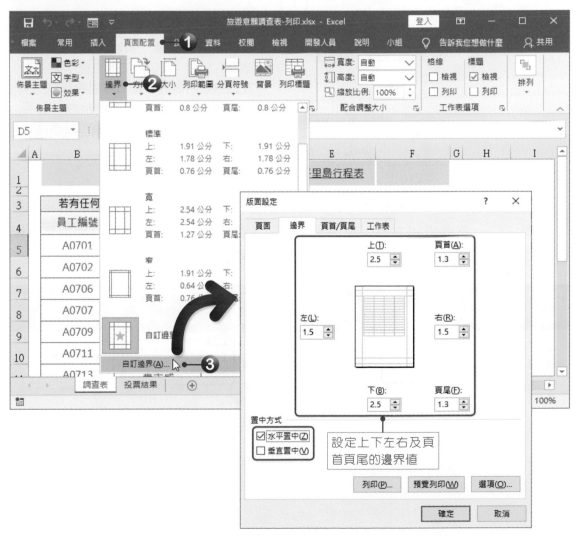

設定上下左右及頁首頁尾的邊界值

改變紙張方向與縮放比例

要設定紙張方向時，可以在「版面設定」對話方塊的**頁面**標籤頁中，選擇紙張要列印的方向，這裡提供了**直向**和**橫向**兩種選擇；而在**紙張大小**中可以選擇要使用的紙張大小。

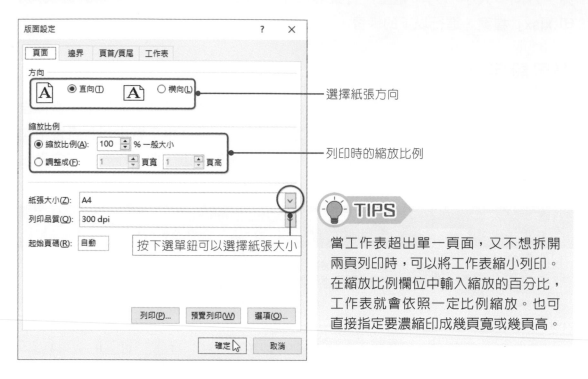

選擇紙張方向

列印時的縮放比例

按下選單鈕可以選擇紙張大小

TIPS

當工作表超出單一頁面，又不想拆開兩頁列印時，可以將工作表縮小列印。在縮放比例欄位中輸入縮放的百分比，工作表就會依照一定比例縮放。也可直接指定要濃縮印成幾頁寬或幾頁高。

要設定紙張方向及紙張大小時，也可以至「**頁面配置→版面設定**」群組中按下**方向**按鈕，選擇紙張方向；按下**大小**按鈕，選擇紙張大小。在「**頁面配置→配合調整大小**」群組中，則可以進行縮放比例的設定。

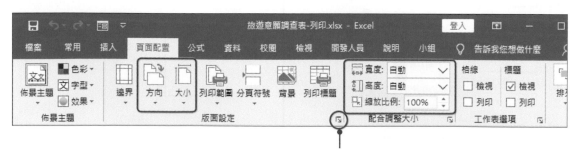

按下可開啟「版面設定」對話方塊

設定列印範圍

只想列印工作表中的某些範圍時，先選取範圍再按下「**頁面配置→版面設定→列印範圍→設定列印範圍**」按鈕，即可將被選取的範圍單獨列印成1頁。

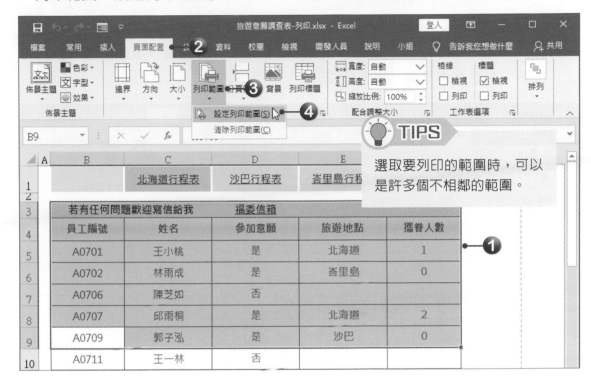

設定列印標題

一般而言，會將資料的標題列放在第一欄或第一列，在瀏覽或查找資料時，比較好對應到該欄位的標題。所以，當列印資料超過二頁時，就必須特別設定標題列，才能使表格標題出現在每一頁的第一欄或第一列。

要設定列印標題時，按下「**頁面配置→版面設定→列印標題**」按鈕，開啟「版面設定」對話方塊，點選**工作表**標籤，即可進行列印標題的設定。

設定強迫分頁

在列印工作表時，通常會依版面大小及內容自動分頁，但也可利用插入「分頁」的方式，來設定每頁列印的範圍。

在儲存格中插入分頁設定時，會以該儲存格為中心，由其上方及左方產生兩條分頁線。先點選欲進行分頁的儲存格，再點選「**頁面配置→版面設定→分頁符號**」按鈕，在選單中點選「**插入分頁**」。

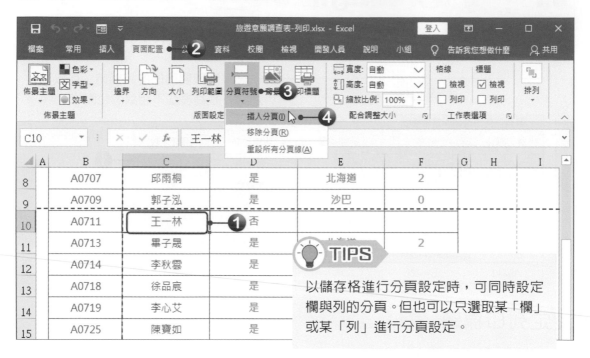

> **TIPS**
>
> 以儲存格進行分頁設定時，可同時設定欄與列的分頁。但也可以只選取某「欄」或某「列」進行分頁設定。

如果想要檢視列印的分頁範圍，可以點選「**檢視→活頁簿檢視→分頁預覽**」按鈕，進行分頁範圍的預覽。

取消分頁設定

若是要取消原本的強制分頁設定，同樣點選「**頁面配置→版面設定→分頁符號**」按鈕，在選單中點選**移除分頁**即可。

在「版面設定」對話方塊的**工作表**標籤頁中，有一些項目可以選擇以何種方式列印，表列如下。

選項	說明
列印格線	在工作表中所看到的灰色格線，在列印時是不會印出的，若要印出格線時，可以將**列印格線**選項勾選，勾選後列印工作表時，就會以虛線印出。在「**頁面配置→工作表選項**」群組中，將**格線**的**列印**選項勾選，也可以列印出格線。
註解	如果儲存格有插入註解，一般列印時不會印出。但可以在**工作表**標籤的**註解**欄位，選擇**顯示在工作表底端**選項，則註解會列印在所有頁面的最下面；另外一種方法是將註解列印在工作表上。
儲存格單色列印	原本有底色的儲存格，勾選**儲存格單色列印**選項後，列印時不會印出顏色，框線也都印成黑色。
草稿品質	儲存格底色、框線都不會被印出來。
列與欄位標題	會將工作表的欄標題 A、B、C……和列標題 1、2、3……，一併列印出來。在「**頁面配置→工作表選項**」群組中，將**標題**的**列印**選項勾選，也可以列印出列與欄位標題。
循欄或循列列印	當資料過多，被迫分頁列印時，點選**循欄列印**選項，會先列印同一欄的資料；點選**循列列印**選項，會先列印同一列的資料。例如：有個工作表要分成 A、B、C、D 四塊列印。 若選擇「**循欄列印**」，則會照著 A→C→B→D 的順序列印。 若選擇「**循列列印**」，則會照著 A→B→C→D 的順序列印。

🔍 3-6 頁首及頁尾的設定

在列印工作表前,可以先加入頁首及頁尾的內容,我們可以在頁首與頁尾中加入標題文字、頁碼、頁數、日期、時間、檔案名稱、工作表名稱等資訊。

這節請開啟「**旅遊意願調查表-列印.xslx**」檔案進行練習,因整頁模式與凍結窗格不相容,故該檔案已取消了凍結窗格的設定。除此之外,因設計頁首及頁尾時,會動到工作表的結構,所以也將保護活頁簿及保護工作表的設定取消,這樣才能順利的進行頁首及頁尾的設定。

STEP 01 進入「**調查表**」工作表中,按下「**插入→文字→頁首及頁尾**」按鈕,或點選檢視工具列上的 圖 **整頁模式**按鈕,進入整頁模式中。

STEP 02 在頁首區域中會分為三個部分,在中間區域中按一下**滑鼠左鍵**,即可輸入頁首文字,文字輸入好後,選取文字,進入「**常用→字型**」群組中,進行文字格式設定。

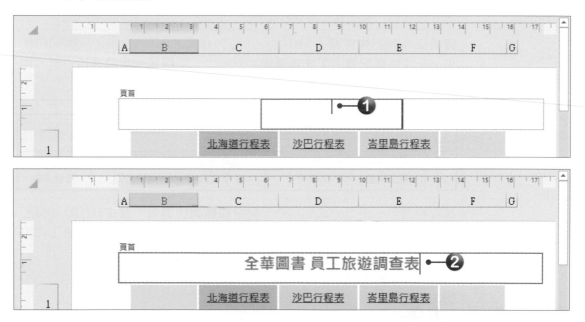

STEP 03 接著按下「**頁首及頁尾工具→設計→導覽→移至頁尾**」按鈕,切換至頁尾區域中。

STEP04 在中間區域按一下**滑鼠左鍵**，按下「**頁首及頁尾工具→設計→頁首及頁尾→頁尾**」按鈕，於選單中選擇要使用的頁尾格式。

> **TIPS**
>
> 也可以直接按下「**頁首及頁尾工具→設計→頁首及頁尾項目**」群組中的**頁碼**按鈕，即可插入頁碼；按下**頁數**按鈕，則可以插入總頁數。

STEP05 在左邊區域中，按一下**滑鼠左鍵**，再輸入「**製表日期：**」文字，文字輸入好後，按下「**頁首及頁尾工具→設計→頁首及頁尾項目→目前日期**」按鈕，插入當天日期。

STEP 06 在右邊區域中，按一下**滑鼠左鍵**，按下「**頁首及頁尾工具→設計→頁首及頁尾項目→檔案名稱**」按鈕，插入活頁簿的檔案名稱。

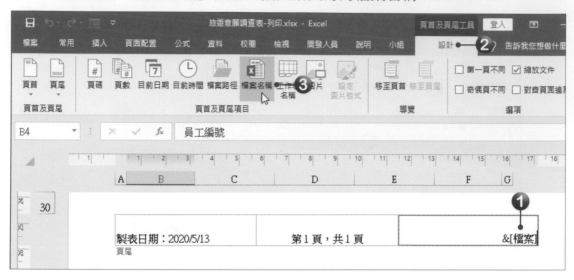

STEP 07 頁首頁尾設定好後，再檢查看看還有哪裡需要調整及修改。最後，於頁首頁尾編輯區以外的地方按一下**滑鼠左鍵**，或是按下檢視工具中的**標準模式**，即可離開頁首及頁尾的編輯模式。

全華圖書 員工旅遊調查表

員工編號	姓名	參加意願	旅遊地點	攜眷人數
A0701	王小桃	是	北海道	1
A0702	林雨成	是	峇里島	0
A0706	陳芝如	否		
A0707	邱雨柯	是	北海道	2
A0709	郭子泓	是	沙巴	0
A0711	王一林	否		
A0713	呂子屹	是	北海道	2
A0714	李秋蓉	是	峇里島	3
A0718	徐品宸	是	北海道	1
A0719	李心文	是	北海道	2
A0725	陳寶如	是	峇里島	0
A0728	王思如	是	北海道	1
A0730	楊品樂	是	峇里島	1
A0731	周時雨	是	北海道	2
A0733	蔡宸宇	是	北海道	3

TIPS

除了使用整頁模式進行頁首及頁尾的設定外，還可以在「版面設定」對話方塊，點選**頁首／頁尾**標籤，按下**自訂頁首**或**自訂頁尾**按鈕，即可進行頁首與頁尾的設定。

製表日期：2020/5/13　　　第1頁，共1頁　　　旅遊意願調查表-列印-OK.xlsx

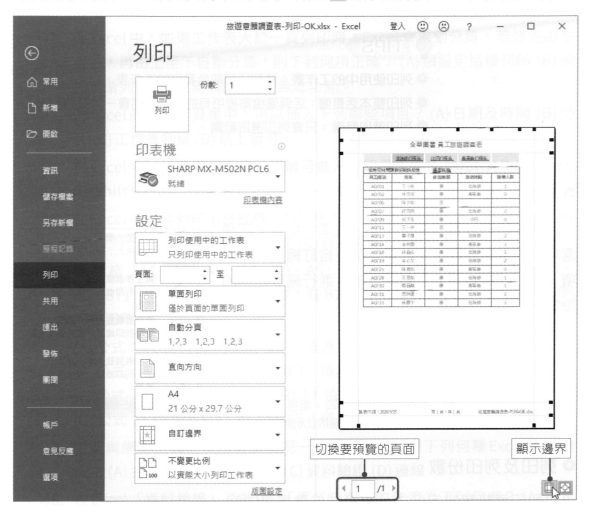

Q 3-7 列印工作表

工作表版面及頁首頁尾都設定好後，即可將工作表從印表機中列印出。列印前還可以進行一些相關設定，像是列印份數、選擇印表機、列印頁面等。

預覽列印

在進行列印之前，按下「**檔案→列印**」功能，或 **Ctrl+P** 及 **Ctrl+F2** 快速鍵，即可預覽列印結果，並設定要列印的頁面。點選 ⊞ **顯示邊界**按鈕，即可顯示邊界。

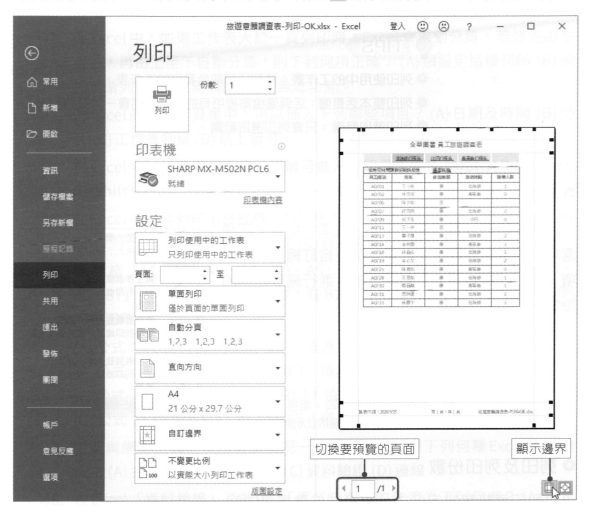

○ **選擇要使用的印表機**

若電腦中安裝多台印表機時，則可以按下**印表機**選項，選擇要使用的印表機。因為不同的印表機，紙張大小和列印品質都有差異，可以按下**印表機內容**項目，進行印表機的細部設定。

在「分店營收統計圖」範例中，要將四個門市的營收合併為總營業額，再進行圖表的製作。圖表是 Excel 中很重要的功能，因為一大堆的數值資料，都比不上圖表來得一目瞭然，透過圖表能夠很容易解讀出資料的意義。所以，這裡要學習如何輕鬆又快速地製作出美觀的圖表。

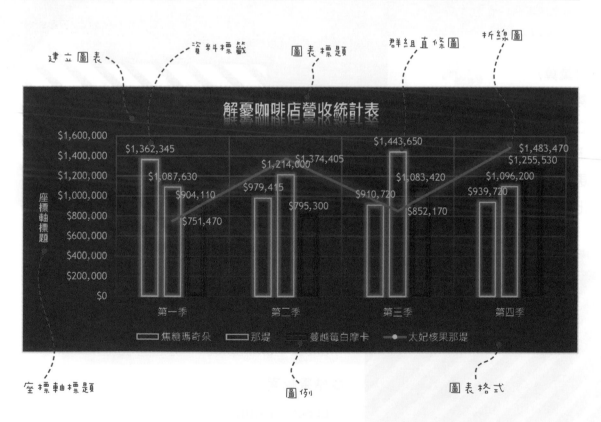

合併彙算　　　　　　　　　　　　　　　　　　走勢圖

	第一季	第二季	第三季	第四季	
焦糖瑪奇朵	$1,362,345	$979,415	$910,720	$939,720	
那堤	$1,087,630	$1,214,000	$1,443,650	$1,096,200	
蔓越莓白摩卡	$904,110	$795,300	$1,083,420	$1,255,530	
太妃核果那堤	$751,470	$1,374,405	$852,170	$1,483,470	

建立圖表　　資料標籤　　圖表標題　　群組直條圖　　折線圖

座標軸標題

座標軸標題　　　　圖例　　　　圖表格式

4-1 以合併彙算計算總營業額

要計算分散在不同工作表的資料，除了用「複製」、「貼上」功能將資料移到同一個工作表進行計算，還可以使用「合併彙算」功能，它會將活頁簿中的幾個工作表內的資料合併在一起計算。而在進行合併彙算時，還可以選擇不同活頁簿中的工作表進行合併計算。

合併彙算提供了加總、項目個數、平均值、最大值、最小值、乘積、標準差、變異值等函數，在進行合併彙算時，可依需求選擇要使用的函數。在此範例中，要將四個門市的營收，加總至「總營業額」工作表。

STEP 01 進入**「總營業額」**工作表，按下**「資料→資料工具→ 合併彙算」**按鈕，開啟「合併彙算」對話方塊。

STEP 02 在**函數**選單中選擇**加總**，選擇好後，在**參照位址**欄位中按下 按鈕，回到工作表中。

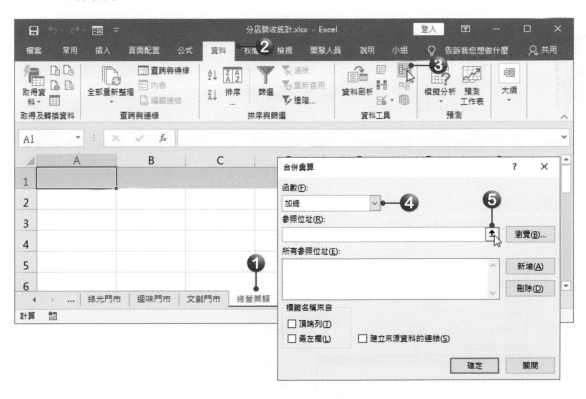

STEP03 進入**好時光門市**工作表，選取 **A1:E5** 儲存格，儲存格範圍選取好後按下 ▣ 按鈕，回到「合併彙算」對話方塊，按下**新增**按鈕，參照位址就會被加到**所有參照位址**欄位中，表示為合併彙算的其中一部分資料。

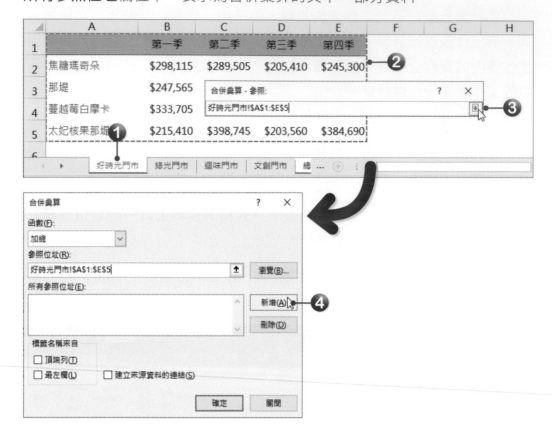

STEP04 第一個參照位址新增完後，再利用相同方式將**綠光門市**、**迴味門市**及**文創門市**的參照位址也新增進來。

STEP05 參照位址都新增完後，請將**頂端列**和**最左欄**選項勾選，最後按下**確定**按鈕，回到「總營業額」工作表中。

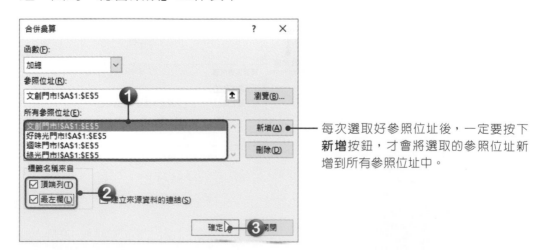

每次選取好參照位址後，一定要按下**新增**按鈕，才會將選取的參照位址新增到所有參照位址中。

標籤名稱來自

- **頂端列**：若各來源位置中，包含有相同的欄標題，則可勾此選項，合併彙算時便會自動複製欄標題至合併彙算表中。

- **最左欄**：若各來源位置中，包含有相同的列標題，則可勾此選項，合併彙算時便會自動複製列標題至合併彙算表中。

以上兩個選項可以同時勾選。如果兩者均不勾選，則 Excel 將不會複製任一欄或列標題至合併彙算表中。如果所框選的來源位置標題不一致，則在合併彙算表中，將會被視為個別的列或欄，單獨呈現在工作表中，而不計入加總的運算。

- **建立來源資料的連結**：如果想要在來源資料變更時，也能自動更新合併彙算表中的計算結果，就必須勾選此選項。當資料來源有所變更時，目的儲存格也會跟著重新計算。

STEP06 回到工作表後，儲存格中就會顯示欄標題、列標題，以及第一季至第四季各個項目的加總金額。

	A	B	C	D	E	F	G
1		第一季	第二季	第三季	第四季		
2	焦糖瑪奇朵	$1,362,345	$979,415	$910,720	$939,720		
3	那堤	$1,087,630	$1,214,000	$1,443,650	$1,096,200		
4	蔓越莓白摩卡	$904,110	$795,300	$1,083,420	$1,255,530		
5	太妃核果那堤	$751,470	$1,374,405	$852,170	$1,483,470		
6							

綠光門市　迴味門市　文創門市　**總營業額**

🔍 4-2 使用走勢圖分析營收的趨勢

Excel提供了走勢圖功能，可以快速地於單一儲存格中加入圖表，以便了解該儲存格的變化。

建立走勢圖

Excel提供了**折線圖**、**直條圖**、**輸贏分析**等三種類型的走勢圖，在建立時，可以依資料的特性選擇適當的類型。

在此範例中，已將各門市的營收合併至總營業額工作表中，接著將在總營業額工作表中建立各季的走勢圖。

STEP01 選取要建立走勢圖的**B2:E5**資料範圍，按下「**插入→走勢圖→直線圖**」按鈕，開啟「建立走勢圖」對話方塊。

STEP02 在資料範圍欄位中就會直接顯示被選取的範圍。若要修改範圍，按下 🔼 按鈕，即可於工作表中重新選取資料範圍。

STEP03 接著選取走勢圖要擺放的位置範圍，請按下**位置範圍**的 🔼 按鈕。

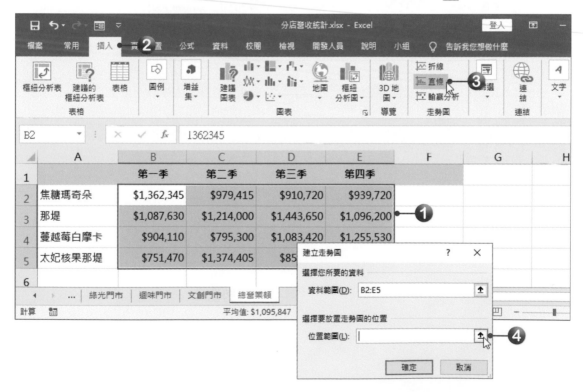

STEP04 於工作表中選取 **F2:F5** 範圍後，按下 ▣ 按鈕，回到「建立走勢圖」對話方塊，按下**確定按鈕**。

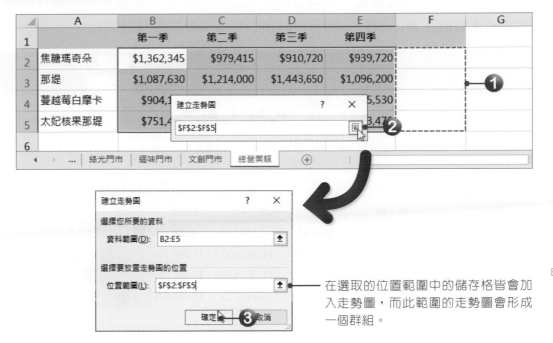

在選取的位置範圍中的儲存格皆會加入走勢圖，而此範圍的走勢圖會形成一個群組。

STEP05 回到工作表後，位置範圍中就會顯示走勢圖。

	A	B	C	D	E	F	G
1		第一季	第二季	第三季	第四季		
2	焦糖瑪奇朵	$1,362,345	$979,415	$910,720	$939,720		
3	那堤	$1,087,630	$1,214,000	$1,443,650	$1,096,200		
4	蔓越莓白摩卡	$904,110	$795,300	$1,083,420	$1,255,530		
5	太妃核果那堤	$751,470	$1,374,405	$852,170	$1,483,470		
6							

… 綠光門市 │ 迴味門市 │ 文創門市 │ 總營業額 ⊕

走勢圖格式設定

建立好走勢圖後，還可以幫走勢圖加上標記、變更走勢圖的色彩，及標記色彩等。將作用儲存格移至走勢圖中，便會顯示**走勢圖工具**，於**設計**索引標籤頁中即可進行各種格式的設定。

● 顯示最高點及低點

在走勢圖中加入標記，可以立即看出走勢圖的最高點及最低點落在哪裡。只要將「**走勢圖工具→設計→顯示**」群組中的**高點**及**低點**勾選即可。

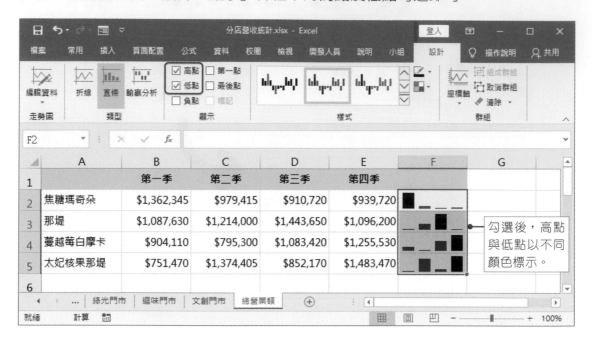

勾選後，高點與低點以不同顏色標示。

● 走勢圖樣式

在「**走勢圖工具→設計→樣式**」群組中，可以選擇走勢圖樣式、色彩及標記色彩。

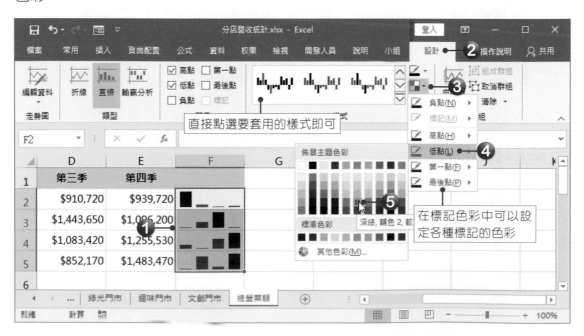

直接點選要套用的樣式即可

在標記色彩中可以設定各種標記的色彩

變更走勢圖類型

若要更換走勢圖類型時，可以在「走勢圖工具→設計→類型」群組中，直接點選要更換的走勢圖類型。

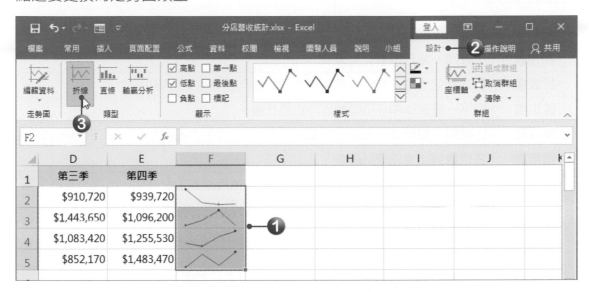

清除走勢圖

若要清除走勢圖時，按下「走勢圖工具→設計→群組→清除」按鈕，於選單中選擇清除選取的走勢圖群組，即可將走勢圖從儲存格中清除。

4-3 建立營收統計圖

圖表是 Excel 很重要的功能，因為一大堆的數值資料，都比不上圖表來得一目瞭然，透過圖表能夠很容易解讀出資料的意義。

認識圖表

Excel 提供了許多圖表類型，每一個類型下還有副圖表類型，下表所列為各圖表類型的說明。

類型	說明
直條圖	比較同一類別中數列的差異。
折線圖	表現數列的變化趨勢，最常用來觀察數列在時間上的變化。
圓形圖	顯示一個數列中，不同類別所佔的比重。
橫條圖	比較同一類別中，各數列比重的差異。
區域圖	表現數列比重的變化趨勢。
XY散佈圖	XY 散佈圖沒有類別項目，它的水平和垂直座標軸都是數值，因為它是專門用來比較數值之間的關係。
股票圖	呈現股票資訊。
曲面圖	呈現兩個因素對另一個項目的影響。
雷達圖	表現數列偏離中心點的情形，以及數列分布的範圍。

在工作表中建立圖表

在此範例中，要將每一季的總營業額建立為群組直條圖。

STEP01 選取要建立圖表的資料範圍。若工作表中並未包含標題文字時，則可以不用選取資料範圍，只要將作用儲存格移至任一有資料的儲存格即可。

	A	B	C	D	E	F	G
1		第一季	第二季	第三季	第四季		
2	焦糖瑪奇朵	$1,362,345	$979,415	$910,720	$939,720		
3	那堤	$1,087,630	$1,214,000	$1,443,650	$1,096,200		
4	蔓越莓白摩卡	$904,110	$795,300	$1,083,420	$1,255,530		
5	太妃核果那堤	$751,470	$1,374,405	$852,170	$1,483,470		
6							

... 綠光門市 │ 迴味門市 │ 文創門市 │ 總營業額 ⊕

STEP 02 按下「插入→圖表→直條圖」按鈕，於選單中選擇**群組直條圖**。

將滑鼠游標移至要使用的圖表類型上，即可立即預覽該圖表會呈現的模樣。

STEP 03 點選後，在工作表中就會出現該圖表。

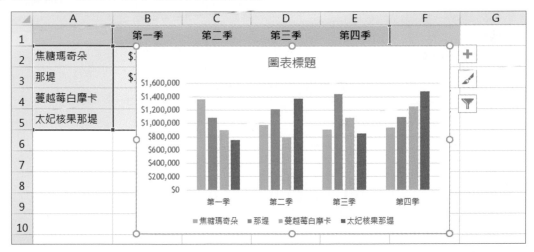

　　圖表建立好後，在圖表的右上方會看到 ➕ **圖表項目**、✏ **圖表樣式**及 ▼ **圖表篩選**等三個按鈕，利用這三個按鈕可以快速進行圖表的基本設定。

☆ ➕ **圖表項目**：用來新增、移除或變更圖表的座標軸、標題、圖例、資料標籤、格線、圖例等項目。

☆ ✏ **圖表樣式**：用來設定圖表的樣式及色彩配置。

☆ ▼ **圖表篩選**：可篩選圖表上要顯示哪些數列及類別。

使用快速分析按鈕建立圖表

在建立圖表時，也可以使用**快速分析**按鈕來建立圖表，當選取資料範圍後，按下圖按鈕，點選**圖表**標籤，即可選擇要建立的圖表類型。

	A	B	C	D	E	F	G
1		第一季	第二季	第三季	第四季		
2	焦糖瑪奇朵	$1,362,345	$979,415	$910,720	$939,720		
3	那堤	$1,087,630	$1,214,000	$1,443,650	$1,096,200		
4	蔓越莓白摩卡	$904,110	$795,300	$1,083,420	$1,255,530		
5	太妃核果那堤	$751,470	$1,374,405	$852,170	$1,483,470		

這裡會列出適合的圖表類型，直接點選即可建立圖表。

若覺得選單中沒有適當的圖表，按下**其他圖表**，會開啟「插入圖表」對話方塊，在**建議的圖表**標籤頁中點選建議使用的圖表類型；或是在**所有圖表**標籤頁中選擇其他圖表樣式。

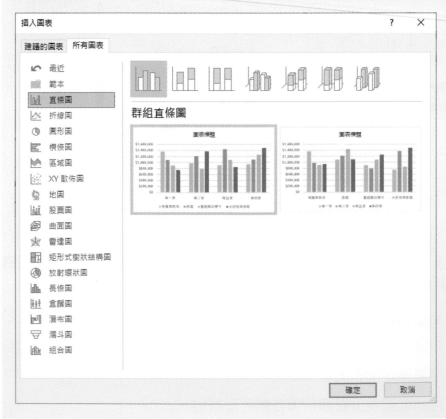

調整圖表位置及大小

在工作表中的圖表，可以進行搬移的動作。只要將滑鼠游標移至圖表外框上，再按著**滑鼠左鍵**不放並拖曳，即可調整圖表在工作表中的位置。

要調整圖表的大小時，只要將滑鼠游標移至圖表周圍的控制點上，再按著**滑鼠左鍵**不放並拖曳，即可調整圖表的大小。

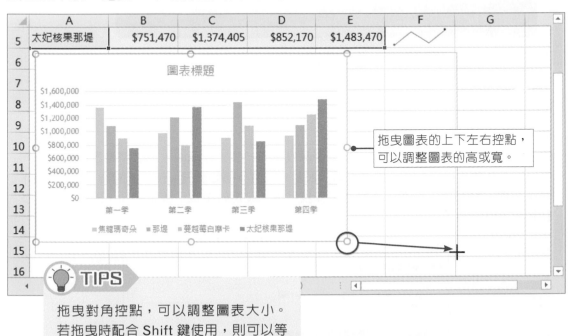

拖曳圖表的上下左右控點，可以調整圖表的高或寬。

TIPS

拖曳對角控點，可以調整圖表大小。
若拖曳時配合 Shift 鍵使用，則可以等比例調整圖表。

套用圖表樣式

Excel 提供一些預設的圖表樣式，可以快速製作出專業又美觀的圖表。只要在「圖表工具→設計→圖表樣式」群組中，直接點選要套用的樣式即可；而按下變更色彩按鈕，可以變更圖表的色彩。

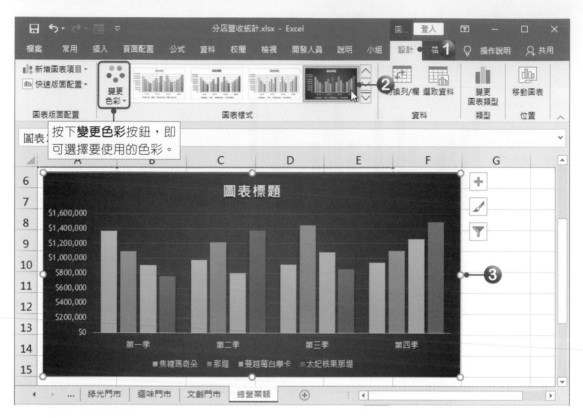

按下變更色彩按鈕，即可選擇要使用的色彩。

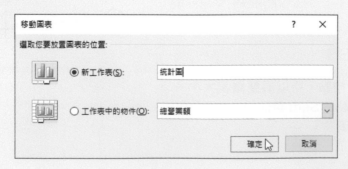

TIPS

將圖表移動到新工作表中

建立圖表時，在預設下圖表會和資料來源放在同一個工作表中。若想將圖表單獨放在一個新的工作表，可以按下「圖表工具→設計→位置→移動圖表」按鈕，開啟「移動圖表」對話方塊，點選新工作表，並輸入工作表名稱，設定好後按下確定按鈕，即可將圖表移動到新工作表中。

要變更圖表樣式及色彩時，也可以直接按下 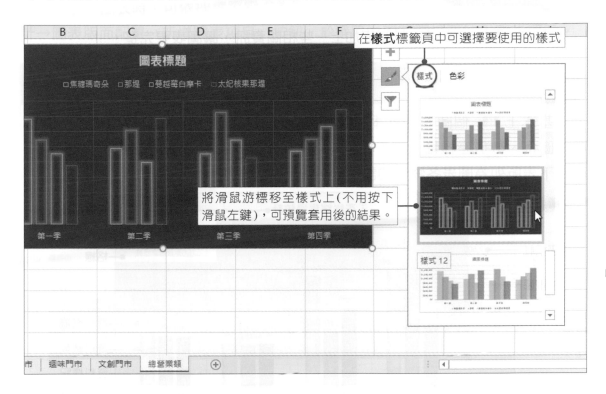圖表樣式按鈕，在樣式標籤頁中可以選擇要使用的樣式，在色彩標籤頁中可以選擇要使用的色彩。

在樣式標籤頁中可選擇要使用的樣式

將滑鼠游標移至樣式上(不用按下滑鼠左鍵)，可預覽套用後的結果。

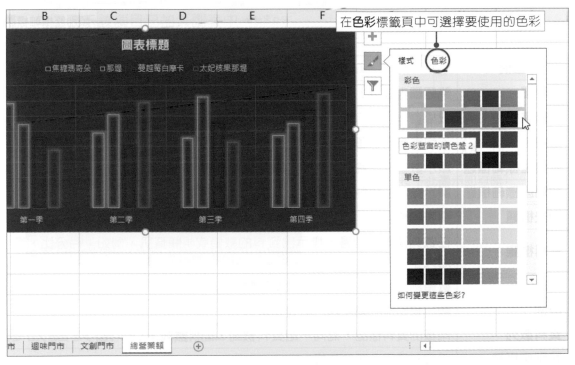

在色彩標籤頁中可選擇要使用的色彩

STEP 01 選取圖表標題，按下**滑鼠左鍵**，即可將原內容刪除，並輸入文字。

STEP 02 圖表標題修改好後，選取圖表物件，按下 ➕ 按鈕，於選單中按下圖例的 ▶ 圖示，再點選**下**，圖例就會置於圖表的下方。

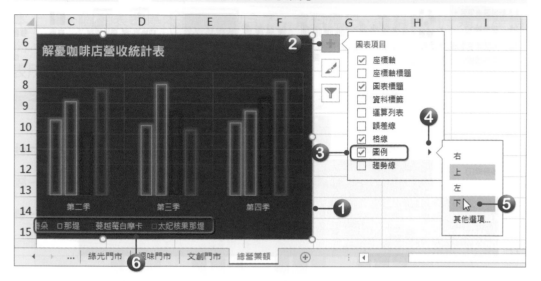

加入資料標籤

　　因圖表將數值以長條圖表現，因此不能得知真正的數值大小，此時可以在數列上加入**資料標籤**，讓數值或比重立刻一清二楚。

STEP 01 選取圖表物件，按下 ➕ 按鈕，將**資料標籤**項目勾選，再按下 ▶ 圖示，點選**終點外側**，即可加入資料標籤。

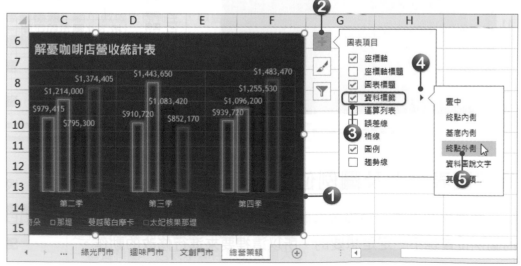

STEP02 加入資料標籤後，點選**焦糖瑪奇朵**資料標籤，此時其他數列的資料標籤也會跟著被選取，接著就可以針對資料標籤進行文字大小及格式的修改，或是調整資料標籤的位置。

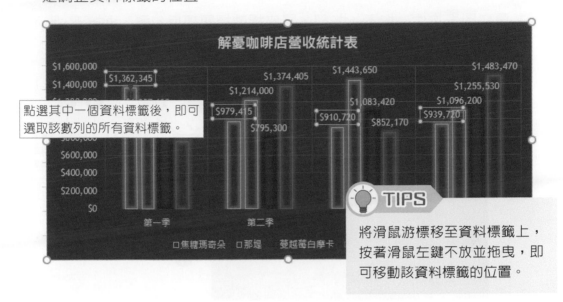

點選其中一個資料標籤後，即可選取該數列的所有資料標籤。

TIPS

將滑鼠游標移至資料標籤上，按著滑鼠左鍵不放並拖曳，即可移動該資料標籤的位置。

STEP03 除了在數列上顯示「值」資料標籤外，還可以顯示數列名稱、類別名稱及百分比大小等，按下「**圖表工具→格式→目前的選取範圍→格式化選取範圍**」按鈕，開啟「**資料標籤格式**」窗格，在**標籤選項**中可以勾選想要顯示的標籤；在**數值**中可以設定類別及格式。

按下此鈕可以展開選項內容

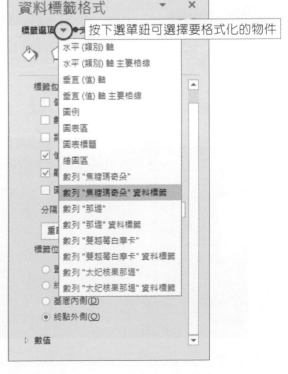

按下選單鈕可選擇要格式化的物件

加入座標軸標題

加入座標軸標題可以清楚知道該座標軸所代表的意義。

STEP01 選取圖表物件，按下 ➕ 按鈕，將**座標軸標題**項目勾選，再按下 ▶ 圖示，將**主水平**選項的勾選取消，因為我們只要加入主垂直座標軸標題。

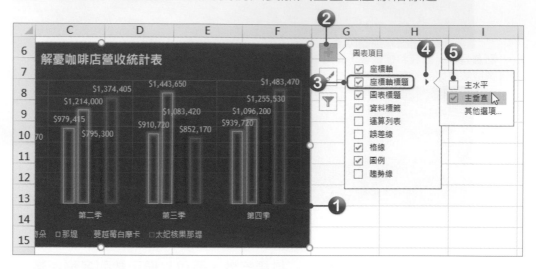

STEP02 垂直座標軸標題加入後，按下「**圖表工具→格式→目前的選取範圍→格式化選取範圍**」按鈕，開啟「**座標軸標題格式**」窗格，點選**標題選項**標籤，按下 大小與屬性按鈕，將**垂直對齊**設定為**正中**；**文字方向**設定為**垂直**。

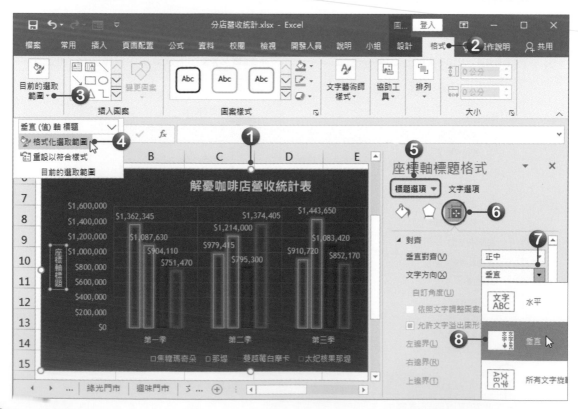

STEP03 接著再將座標軸標題文字修改為「銷售金額」。

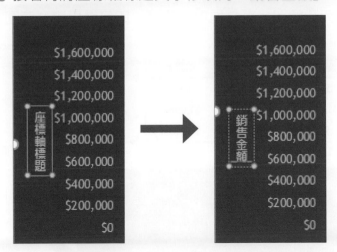

Q 4-5 變更資料範圍及圖表類型

在建立好圖表之後,若發現選取的資料範圍錯了,或是圖表類型不適合時,不用擔心需要重來。因為 Excel 可以輕易變更圖表的資料範圍及圖表類型。

修正已建立圖表的資料範圍

製作圖表時,必須指定數列要循列還是循欄。如果數列資料選擇列,則會把一列當作一組數列;把一欄當作一個類別。

點選圖表物件,按下「圖表工具→設計→資料→選取資料」按鈕,開啟「選取資料來源」對話方塊,即可修正圖表的資料範圍。

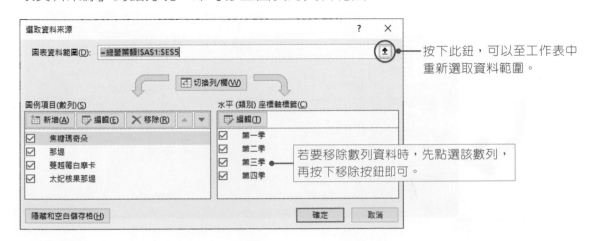

按下此鈕,可以至工作表中重新選取資料範圍。

若要移除數列資料時,先點選該數列,再按下移除按鈕即可。

事實上，若要變更資料範圍時，也可以直接在工作表中進行。在工作表中的資料範圍會以顏色來區分數列及類別，直接拖曳範圍框，即可變更資料範圍。

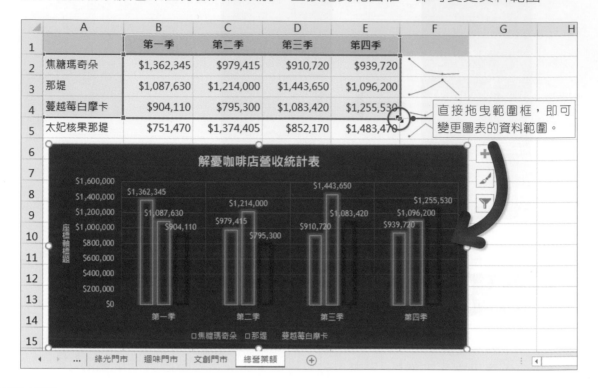

直接拖曳範圍框，即可變更圖表的資料範圍。

切換列/欄

資料數列取得的方向有**循列**及**循欄**兩種，若要切換時，可以按下「**圖表工具→設計→資料→切換列/欄**」按鈕，進行切換的動作。

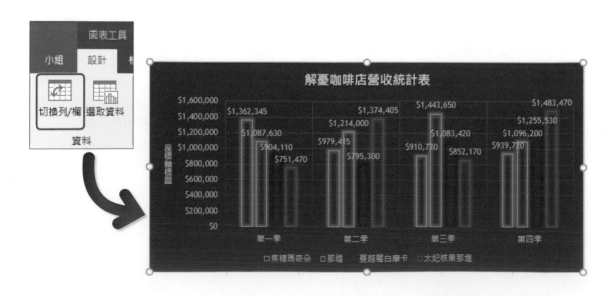

變更圖表類型

　　製作圖表時，可以隨時變更圖表類型。欲變更圖表類型時，直接按下「**圖表工具→設計→類型→變更圖表類型**」按鈕，開啟「變更圖表類型」對話方塊，即可重新選擇要使用的圖表類型。

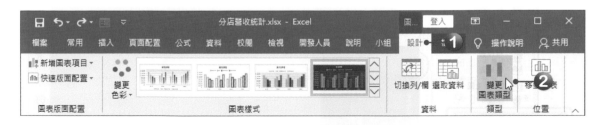

變更數列類型

　　變更圖表類型時，還可以只針對圖表中的某一組數列進行變更，這裡要將**太妃核果那堤數列**變更為折線圖。

STEP01 點選圖表中的任一數列，按下**滑鼠右鍵**，於選單中選擇**變更數列圖表類型**，開啟「變更圖表類型」對話方塊。

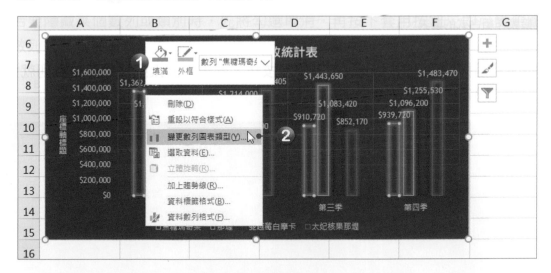

2. 開啟「範例檔案→Excel→Example04→零用金支出統計.xlsx」檔案,進行以下設定。

▶ 將各區的支出加總合併至「總支出」工作表中。

▶ 將彙整後的餐費製作為立體圓形圖,圖表格式請自行設定。

	A	B	C	D	E
1		餐費	雜費	交通費	差旅費
2	第一週	$23,160	$22,610	$29,170	$33,600
3	第二週	$21,070	$18,840	$27,340	$27,090
4	第三週	$17,360	$23,420	$19,350	$33,250
5	第四週	$22,280	$26,900	$23,670	$32,200

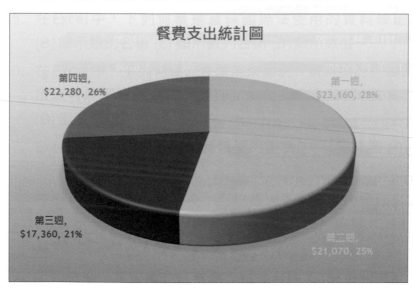

產品銷售分析

Excel 樞紐分析表

05

學習目標

資料排序／資料篩選／小計／
建立樞紐分析表／
樞紐分析表的使用／
交叉分析篩選器的使用／
製作樞紐分析圖

☆ 範例檔案

　　Excel→Example05→冰箱銷售表.xlsx

☆ 結果檔案

　　Excel→Example05→冰箱銷售表-排序.xlsx

　　Excel→Example05→冰箱銷售表-篩選.xlsx

　　Excel→Example05→冰箱銷售表-小計.xlsx

　　Excel→Example05→冰箱銷售表-樞紐分析表.xlsx

　　Excel→Example05→冰箱銷售表-樞紐分析圖.xlsx

運用 Excel 輸入了許多流水帳資料後，卻很難從這些資料中，立即分析出資料所代表的意義。所以 Excel 提供了許多分析資料的利器，像是排序、篩選、小計及樞紐分析表等，可以將繁雜、毫無順序可言的流水帳資料，彙總及分析出重要的摘要資料。

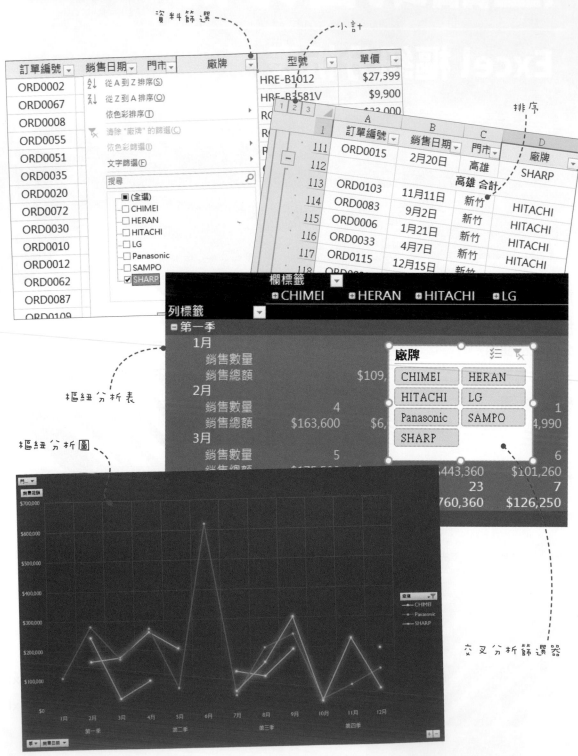

Q 5-1 資料排序

當資料量很多時，為了搜尋方便，通常會將資料按照順序重新排列，這個動作稱為**排序**。同一「列」的資料為一筆「記錄」，排序時會以「欄」為依據，調整每一筆記錄的順序。

單一欄位排序

排序的時候，先決定好要以哪一欄做為排序依據，點選該欄中任何一個儲存格，再按下「**常用→編輯→排序與篩選**」按鈕，即可選擇排序的方式。也可以按下「**資料→排序與篩選**」群組中的 ↓從最小到最大排序、↓從最大到最小排序按鈕，進行排序。

多重欄位排序

資料進行排序時，有時候會遇到相同數值的資料，此時可以再設定一個依據，對下層資料排序。在此範例中要使用排序功能，將先按照**門市**排序，遇到門市相同時，再根據**廠牌**、**型號**進行排序。

STEP01 將作用儲存格移至資料範圍中的任一儲存格，按下「**資料→排序與篩選→排序**」按鈕，開啟「排序」對話方塊。

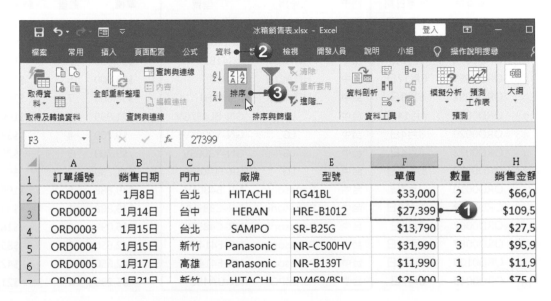

STEP02 設定第一個排序方式，於排序方式中選擇**門市**欄位；再於順序中選擇**A到Z**，設定好後，按下**新增層級**，進行次要排序方式設定。

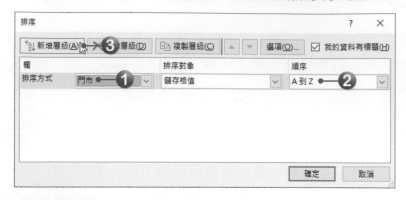

STEP03 將廠牌及型號的排序順序設定為**A到Z**，都設定好後按下**確定**按鈕，完成資料排序。

STEP04 資料就會依照所設定的排序方式將資料重新排列。

	A	B	C	D	E	F	G	H
1	訂單編號	銷售日期	門市	廠牌	型號	單價	數量	銷售金額
2	ORD0002	1月14日	台中	HERAN	HRE-B1012	$27,399	4	$109,596
3	ORD0067	7月14日	台中	HERAN	HRE-B3581V	$9,900	2	$19,800
4	ORD0008	2月2日	台中	HITACHI	RG41BL	$33,000	2	$66,000
5	ORD0055	6月17日	台中	HITACHI	RG41BL	$33,000	5	$165,000
6	ORD0051	6月9日	台中	HITACHI	RSF48HJ	$55,000	7	$385,000
7	ORD0035	4月14日	台中	LG	GN-BL497GV	$21,999	5	$109,995
8	ORD0020	3月4日	台中	LG	GN-Y200SV	$9,700	4	$38,800
9	ORD0072	8月4日	台中	LG	GN-Y200SV	$9,700	3	$29,100
10	ORD0030	3月21日	台中	LG	GR-FL40SV	$31,230	2	$62,460
11	ORD0010	2月7日	台中	Panasonic	NR-B480TV	$39,888	5	$199,440
12	ORD0012	2月10日	台中	Panasonic	NR-C389HV	$39,888	1	$39,888
13	ORD0062	7月4日	台中	Panasonic	NR-C489TV	$6,099	3	$18,297
14	ORD0087	9月10日	台中	Panasonic	NR-E414VT	$42,650	2	$85,300
15	ORD0109	12月3日	台中	Panasonic	NR-E414VT	$42,650	1	$42,650
16	ORD0049	6月7日	台中	SAMPO	KR-UA48C	$5,299	4	$21,196

5-2 資料篩選

在眾多的資料中，有時候只需要某一部分的資料，可以利用**篩選**功能，把需要的資料留下，隱藏其餘用不著的資料。這節就來學習如何利用篩選功能快速篩選出需要的資料。

自動篩選

自動篩選功能可以為每個欄位設定一個準則，只有符合每一個篩選準則的資料才能留下來。

STEP01 按下「**常用→編輯→排序與篩選**」按鈕，在選單中點選**篩選**；或按下「**資料→排序與篩選→篩選**」按鈕；或按下**Ctrl+Shift+L**快速鍵。

STEP02 點選後，每一欄資料標題的右邊，都會出現一個⏷選單鈕。按下**廠牌**的⏷選單鈕，設定只勾選SHARP廠牌，勾選好後按下**確定**按鈕。

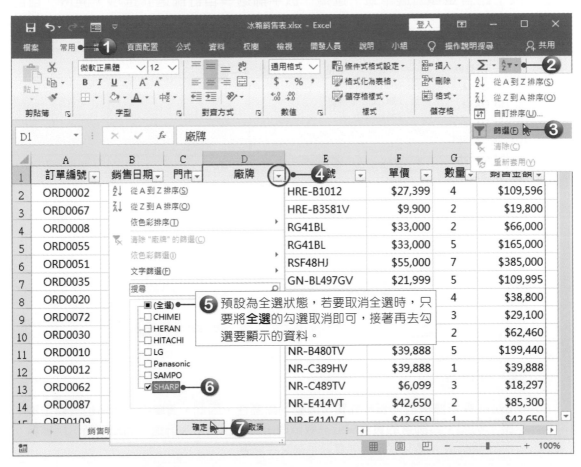

STEP03 經過篩選後，不符合準則的資料就會被隱藏。

	A	B	C	D	E	F	G	H
1	訂單編號	銷售日期	門市	廠牌	型號	單價	數量	銷售金額
19	ORD0017	2月24日	台中	SHARP	SJ-GX32	$18,800	5	$94,0
20	ORD0114	12月9日	台中	SHARP	SJ-GX32	$18,800	2	$37,6
21	ORD0111	12月6日	台中	SHARP	SJ-GX32-SL			$18,0
22	ORD0075	8月15日	台中	SHARP	SJ-G			$150,9
23	ORD0101	11月8日	台中	SHARP	SJ-GX55ET	$75,490	5	$226,4
24	ORD0034	4月9日	台中	SHARP	SP-310	$21,999	1	$21,9
58	ORD0086	9月9日	台北	SHARP	SJ-GX55ET	$75,490	4	$301,9
85	ORD0040	4月18日	台南	SHARP	SJ-GX32	$18,800	4	$75,2
104	ORD0065	7月8日	高雄	SHARP	SJ-GX32	$18,800	2	$37,6

> 篩選出廠牌為「SHARP」的資料，其他資料則暫時隱藏。

自訂篩選

除了自動篩選外，還可以自行設定篩選條件，例如：要篩選出銷售金額介於 30,000~40,000 之間的所有資料時，設定方式如下：

STEP01 按下**銷售金額**▼選單鈕，選擇 **「數字篩選→自訂篩選」** 選項，開啟「自訂自動篩選」對話方塊。

TIPS

Excel 會依據欄位的資料性質，自動判斷屬性，因此，清單中的指令也會自動調整。例如：若篩選的資料欄位為數值時，會顯示為數字篩選；為日期時，則會顯示日期篩選；為文字時，則會顯示為文字篩選。

STEP02 將條件設定為：**大於或等於 30000、且小於或等於 40000**，設定好後按下**確定**按鈕。

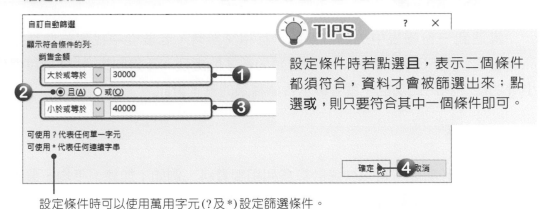

設定條件時可以使用萬用字元(?及*)設定篩選條件。

STEP03 經過篩選後，只會顯示符合準則的資料。

▲	A	B	C	D	E	F	G	H
1	訂單編號 ▾	銷售日期 ▾	門市 ▾	廠牌 ▾	型號 ▾	單價 ▾	數量 ▾	銷售金額 ▾
20	ORD0114	12月9日	台中	中 SHARP	SJ-GX32	$18,800	2	$37,600
104	ORD0065	7月8日	高雄	SHARP	SJ-GX32	$18,800	2	$37,600
105	ORD0025	3月12日	高雄	SHARP	SJ-GX32-SL	$18,000	2	$36,000
120								

篩選出銷售金額介於 30000~40000 之間的資料。

清除篩選

當檢視完篩選資料後，若要清除所有的篩選條件，恢復到所有資料都顯示的狀態時，只要按下「**資料→排序與篩選→清除**」按鈕即可。

若要將「自動篩選」功能取消時，按下「**資料→排序與篩選→篩選**」按鈕，即可將篩選取消，而欄位中的 ▾ 按鈕，也會跟著清除。

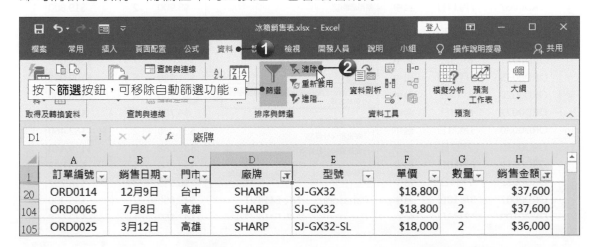

5-3 小計的使用

當遇到一份報表中的資料繁雜、互相交錯時，若要從中找到一個種類的資訊，必須使用SUMIF或COUNTIF這類函數才能處理。不過別擔心，Excel提供了**小計**功能，利用此功能，就會顯示各個種類的基本資訊。

建立小計

使用小計功能，可以快速計算多列相關資料，例如：加總、平均、最大值或標準差。**在進行小計前，資料必須先經過排序。**

STEP01 先將資料依**門市**排序，排序好後，按下「**資料→大綱→小計**」按鈕，開啟「小計」對話方塊，進行小計的設定。

STEP02 在**分組小計欄位**選單中選擇**門市**名稱，這是要計算小計時分組的依據；在**使用函數**選單中選擇**加總**，表示要用加總的方法來計算小計資訊；在**新增小計位置**選單中將**數量**及**銷售金額**勾選，則會將同一個分組的數量及銷售金額，顯示為小計的資訊，都設定好後，按下**確定**按鈕，回到工作表中。

STEP03 回到工作表後，可以看到每一個門市類別下，顯示一個小計，就可以輕易比較每一個分組的差距。而這裡的小計資訊，是將同一門市的數量和銷售金額加總得來的。

	A 訂單編號	B 銷售日期	C 門市	D 廠牌	E 型號	F 單價	G 數量	H 銷售金額	I
111	ORD0015	2月20日	高雄	SHARP	SJ-GX55ET	$75,490	2	$150,980	
112			高雄 合計				61	$1,780,334	
113	ORD0103	11月11日	新竹	HITACHI	RG41BL	$33,000	2	$66,000	
114	ORD0083	9月2日	新竹	HITACHI	RS49HJ	$49,000	1	$49,000	
115	ORD0006	1月21日	新竹	HITACHI	RV469/BSL	$25,000	3	$75,000	
116	ORD0033	4月7日	新竹	HITACHI	RV469/BSL	$25,000	2	$50,000	
117	ORD0115	12月15日	新竹	LG	GN-BL497GV	$21,999	1	$21,999	
118	ORD0093	9月20日	新竹	LG	GN-Y200SV	$9,700	5	$48,500	
119	ORD0082	8月27日	新竹	LG	GR-FL40SV	$31,230	1	$31,230	
120	ORD0050	6月8日	新竹	Panasonic	NR-B139T	$11,990	2	$23,980	
121	ORD0004	1月15日	新竹	Panasonic	NR-C500HV	$31,990	3	$95,970	
122	ORD0029	3月20日	新竹	Panasonic	NR-C500HV	$31,990	5	$159,950	
123	ORD0069	7月19日	新竹	SAMPO	SR-B25G00	$12,900	2	$25,800	
124			新竹 合計				27	$647,429	
125			總計				334	$9,432,250	

STEP04 產生小計後，在左邊的大綱結構中列出了各層級的關係，按下 ☐ 按鈕，可以隱藏分組的詳細資訊，只顯示每一個分組的小計資訊；若要再展開時，按下 ☐ 按鈕，就可以顯示分組的詳細資訊。

	A 訂單編號	B 銷售日期	C 門市	D 廠牌	E 型號	F 單價	G 數量	H 銷售金額	I
25			台中 合計				70	$2,015,820	
60			台北 合計				94	$2,880,572	
88			台南 合計				82	$2,108,095	
112			高雄 合計						
124			新竹 合計						
125			總計						
126									

TIPS

清除小計

如果不需要小計了，只要再按下「**資料→大綱→小計**」按鈕，於「小計」對話方塊中，按下**全部移除**即可。

層級符號的使用

在工作表左邊有個 1 2 3 層級符號鈕，這裡的層級符號鈕是將資料分成三個層級，經由點按這些符號鈕，便可變更所顯示的層級資料。按下 1 只會顯示總計資料；按下 2 會將品名、售價等資料隱藏，只顯示每個分店的數量及業績的小計；按下 3 則會顯示完整的資料。

— 按下 1 只會顯示總計資料

	A 訂單編號	B 銷售日期	C 門市	D 廠牌	E 型號	F 單價	G 數量	H 銷售金額	I
125			總計				334	$9,432,250	
126									

🔍 5-4 樞紐分析表的應用

在「冰箱銷售表」範例中的流水帳資料，很難看出哪個時期哪一款冰箱賣得最好，將資料製作成樞紐分析表後，只需拖曳幾個欄位，就能夠將大筆的資料自動分類，同時顯示分類後的小計資訊，它還可以根據各種不同的需求，隨時改變欄位位置，即時顯示出不同的資訊。

建立樞紐分析表

在「冰箱銷售表」範例中，要將冰箱全年度的銷售記錄建立一個樞紐分析表，這樣就可以馬上看到各種相關的重要資訊。

STEP01 開啟「冰箱銷售表.xlsx」檔案，按下**「插入→表格→樞紐分析表」**按鈕，開啟「建立樞紐分析表」對話方塊。

STEP02 Excel會自動選取儲存格所在的表格範圍，請確認範圍是否正確，再點選**新工作表**，將產生的樞紐分析表放置在新的工作表中，都設定好後按下**確定**按鈕。

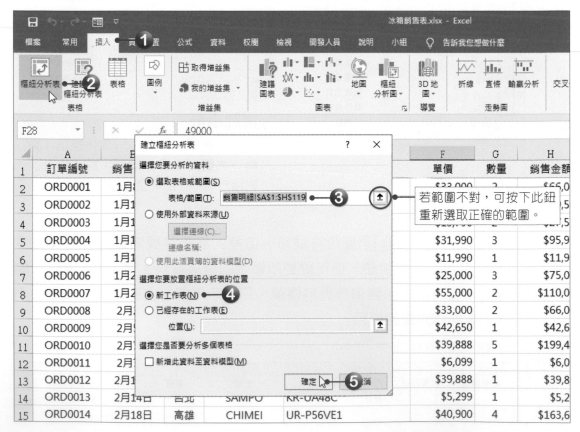

STEP03 Excel就會自動新增「**工作表1**」，並於工作表中顯示樞紐分析表的提示，而在工作表的右邊則會有「**樞紐分析表欄位**」工作窗格。Excel會從樞紐分析表的來源範圍，自動分析出欄位，通常是將一整欄的資料當作一個欄位，這些欄位可以在「**樞紐分析表欄位**」窗格中看到。

TIPS

建議的樞紐分析表

若不知該如何建立樞紐分析表時，可以按下「**插入→表格→建議的樞紐分析表**」按鈕，開啟「建議的樞紐分析表」對話方塊，即可選擇 Excel 所建議的樞紐分析表，直接點選便可立即建立樞紐分析表。

產生樞紐分析表資料

　　一開始產生的樞紐分析表都是空白的，必須手動在「樞紐分析表欄位」窗格中加入欄位。透過在區域中放置不同的欄位，就能產生不同的樞紐分析表結果。

　　樞紐分析表可分為**篩選**、**欄**、**列**、**Σ值**等四個區域。以下為各區域的說明：

☆ **篩選**：限制下方的欄位只能顯示指定資料。

☆ **列**：位於直欄，用來將資料分類的項目。

☆ **欄**：位於橫列，用來將資料分類的項目。

☆ **Σ值**：用來放置要被分析的資料，也就是直欄與橫列項目相交所對應的資料，通常是數值資料。

　　以本例來說，要將「門市」欄位加入「篩選」區域；將「銷售日期」欄位加入「列」區域；將「廠牌」、「型號」欄位加入「欄」區域；將「數量」及「銷售金額」欄位加入「Σ值」區域。

STEP01 選取樞紐分析表欄位中的**門市**欄位，將它拖曳到**篩選**區域中。

STEP02 將**廠牌**及**型號**欄位，拖曳到**欄**區域中。

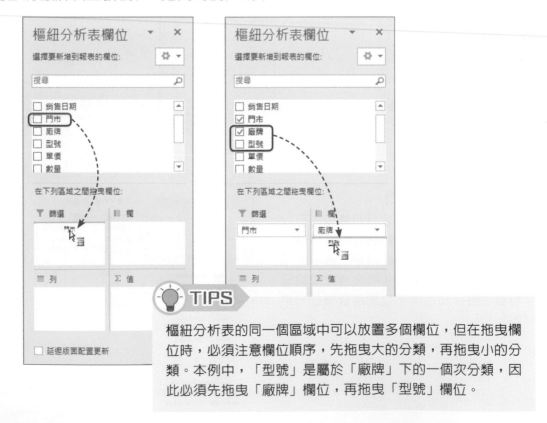

TIPS

樞紐分析表的同一個區域中可以放置多個欄位，但在拖曳欄位時，必須注意欄位順序，先拖曳大的分類，再拖曳小的分類。本例中，「型號」是屬於「廠牌」下的一個次分類，因此必須先拖曳「廠牌」欄位，再拖曳「型號」欄位。

STEP03 將**銷售日期**欄位，拖曳到**列**區域中。

STEP04 將**數量**及**銷售金額**欄位，拖曳到**Σ值**區域中。到目前為止，就可以在樞紐分析表中對照出每一個日期每個型號所交易的數量及金額。

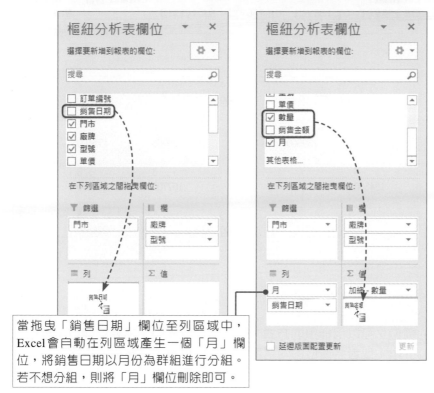

當拖曳「銷售日期」欄位至列區域中，Excel會自動在列區域產生一個「月」欄位，將銷售日期以月份為群組進行分組。若不想分組，則將「月」欄位刪除即可。

STEP05 接著調整欄位配置，將預設顯示在**欄**區域中的**Σ值**欄位，拖曳到**列**區域。

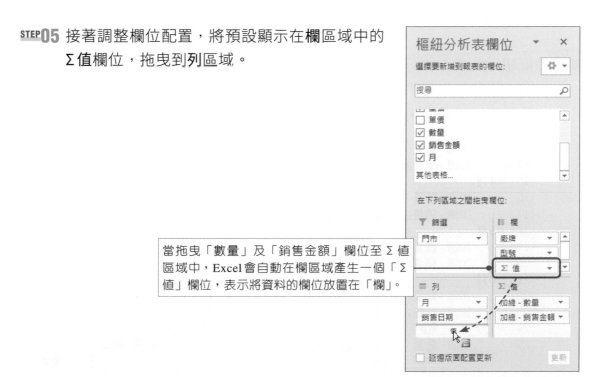

當拖曳「數量」及「銷售金額」欄位至Σ值區域中，Excel會自動在欄區域產生一個「Σ值」欄位，表示將資料的欄位放置在「欄」。

STEP 06 到這裡,基本樞紐分析表就完成了,從樞紐分析表中可以看出各廠牌產品的銷售數量及銷售金額。

	A	B	C	D	E	F	G
4		⊟CHIMEI				CHIMEI 合計	⊟HERAN
5	列標籤 ▼	UR-P38VC1	UR-P56VC1	UR-P56VE1	UR-P61VC1		HRE-1013
6	⊞1月						
7	加總 - 數量						
8	加總 - 銷售金額						
9	⊞2月						
10	加總 - 數量			4		4	1
11	加總 - 銷售金額			163600		163600	6099
12	⊞3月						
13	加總 - 數量		4		1	5	
14	加總 - 銷售金額		139600		35900	175500	
15	⊞4月						
16	加總 - 數量	5			3	8	
17	加總 - 銷售金額	154500			107700	262200	
18	⊞5月						
19	加總 - 數量			5		5	2
20	加總 - 銷售金額			204500		204500	12198

💡 TIPS

移除欄位

若要刪除樞紐分析表的欄位,可以用拖曳的方式,將樞紐分析表中不需要的欄位,再拖曳回「樞紐分析表欄位」中;或者將欄位的勾選取消;也可以直接在欄位上按一下滑鼠左鍵,於選單中選擇移除欄位,即可將欄位從區域中移除,而此欄位的資料也會從工作表中消失。

STEP 07 樞紐分析表製作好後,在**工作表1**上按下**滑鼠右鍵**,於選單中點選**重新命名**;或直接在名稱上**雙擊滑鼠左鍵**,將工作表重新命名,這裡請輸入**樞紐分析表**,輸入完後按下 Enter 鍵,即可完成重新命名的工作。

隱藏明細資料

　　若在欄或列區域中放置多個欄位，所產生的樞紐分析表就會顯示很多資料，有的對應到大分類的欄位，有的對應到次分類的欄位，隸屬各種欄位的資料混雜在一起，會無法產生樞紐分析的效果，因此，必須適時地隱藏暫時不必要出現的欄位。

　　例如：我們方才製作的樞紐分析表，詳細列出各個廠牌中所有型號的銷售資料。假若現在只想查看各廠牌間的銷售差異，那麼其下所細分的各家「型號」資料反而就不是分析重點了。在這樣的情形下，應該將有關「型號」的明細資料暫時隱藏起來，只檢視「廠牌」標籤的資料就可以了。

STEP01 按下CHIMEI廠牌前的⊟摺疊鈕，即可將CHIMEI廠牌下的各款型號的明細資料隱藏起來。

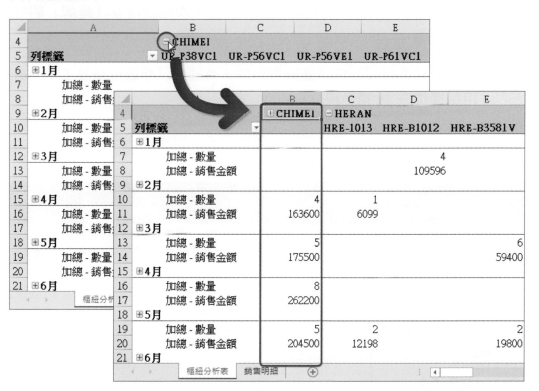

STEP02 利用相同方式，將其他廠牌的資料明細隱藏起來。將多餘的資料隱藏後，反而更能馬上比較出各個廠牌之間的銷售差異。

	A	B	C	D	E	F	G
4		⊞ CHIMEI	⊞ HERAN	⊟ HITACHI			
5	列標籤			RG409/GPW	RG41BL	RS49HJ	RSF48HJ	R
6	⊞ 1月						
7	加總 - 數量			4		2	2
8	加總 - 銷售金額			109596		66000	110000
9	⊞ 2月						
10	加總 - 數量	4					
11	加總 - 銷售金額	163600					
12	⊞ 3月						
13	加總 - 數量	5					
14	加總 - 銷售金額	175500					
15	⊞ 4月						
16	加總 - 數量	8					
17	加總 - 銷售金額	262200					

> **TIPS**
>
> 如果要再次顯示被隱藏的明細資料，只要再按下 ⊞ 展開鈕，即可將其下分類標籤的詳細資料再度顯示出來。

● 隱藏所有明細資料

因為各家品牌眾多，如果要一個一個設定隱藏，恐怕要花上一點時間。還好 Excel 提供了「一次搞定」的功能，如果想要一次隱藏所有「廠牌」明細資料的話，可以這樣做：

STEP01 將作用儲存格移至任一廠牌欄位中，再點選**「樞紐分析表工具→分析→作用中欄位→** ⊟ **摺疊欄位」**指令按鈕。

STEP02 點選後，所有的型號資料都隱藏起來了，這樣是不是節省了很多重複設定的時間呢！

資料的篩選

　　樞紐分析表中的每個欄位旁邊都有▽選單鈕，它是用來設定篩選項目的。當按下任何一個欄位的▽選單鈕，從選單中選擇想要顯示的資料項目，即可完成篩選的動作。

　　例如：要在分析表只顯示**台北**門市中，所有 CHIMEI 及 SHARP 這兩個品牌的冰箱銷售資料時，其作法如下：

STEP01 按下**門市**的▽選單鈕，於選單中點選**台北**門市，這樣分析表中就只會顯示該門市的銷售紀錄，而不會顯示其他門市的資料。設定好後按下**確定**按鈕。

STEP02 按下**欄標籤**的▽選單鈕，選取**廠牌**欄位，勾選 CHIMEI 及 SHARP，則資料又會被篩選出只有這兩家廠牌的銷售資料，設定好後按下**確定**按鈕。

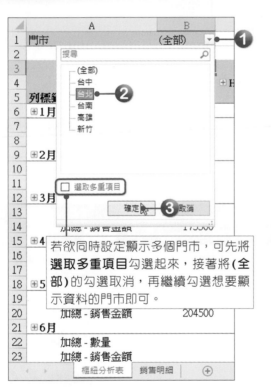

若欲同時設定顯示多個門市，可先將**選取多重項目**勾選起來，接著將**(全部)**的勾選取消，再繼續勾選想要顯示資料的門市即可。

STEP03 這樣在樞紐分析表中就只會顯示台北門市中，廠牌為 CHIMEI 及 SHARP 的統計資料。

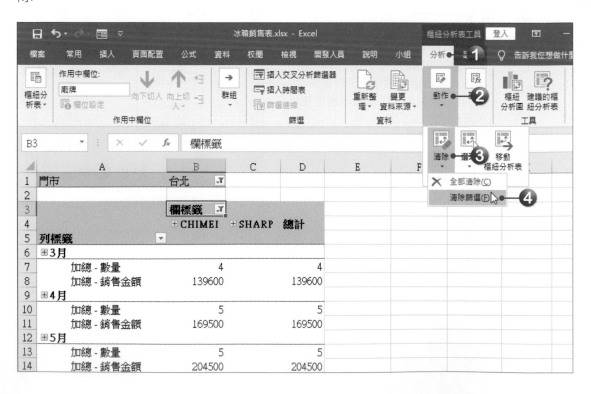

	A	B	C	D	E	F	G
1	門市	台北					
2							
3		欄標籤					
4		⊕ CHIMEI	⊕ SHARP	總計			
5	列標籤						
6	⊕3月						
7	加總 - 數量	4		4			
8	加總 - 銷售金額	139600		139600			
9	⊕4月						
10	加總 - 數量	5		5			
11	加總 - 銷售金額	169500		169500			
12	⊕5月						
13	加總 - 數量	5		5			
14	加總 - 銷售金額	204500		204500			
15	⊕7月						
16	加總 - 數量	3		3			
17	加總 - 銷售金額	122700		122700			
18	⊕9月						
19	加總 - 數量		4	4			
20	加總 - 銷售金額		301960	301960			
21	加總 - 數量 的加總	17	4	21			

◉ 移除篩選

　　資料經過篩選後，若要再恢復完整的資料時，可以點選「**樞紐分析表工具→分析→動作→清除→清除篩選**」指令按鈕，即可將樞紐分析表內的篩選設定清除。

設定標籤群組

在目前的樞紐分析表中,將一整年的銷售明細逐日列出,但這對資料分析並無任何助益。若要看出時間軸與銷售情況的影響,可以將較瑣碎的列標籤設定群組,例如:將「銷售日期」分成以每一「季」或每一「月」分組,以呈現資料之中所隱藏的意義。

STEP01 選取**月**或**銷售日期**欄位,按下「**樞紐分析表工具→分析→群組→將欄位組成群組**」按鈕,開啟「群組」對話方塊,在「群組」對話方塊中,設定間距值為「**月**」及「**季**」,設定好後按下**確定**按鈕。

STEP02 回到工作表中,原先逐日列出的**銷售日期**便改以「**季**」與「**月**」呈現了。

	A	B	C	D	E	F	G
1	門市	(全部) ▼					
2							
3		欄標籤 ▼					
4		⊞CHIMEI	⊞HERAN	⊞HITACHI	⊞LG	⊞Panasonic	⊞SAMPO
5	列標籤 ▼						
6	⊟第一季						
7	英 1月						
8			4	7		4	2
9	加總 - 銷售金額		109596	251000		107960	27580
10	2月						
11	加總 - 數量	4	1	2	1	7	1
12	加總 - 銷售金額	163600	6099	66000	24990	281978	5299
13	3月						
14	加總 - 數量	5	8	14	6	7	6
15	加總 - 銷售金額	175500	115200	443360	101260	172148	77400
16	第一季 加總 - 數量	9	13	23	7	18	9

● 取消標籤群組

如果不想以群組的方式顯示欄位，就選取原本執行群組功能的欄位（在本例中是「季」及「月」欄位），按下滑鼠右鍵，選擇**「取消群組」**功能；或是直接點選**「樞紐分析表工具→分析→群組→取消群組」**指令按鈕，即可一併取消所有的標籤群組。

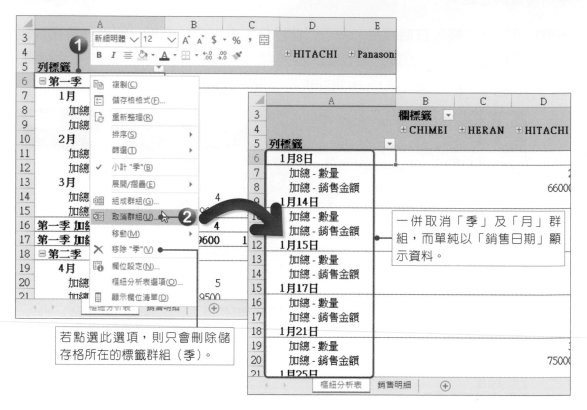

若點選此選項，則只會刪除儲存格所在的標籤群組（季）。

一併取消「季」及「月」群組，而單純以「銷售日期」顯示資料。

更新樞紐分析表

樞紐分析表是根據來源資料所產生的，所以若來源資料有變動時，樞紐分析表的資料也必須跟著變動，這樣資料才會是正確的。

當來源資料有更新時，點選**「樞紐分析表工具→分析→資料→重新整理」**指令按鈕，或按下 Alt+F5 快速鍵，可更新樞紐分析表中的資料。若要全部更新的話，按下**「重新整理」**指令按鈕的下半部按鈕，於選單中點選**「全部重新整理」**，或按下 Ctrl+Alt+F5 快速鍵，即可更新樞紐分析表內的資料。

修改欄位名稱及儲存格格式

建立樞紐分析表時，樞紐分析表內的欄位名稱是Excel自動命名的，但有時這些命名方式並不符合需求，所以接著將修改欄位名稱，並設定數值格式。

STEP01 選取A8儲存格的「加總-數量」欄位，按下「樞紐分析表工具→分析→作用中欄位→欄位設定」按鈕，開啟「值欄位設定...」對話方塊，於自訂名稱欄位中輸入「銷售數量」文字，輸入好後按下確定按鈕。

STEP02 接著再選取A9儲存格，也就是「加總-銷售金額」欄位名稱，再按下「樞紐分析表工具→分析→作用中欄位→欄位設定」按鈕，開啟「值欄位設定...」對話方塊，於自訂名稱欄位中輸入「銷售總額」，輸入好後按下數值格式按鈕，繼續進行格式的設定。

STEP 03 開啟「儲存格格式」對話方塊，於類別中點選**貨幣**，將小數位數設為0，負數表示方式選擇-$1,234，設定好後按下**確定**按鈕。

STEP 04 回到「值欄位設定...」對話方塊後，按下**確定**按鈕，回到工作表後，每一個月份的資料名稱「加總-銷售金額」都一併修改成「銷售總額」了，且數值也套用了「貨幣」格式。

	A	B	C	D	E	F	G	H
1	門市	台北						
2								
3		欄標籤						
4		⊞CHIMEI	⊞HERAN	⊞HITACHI	⊞Panasonic	⊞SAMPO	⊞SHARP	總計
5	列標籤							
6	⊟第一季							
7	1月							
8	銷售數量			4		2		
9	銷售總額		$176,000		$27,580			$20
10	2月							
11	銷售數量	1				1		
12	銷售總額	$6,099				$5,299		$1.
13	3月							
14	銷售數量	4	8	5				
15	銷售總額	$139,600	$115,200	$137,160				$39.
16	第一季 銷售數量	4	9	9		3		
17	第一季 銷售總額	$139,600	$121,299	$313,160		$32,879		$606
18	⊟第二季							
19	4月							

櫃紐分析表　銷售明細

套用樞紐分析表樣式

Excel提供了樞紐分析表樣式，讓我們可以直接套用於樞紐分析表中，而不必自行設定樞紐分析表的格式。

STEP01 進入「**樞紐分析表工具→設計→樞紐分析表樣式**」群組中，即可在其中點選想要使用的樣式。點選後便會套用於樞紐分析表中。

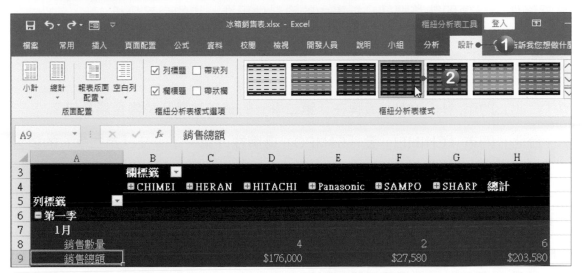

STEP02 套用樞紐分析表樣式後，還可以在「**頁面配置→佈景主題**」群組中，變更佈景主題色彩，或在「**常用→字型**」群組中，設定文字格式。

🔍 5-5 交叉分析篩選器

　　樞紐分析表雖然提供報表篩選功能，但當同時篩選多個項目時，操作上比較不是那麼簡便。因此 Excel 提供了一個好用的篩選工具—**交叉分析篩選器**，它包含一組可快速篩選樞紐分析表資料的按鈕，只要點選這些按鈕，就可以快速設定篩選條件，以便即時將樞紐分析表內的資料做更進一步的交叉分析。

　　以本例來說，使用「交叉分析篩選器」可以快速統計出我們想要知道的統計資料，例如：

☆「台北」門市「HERAN」廠牌在「第二季」的銷售數量及銷售金額為何？

☆「台北」門市「CHIMEI」及「SAMPO」廠牌在「第一季」及「第二季」的銷售數量及銷售金額為何？

插入交叉分析篩選器

STEP01 按下「**樞紐分析表工具→分析→篩選→插入交叉分析篩選器**」按鈕，開啟「插入交叉分析篩選器」對話方塊。

STEP02 選擇要分析的欄位，這裡請勾選**門市**、**廠牌**及**季**等欄位，勾選好後按下**確定**按鈕。

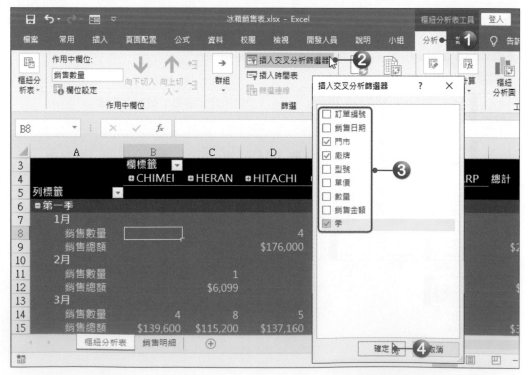

STEP03 回到工作表後，便會出現我們所選擇的**門市**、**廠牌**及**季**等三個交叉分析篩選器。

STEP04 交叉分析篩選器加入後，將滑鼠游標移至篩選器上，按下**滑鼠左鍵**不放並拖曳滑鼠，即可調整篩選器的位置。

STEP05 將滑鼠游標移至篩選器的邊框上，按下**滑鼠左鍵**不放並拖曳滑鼠，即可調整篩選器的大小。

STEP 05 篩選器位置調整好後，接下來就可以進行交叉分析的動作了。假設我們想要知道「台北門市 HERAN 廠牌第二季的銷售數量及銷售金額」。此時，只要在**門市**篩選器上點選**台北**；在**廠牌**篩選器上點選 **HERAN**，在**季**篩選器上點選**第二季**，便可顯示交叉分析後的資料。

按下此鈕可清除篩選，恢復成選取每個資料項。

經過交叉分析後，便可立即知道台北門市 HERAN 廠牌第二季的每月銷售數量及銷售金額。

STEP 06 接著想要知道「台北門市 CHIMEI 及 SAMPO 廠牌第一、二季的銷售數量及銷售金額」。只要在**門市**篩選器上點選**台北**，在**廠牌**篩選器上點選 **CHIMEI** 及 **SAMPO**，在**季**篩選器上點選**第一季**及**第二季**，即可看到分析結果。

經過交叉分析後，便可立即知道台北門市 CHIMEI 與 SAMPO 廠牌第一、二季的每月銷售數量及銷售金額。

TIPS

若不再需要使用交叉分析篩選器功能，可點選交叉分析篩選器，再按下鍵盤上的 Delete 鍵；或是在交叉分析篩選器上，按下滑鼠右鍵，於選單中點選移除選項，即可刪除。

美化交叉分析篩選器

要美化交叉分析篩選器時，先選取要更換樣式的交叉分析篩選器，進入「**交叉分析篩選器工具→選項→交叉分析篩選器樣式**」群組中，於選單中選擇要套用的樣式，即可立即更換樣式。

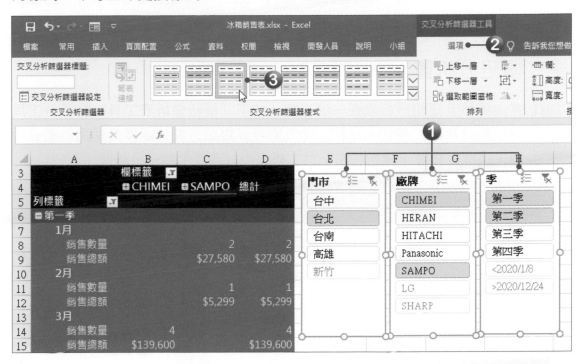

除了更換樣式外，還可以進行欄數的設定。選取要設定的交叉分析篩選器，在「**交叉分析篩選器工具→選項→按鈕→欄**」中，輸入要設定的欄數，即可調整交叉分析篩選器的欄位數。

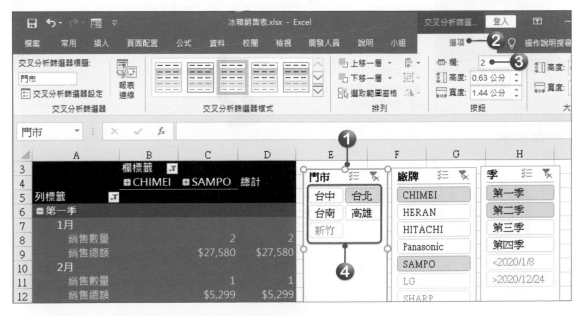

產品銷售分析 / Excel 樞紐分析表

5-6 製作樞紐分析圖

　　樞紐分析圖是樞紐分析表的概念延伸，可將樞紐分析表的分析結果以圖表方式呈現。與一般圖表無異，它具備資料數列、類別與圖表座標軸等物件，並提供互動式的欄位按鈕，可快速篩選並分析資料。

建立樞紐分析圖

STEP01 將游標移至樞紐分析表任一儲存格，按下「**樞紐分析表工具→分析→工具→樞紐分析圖**」按鈕，開啟「插入圖表」對話方塊，選擇要使用的圖表類型，選擇好後按下**確定**按鈕，在工作表中就會產生樞紐分析圖。

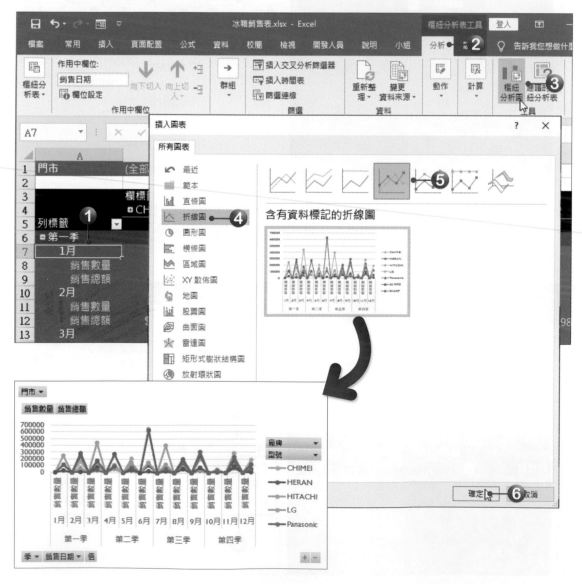

STEP 02 接著按下「樞紐分析圖工具→設計→位置→移動圖表」按鈕，開啟「移動圖表」對話方塊。

STEP 03 點選**新工作表**，並將工作表命名為「**樞紐分析圖**」，設定好後按下**確定**按鈕，即可將樞紐分析圖移至新的工作表中。

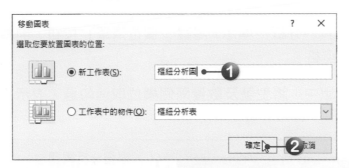

STEP 04 在「**樞紐分析圖工具→設計**」索引標籤中，可以設定變更圖表類型、設定圖表的版面配置、更換圖表的樣式等。

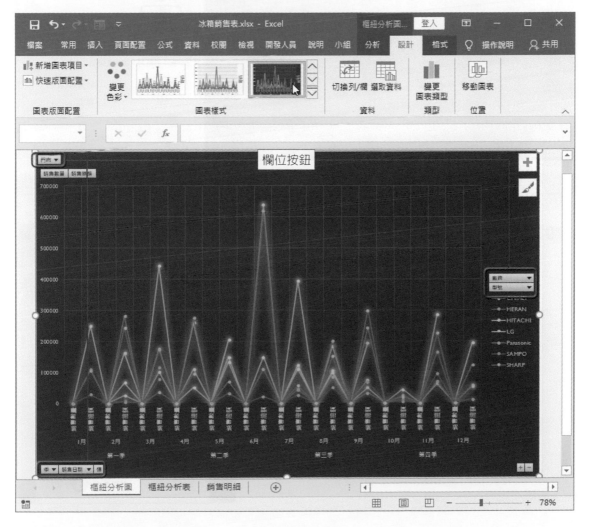

設定樞紐分析圖顯示資料

與樞紐分析表一樣,我們同樣可以在「欄位清單」中設定報表欄位,來決定樞紐分析圖想要顯示的資料內容。依照所選定的顯示條件,就可以看到樞紐分析圖的多樣變化喔!

STEP 01 按下「**樞紐分析圖工具→分析→顯示/隱藏→欄位清單**」按鈕,開啟「**樞紐分析圖欄位**」工作窗格。

STEP 02 在樞紐分析圖欄位清單中,將**型號**及**數量**兩個欄位取消勾選,表示不顯示該兩者的相關資訊。

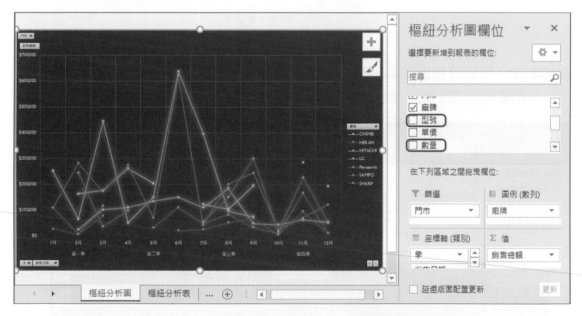

STEP 03 接著在樞紐分析圖中,按下「**廠牌**」欄位按鈕,勾選 CHIMEI、Panasonic 及 SHARP 三個廠牌,勾選好後按下**確定**按鈕。

STEP04 最後顯示的樞紐分析圖內容，會是CHIMEI、Panasonic及SHARP三個廠牌的年度銷售額分析圖表。

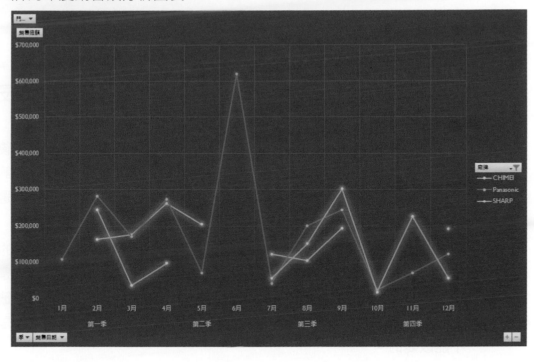

● 隱藏欄位按鈕

在圖表中顯示了各種欄位按鈕，若要隱藏這些欄位按鈕，可按下「**樞紐分析圖工具→分析→顯示/隱藏→欄位按鈕**」按鈕，在選單中點選**全部隱藏**，即可將圖表中的欄位按鈕全部隱藏；或是按下選單鈕，選擇要隱藏或顯示的欄位按鈕。

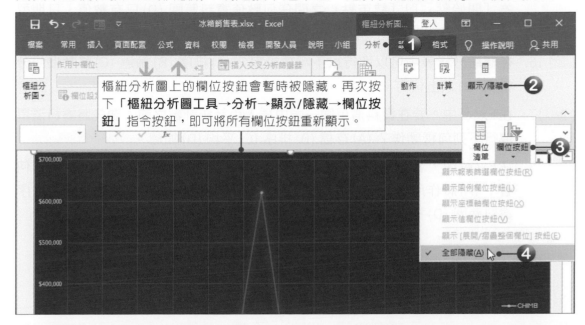

選擇題

( )1. 在 Excel 中輸入篩選準則時，以下哪個符號可以代表一串連續的文字？ (A)「*」(B)「?」(C)「/」(D)「+」。

( )2. 在 Excel 中，以下對篩選的敘述何者是對的？ (A)執行「篩選」功能後，除了留下來的資料，其餘資料都會被刪除 (B)利用欄位旁的▼按鈕做篩選，稱作「進階篩選」(C)要進行篩選動作時，可執行「資料→排序與篩選→篩選」功能 (D)設計篩選準則時，不需要任何標題。

( )3. 關於 Excel 的樞紐分析表，下列敘述何者正確？ (A)樞紐分析表上的欄位一旦拖曳確定，就不能再改變 (B)欄欄位與列欄位上的分類項目，是「標籤」；資料欄位上的數值，是「資料」(C)欄欄位和列欄位的分類標籤，交會所對應的數值資料，是放在分頁欄位 (D)樞紐分析圖上的欄位，是固定不能改變的。

( )4. 在 Excel 中，使用下列哪一個功能，可以將數值或日期欄位，按照一定的間距分類？ (A)分頁顯示 (B)小計 (C)排序 (D)群組。

( )5. 關於 Excel 的樞紐分析表中的「群組」功能設定，下列敘述何者不正確？ (A)文字資料的群組功能必須自行選擇與設定 (B)日期資料的群組間距值，可依年、季、月、天、小時、分、秒 (C)數值資料的群組間距值，可為「開始點」與「結束點」之間任何數值資料範圍 (D)只有數值、日期型態資料才能執行群組功能。

( )6. 在樞紐分析表中可以進行以下哪項設定？ (A)排序 (B)篩選 (C)移動樞紐分析表 (D)以上皆可。

( )7. 在 Excel 中，要在資料清單同一類中插入小計統計數之前，要先將資料清單進行下列何種動作？ (A)存檔 (B)排序 (C)平均 (D)加總。

( )8. 在 Excel 中，若排序範圍僅需部分儲存格，則排序前的操作動作為下列何者？ (A)將作用儲存格移入所需範圍 (B)移至空白儲存格 (C)選取所需排序資料範圍 (D)排序時會自動處理，不須有前置操作動作。

☆實作題

1. 開啟「範例檔案→Excel→Example05→手機銷售量.xlsx」檔案，進行以下設定。

　▶ 在新的工作表中建立樞紐分析表。

　▶ 樞紐分析表的版面配置如右圖所示。

　▶ 將「交易日期」欄位設定「季」、「月」為群組。

　▶ 在「類別」和「廠牌」欄位中，篩選出符合全配、HTC廠牌的資料。

　▶ 將樞紐分析表套用任選一個樣式。

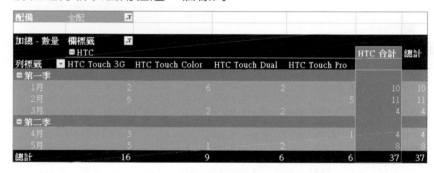

　▶ 在新工作表中建立一個「立體百分比堆疊直條圖」，工作表名稱命名為「樞紐分析圖」。

　▶ 設定樞紐分析圖只顯示「第一季」中，「HTC」及「Apple」兩家廠牌的資料。

　▶ 將樞紐分析圖套用任選一個圖表樣式。

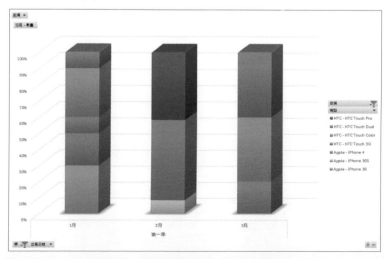

2. 開啟「範例檔案→Excel→Example05→水果行情表.xlsx」檔案,進行以下設定。

▶ 將水果的行情資料做成樞紐分析表,觀察每種水果一週的平均上價價格。

▶ 樞紐分析表的版面配置如右圖所示。

▶ 將「上價」資料欄位的計算方式設定為「平均值」,資料格式設定為「數值,小數位數2位」。

▶ 修改樞紐分析表的選項:不要顯示列總計、沒有資料的欄位顯示「無資料」文字。

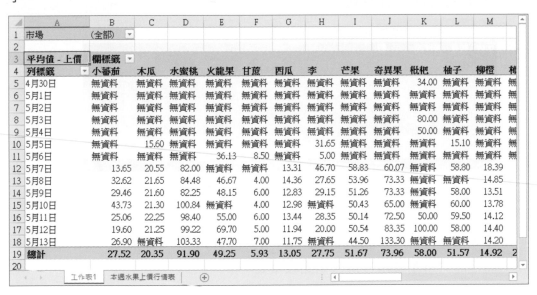

市場	(全部)											
平均值 - 上價	欄標籤											
列標籤	小番茄	木瓜	水蜜桃	火龍果	甘蔗	西瓜	李	芒果	奇異果	枇杷	柚子	柳橙
4月30日	無資料	無資料	無資料	無資料	無資料	無資料	無資料	無資料	無資料	34.00	無資料	無資料
5月1日	無資料	無資料	無資料	無資料	無資料	無資料	無資料	無資料	無資料	無資料	無資料	無資料
5月2日	無資料	無資料	無資料	無資料	無資料	無資料	無資料	無資料	無資料	無資料	無資料	無資料
5月3日	無資料	無資料	無資料	無資料	無資料	無資料	無資料	無資料	無資料	80.00	無資料	無資料
5月4日	無資料	無資料	無資料	無資料	無資料	無資料	無資料	無資料	無資料	50.00	無資料	無資料
5月5日	無資料	15.60	無資料	無資料	無資料	無資料	31.65	無資料	無資料	無資料	15.10	無資料
5月6日	無資料	無資料	無資料	36.13	8.50	無資料	5.00	無資料	無資料	無資料	無資料	無資料
5月7日	13.65	20.55	82.00	無資料	無資料	13.31	46.70	58.83	60.07	無資料	58.80	18.39
5月8日	32.62	21.65	84.48	46.67	4.00	14.36	27.65	53.96	73.33	無資料	無資料	14.85
5月9日	29.46	21.60	82.25	48.15	6.00	12.83	29.15	51.26	73.33	無資料	58.00	13.51
5月10日	43.73	21.30	100.84	無資料	4.00	12.98	無資料	50.43	65.00	無資料	60.00	13.78
5月11日	25.06	22.25	98.40	55.00	6.00	13.44	28.35	50.14	72.50	50.00	59.50	14.12
5月12日	19.60	21.25	99.22	69.70	5.00	11.94	20.00	50.54	83.35	100.00	58.00	14.40
5月13日	26.90	無資料	103.33	47.70	7.00	11.75	無資料	44.50	133.30	無資料	無資料	14.20
總計	27.52	20.35	91.90	49.25	5.93	13.05	27.75	51.67	73.96	58.00	51.57	14.92

工作表1　本週水果上價行情表

PowerPoint
2019

健康飲食指南

PowerPoint 基本編輯技巧

01

學習目標

從佈景主題建立簡報/
從 Word 文件建立投影片/
使用大綱窗格調整簡報內容/
投影片版面配置/使用母片/
加入頁首及頁尾/清單階層/
項目符號及編號/投影片切換/
簡報播放及儲存

✪ 範例檔案

PowerPoint → Example01 → 健康飲食指南 .docx

✪ 結果檔案

PowerPoint → Example01 → 健康飲食指南 .pptx

　　製作簡報的目的，是希望透過簡報讓其他人從中了解作者所要闡述的想法，而最重要的是如何將簡報的重點呈現出來，讓聽眾能快速掌握簡報的內容。

　　在第一個範例中，將學習如何快速建立一份簡報；如何從 Word 中插入大綱文件，製作成投影片；如何使用母片統一簡報風格；如何將簡報儲存成播放檔，並在檔案中嵌入字型。

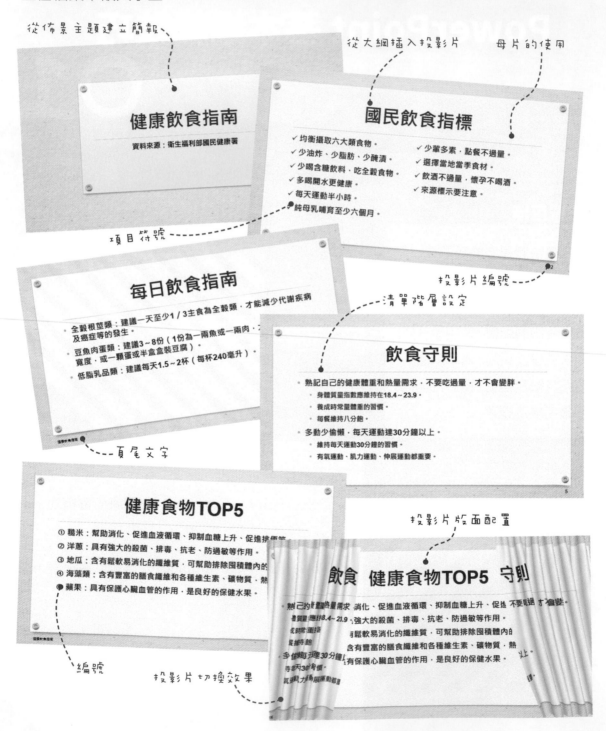

🔍 1-1 從佈景主題建立簡報

PowerPoint提供已經設計好背景、字型、色彩、版面等樣式的佈景主題範本，讓我們直接建立一份新的簡報。

啟動PowerPoint

安裝好Office應用軟體後，先按下「**開始**」鈕，接著在程式選單中，點選「**PowerPoint**」，即可啟動PowerPoint。

啟動PowerPoint時，會先進入開始畫面中，在畫面下方會顯示 **最近** 曾開啟的檔案，直接點選即可開啟該檔案；按下左側的 **開啟** 選項，即可選擇其他要開啟的PowerPoint簡報。點選**空白簡報**，則會開啟一份新的空白簡報，讓我們自行設計簡報版面。

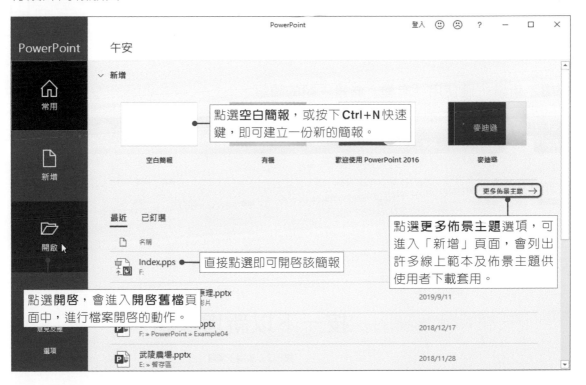

從佈景主題建立簡報

在開始畫面中，點選**更多佈景主題**選項，於office提供的佈景主題中選擇想要使用的主題(本範例請選擇**有機**)，再繼續後續的簡報編輯工作。

STEP01 開啟 PowerPoint 操作視窗，點選要使用的佈景主題，便可進行預覽，預覽時還可以選擇不同的變化方式，來建立一份新的簡報。

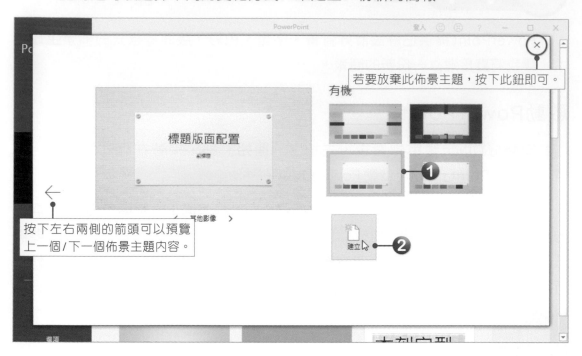

STEP02 新增一個使用「有機」佈景主題的簡報。

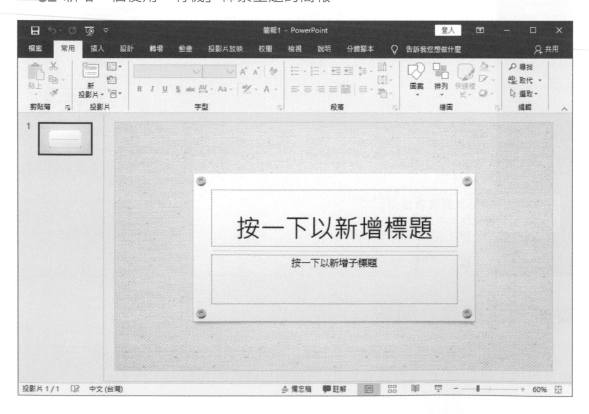

在標題投影片中輸入文字

開啟一份新簡報時，PowerPoint 會自動新增第 1 張投影片，並套用「標題投影片」的版面配置，此時只要依據指示，即可進行標題文字的輸入。

STEP01 在「**按一下以新增標題**」配置區中，按下**滑鼠左鍵**，將插入點移至配置區內，即可輸入「**健康飲食指南**」標題文字。

STEP02 接著在「**按一下以新增副標題**」配置區中，輸入副標題文字。

投影片大小

在 PowerPoint 中建立新簡報時，預設的投影片大小為寬螢幕 (16:9)。除此之外，也提供 4:3、16:10、A4、A3、B4、B5……等各種尺寸，讓使用者能依據需求選擇要使用的大小。因為簡報的最終目的就是要在電腦上或是投影布幕上播放，所以一般在製作簡報時，會選擇「如螢幕大小」的尺寸，而不會選擇 A4、A3、B5 等紙張尺寸。

要更換投影片大小時，按下「設計→自訂→投影片大小」按鈕，就可以選擇要更換的大小。

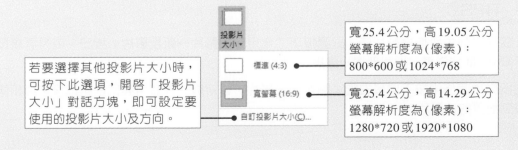

1-2 從Word文件建立投影片

Office系列軟體有個好處，就是各軟體間的相容性高，常可互相支援。例如：想要將一份報告內容製作成簡報，除了透過複製與貼上的反覆作業之外，還有一個更聰明的方法：可以直接將 Word 的大綱插入至 PowerPoint 簡報中。

在匯入 Word 文件時，文件中套用「標題1」樣式的段落內容，會轉換為投影片項目內容的第一個階層；而套用「標題2」樣式的段落內容，則會轉換為第二個階層，依此類推……。這裡要將 Word 文件內的大綱文字插入於簡報中，而該文件內的段落文字已經完成「標題1」及「標題2」的樣式設定。

STEP 01 按下「**常用→投影片→新投影片**」選單鈕，於選單中點選**從大綱插入投影片**。

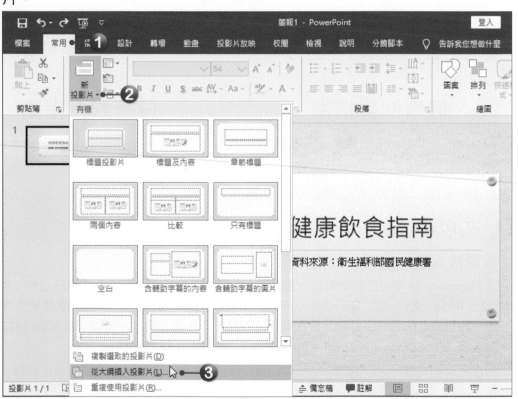

TIPS

若要在簡報中新增投影片時，只要按下「**常用→投影片→新投影片**」按鈕，或是直接按下 **Ctrl＋M** 快速鍵，即可新增一張投影片。

在投影片窗格中按下滑鼠右鍵，點選**新投影片**，會新增一張套用與目前選取投影片相同版面配置的投影片。

STEP02 開啟「插入大綱」對話方塊，選擇「**健康飲食指南.docx**」檔案，選擇好後按下插入按鈕。

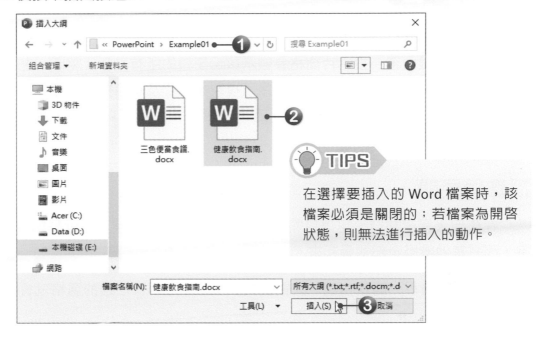

在選擇要插入的 Word 檔案時，該檔案必須是關閉的；若檔案為開啟狀態，則無法進行插入的動作。

STEP03 Word文件內的大綱文字就會插入於簡報中。套用**標題1**樣式的段落文字會出現在**標題配置區**；套用**標題2**樣式的段落文字則會出現在**物件配置區**。

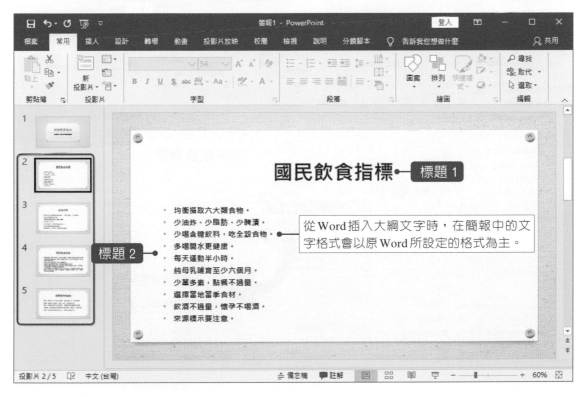

從Word插入大綱文字時，在簡報中的文字格式會以原Word所設定的格式為主。

🔍 1-3 使用大綱窗格調整簡報內容

在 PowerPoint 操作視窗左邊的窗格中,可以選擇要以「投影片」或是「大綱」來顯示簡報內容。投影片窗格會顯示該份簡報的所有投影片縮圖,在投影片窗格中,還可以調整投影片的排列順序、複製投影片及刪除投影片等。大綱窗格則會將投影片內容以大綱模式呈現,在大綱窗格中,也可以調整文字的排列順序、複製文字及刪除文字等。

摺疊與展開

在使用大綱窗格時,可以只顯示各張投影片的標題文字,也就是**階層1**的文字,而將其他階層全部摺疊起來。

STEP01 按下「**檢視→簡報檢視→大綱模式**」按鈕,在視窗左邊的窗格就會顯示大綱內容。

STEP02 在窗格中按下**滑鼠右鍵**,於選單中點選「**摺疊→全部摺疊**」,即可將階層1以下的段落文字全部摺疊起來。

STEP03 若要展開某張投影片的階層時，只要在大綱窗格的標題投影片上**雙擊滑鼠左鍵**，即可展開該張投影片階層1以下的階層。

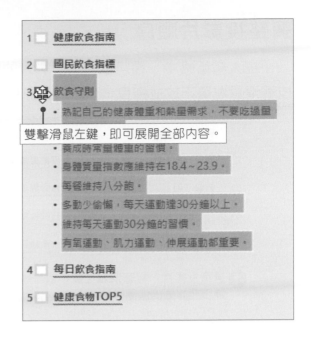

雙擊滑鼠左鍵，即可展開全部內容。

TIPS

大綱模式快速鍵

◎ 展開內容：**Alt+Shift++**
◎ 摺疊內容：**Alt+Shift+-**
◎ 若在大綱窗格中只想顯示階層1的內容時，可以直接按下 **Alt+Shift+1** 快速鍵。

編輯大綱內容

在編輯投影片內容時，也可以直接在大綱窗格中進行，在窗格中可以調整文字的階層、移動文字的排列順序、新增文字等。

STEP01 將滑鼠游標移至或選取要調整順序的段落文字，按下**滑鼠右鍵**，於選單中點選**上移**。

STEP02 點選後，被選取的段落文字就會上移。

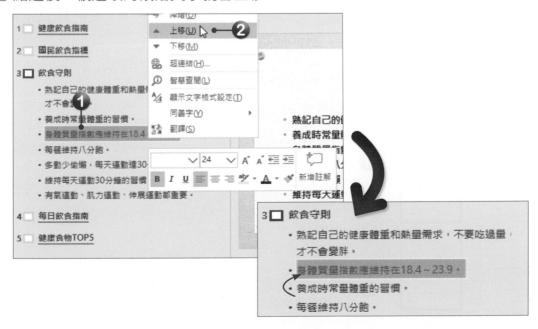

調整投影片順序

在大綱窗格中，還可以調整投影片的排列順序。只要選取要調整的投影片，按著**滑鼠左鍵**不放並拖曳，即可將投影片調整至想要的位置。

❶ 選取投影片，按著**滑鼠左鍵**不放並將投影片拖曳至想要的位置。

❷ 位置確定後，放掉**滑鼠左鍵**即可完成位置的調整。

Q 1-4 投影片的版面配置

所謂的「版面配置」是指PowerPoint事先規劃好投影片要呈現的方式，並在簡報中預設了要放置的文字位置、圖表位置、圖片位置等，只要點選這些預設的版面配置區，即可進行圖片的插入、文字的輸入等動作。

更換版面配置

PowerPoint提供了許多不同的版面配置，在此範例中，要將第2張～第5張投影片更換為「標題及內容」版面配置。

STEP01 在窗格中選取第2張～第5張投影片。

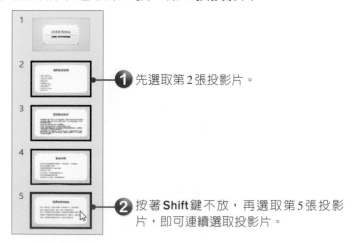

❶ 先選取第2張投影片。

❷ 按著**Shift**鍵不放，再選取第5張投影片，即可連續選取投影片。

STEP02 按下「常用→投影片→ 版面配置」按鈕，於選單中點選標題及內容，
被選取的投影片就會套用**標題**及**內容**版面配置。

重設投影片

　　從 Word 插入大綱文字時，在簡報中的文字格式會以原 Word 所設定的格式
為主，所以這裡要將投影片進行重設的動作，這樣投影片內的文字格式就會重設
成預設值。

　　選取第 2 張～第 5 張投影片，按下「**常用→投影片→ 重設**」按鈕，投影片
的文字格式及版面配置方式就會回到預設狀態。

當投影片的版面配置區的格式、位置、大小經過修改後，若想要將
投影片的版面配置區回到最初的預設值，可以按下**重設**按鈕。

調整版面配置

在調整配置區時，配置區內的文字大小也會隨著調整。若調整的尺寸小於配置區內的文字時，PowerPoint會自動將文字縮小以配合新的配置區，而在配置區左下角就會出現 ÷ **自動調整選項**按鈕，可以選擇如何處理配置區內的文字。

在範例中的第2張及第3張投影片因為內容過多，所以PowerPoint自動將文字縮小了，但這樣並不是很美觀，所以要來調整版面配置區。

STEP01 進入第2張投影片，將插入點移至配置區內，左下角就會出現 ÷ **自動調整選項**按鈕，按下 ÷ 按鈕，於選單中點選**停止調整文字到版面配置區**。

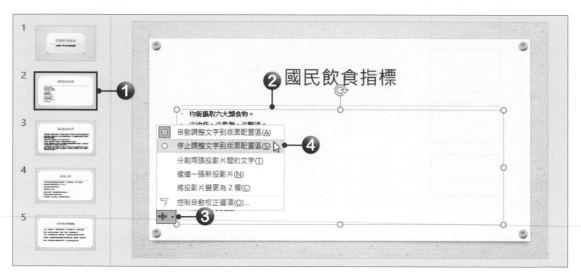

STEP02 點選後，配置區內的文字就會還原回預設的大小，接著再按下 ÷ 按鈕，於選單中點選**將投影片變更為2欄**，配置區內的文字就會以2欄呈現。

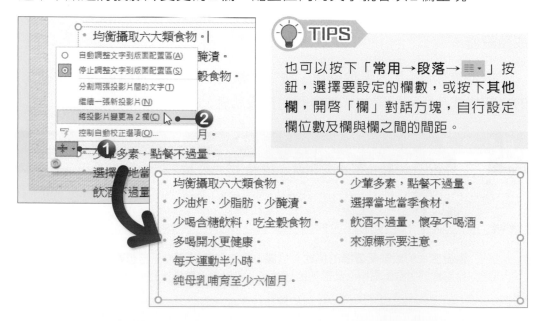

TIPS

也可以按下「**常用→段落→ ≡・**」按鈕，選擇要設定的欄數，或按下**其他欄**，開啟「欄」對話方塊，自行設定欄位數及欄與欄之間的間距。

STEP03 進入第3張投影片，將插入點移至配置區內，按下 ⊞ **自動調整選項**按鈕，於選單中點選**停止調整文字到版面配置區**。再按下 ⊞ 按鈕，於選單中點選**分割兩張投影片間的文字**。

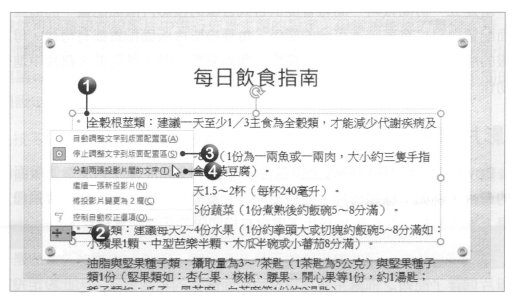

EX **1**

TIPS

◉ **分割兩張投影片間的文字**：會將原有的內容自動分割成兩張投影片。

◉ **繼續一張新投影片**：會自動新增一張新的投影片。

◉ **將投影片變更為 2 欄**：會將投影片的配置區設定為 2 欄，段落文字就會以 2 欄方式呈現。

◉ **控制自動校正選項**：會開啟「自動校正」對話方塊，可以設定在輸入文字時，是否要設定為自動調整版面配置區等。

STEP04 點選後，就會新增一張投影片，而該投影片的標題文字會與上一張一樣，並將配置區內多餘的段落移至新投影片中的物件配置區內。

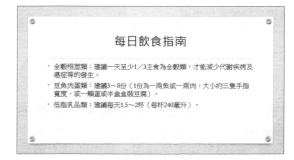

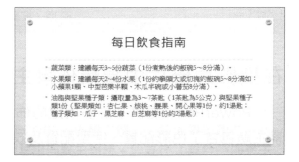

調整配置區物件位置

在投影片中的配置區物件都可以自行調整大小及位置，在此範例中要調整標題及內容母片的配置區物件位置。

STEP 01 進入**標題及內容**母片中，選取**標題配置區**，將滑鼠游標移至下方中間控制點，按著**滑鼠左鍵**不放往上拖曳，將該配置區縮小。

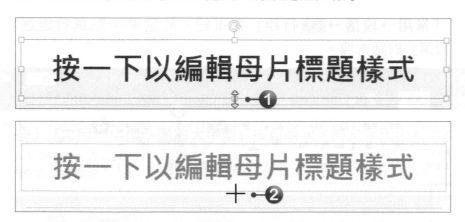

STEP 02 選取**直線物件**，按著**滑鼠左鍵**不放往上拖曳，將線條物件往上移。

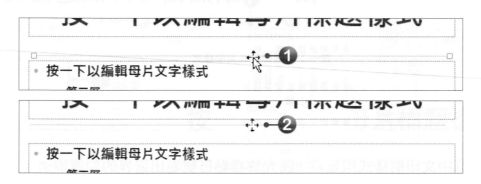

STEP 03 選取**文字配置區**，按著**滑鼠左鍵**不放往上拖曳，將文字配置區也往上移。

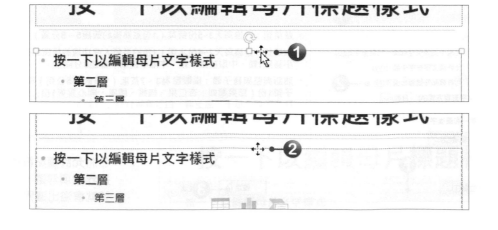

加入頁尾及投影片編號

進入投影片母片時，可看到日期、頁尾、投影片編號等配置區，這是母片預設的，這些配置區的內容，若未經過設定，是不會顯示於投影片中的。若要顯示，則必須經過設定，要設定時可以在投影片母片模式或標準模式下進行。

STEP01 按下「**插入→文字→頁首及頁尾**」按鈕，開啟「頁首及頁尾」對話方塊。

STEP02 將**投影片編號、頁尾**及**標題投影片中不顯示**選項皆勾選，勾選好後再於**頁尾**欄位中輸入要呈現的文字，輸入好後按下**全部套用**按鈕。

> **TIPS**
>
> 在「**插入→文字**」群組中按下 📅 **日期及時間**、🔢 **插入投影片編號**按鈕，皆可開啟「頁首及頁尾」對話方塊。

STEP03 頁首頁尾設定好後，再將**頁尾**及**投影片編號**文字方塊搬移至投影片的左下角及右下角，並將投影片編號的文字大小設定為14級。

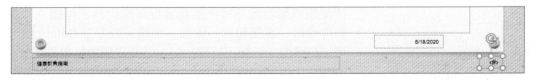

刪除不用的版面配置母片

在投影片母片中，可以直接將不會使用到的版面配置母片，從母片組中刪除，這樣在編輯母片時，也不致於眼花撩亂。於投影片母片中被刪除的母片，在「**常用→投影片→版面配置**」選單中的版面配置也會跟著被刪除。

在刪除前，可以先將滑鼠游標移至版面配置母片上，看看該張版面配置母片是否有被套用於投影片中，若已被套用則無法單獨刪除。

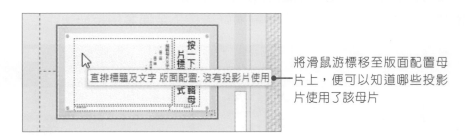

將滑鼠游標移至版面配置母片上，便可以知道哪些投影片使用了該母片

要刪除母片時，先選取該母片，再按下「**投影片母片→編輯母片→刪除**」按鈕，或按下 Delete 鍵，即可將被選取的母片刪除。

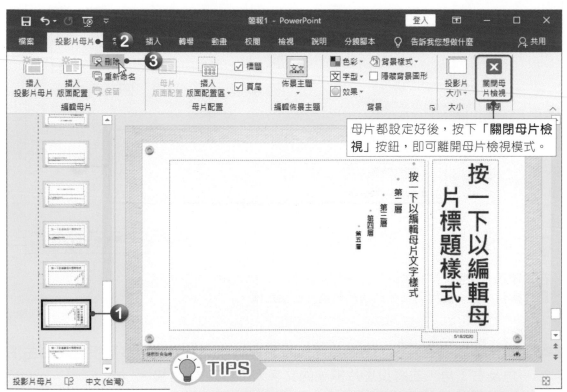

母片都設定好後，按下「**關閉母片檢視**」按鈕，即可離開母片檢視模式。

> 💡 **TIPS**
>
> 若要刪除整組母片時，先點選投影片母片，再按下「**投影片母片→編輯母片→刪除**」按鈕，或按下 **Delete** 鍵即可，若簡報中只有 1 組母片時，便無法刪除整組母片。

🔍 1-6 清單階層、項目符號及編號

在「標題及內容」版面配置的預設下，當在物件配置區中輸入文字時，文字都會以條列式方式呈現，而在製作簡報時，所輸入的內容大都也以條列式為主，因為這樣的呈現方式可以讓簡報內容架構更清楚。

清單階層的設定

在物件配置區中輸入文字後，按下Enter鍵，就會產生一個新的段落，若要調整該段落階層時，可按下Tab鍵再輸入文字，此時該段落就會屬於第2個階層，且字級會比上一階層的段落文字來得小。

若段落文字皆已輸入完成，也可以使用「**常用→段落**」群組中的 ⯑ **增加清單階層**及 ⯑ **減少清單階層**按鈕來調整段落階層。

STEP01 進入第5張投影片中，將滑鼠游標移至第2個段落上的項目符號上，按下**滑鼠左鍵**，選取該段落，接著先按著**Ctrl**鍵不放，再去選取第2~4個及第6~7個段落。

- 熟記自己的健康體重和熱量需求，不要吃過量，才不會變胖。
- 身體質量指數應維持在18.4～23.9。 **1**
- 養成時常量體重的習慣。
- 每餐維持八分飽。
- 多動少偷懶，每天運動達30分鐘以上。
- 維持每天運動30分鐘的習慣。
- 有氧運動、肌力運動、伸展運動都重要。 **2**

STEP02 段落選取好後，按下「**常用→段落→ ⯑ 增加清單階層**」按鈕，即可將段落調整至下一個階層。

- 熟記自己的健康體重和熱量需求，不要吃過量，才不會變胖。
  - 身體質量指數應維持在18.4～23.9。
  - 養成時常量體重的習慣。
  - 每餐維持八分飽。
- 多動少偷懶，每天運動達30分鐘以上。
  - 維持每天運動30分鐘的習慣。
  - 有氧運動、肌力運動、伸展運動都重要。

💡 **TIPS**

使用快速鍵來調整段落階層

將插入點移至段落文字最前面（按下鍵盤上的 Home 鍵，可將插入點移至該段落的最前面），此時按下 Tab 鍵可降低階層；按下 Shift＋Tab 鍵可提升層級。

項目符號的使用

當投影片套用版面設定時，在預設下，文字都會先套用項目符號，而這項目符號是可以修改的。

STEP01 進入第2張投影片，選取配置區，按下「**常用→段落→ ≡ ▾ 項目符號**」選單鈕，於選單中點選**項目符號及編號**。

STEP02 開啟「項目符號及編號」對話方塊，選擇要使用的項目符號，並設定大小及色彩，設定好後按下**確定**按鈕，即可變更項目符號的樣式。

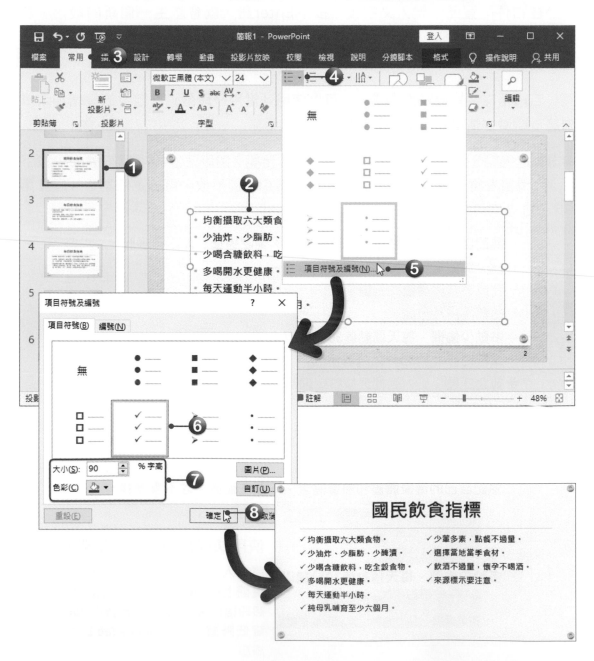

編號的使用

條列式文字除了使用項目符號外，還可以使用編號來呈現。

STEP 01 進入第6張投影片，選取配置區，按下「**常用→段落→ 編號**」選單鈕，於選單中點選**項目符號及編號**。

STEP 02 開啟「項目符號及編號」對話方塊，選擇要使用的編號樣式，並設定大小及色彩，設定好後按下**確定**按鈕，即可將條列式文字加上編號。

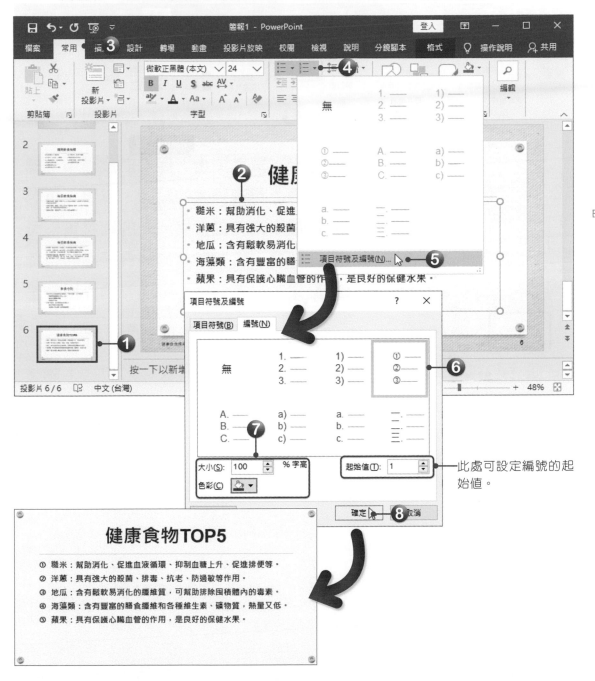

此處可設定編號的起始值。

STEP03 將項目符號更改為「編號」後，若發現編號與文字的距離有點遠，這是因為「縮排」的關係，所以這裡要來修改一下「縮排」的距離。將「**檢視→顯示**」群組中的**尺規**選項勾選，即可在投影片編輯區中開啟「水平尺規及垂直尺規」。

STEP04 選取配置區內的所有段落文字，再將滑鼠游標移至**左邊縮排鈕**上，並按著**滑鼠左鍵**不放，將縮排鈕往**左**拖曳，即可縮小編號及文字之間的距離。

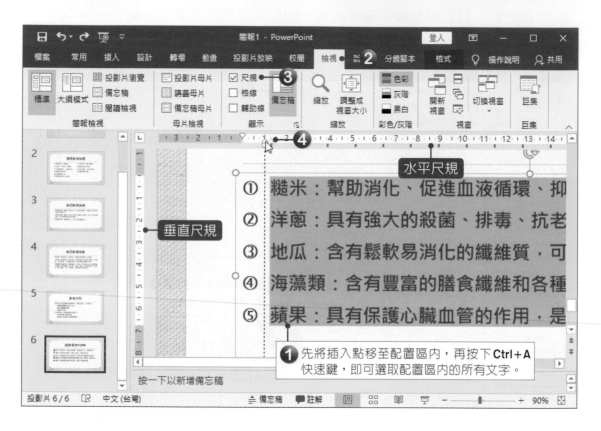

Q 1-7 幫投影片加上換頁特效

在投影片與投影片轉換的過程中加上切換效果,可以讓簡報在播放時更為生動活潑。PowerPoint提供了許多投影片的切換效果,可以套用於投影片中,還可以設定切換音效、時間、切換方式等。

STEP01 進入第1張投影片,按下「**轉場→切換到此投影片→▽**」按鈕,於選單中選擇要使用的切換效果。

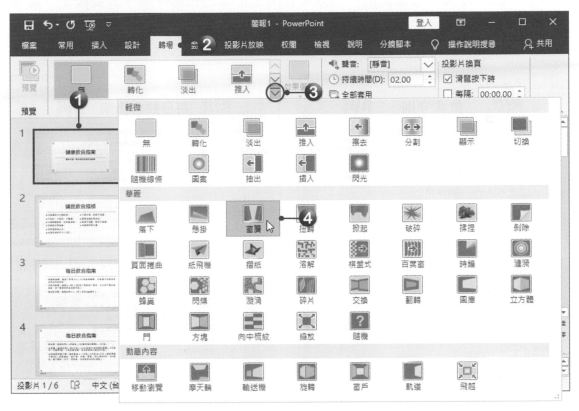

STEP02 點選要套用的切換效果後,投影片就會即時播放此切換效果。

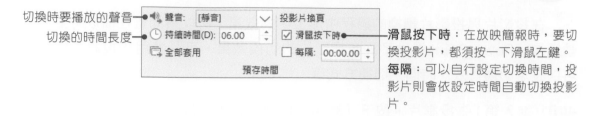

STEP03 選擇好要使用的效果後，進入「**轉場→預存時間**」群組，即可進行聲音、速度、投影片換頁方式等設定。

切換時要播放的聲音 ——○ 聲音: ［靜音］

切換的時間長度 ——○ 持續時間(D): 06.00

投影片換頁
☑ 滑鼠按下時 ●

□ 每隔: 00:00.00

全部套用

預存時間

滑鼠按下時：在放映簡報時，要切換投影片，都須按一下滑鼠左鍵。

每隔：可以自行設定切換時間，投影片則會依設定時間自動切換投影片。

STEP04 都設定好後，若要將同一個效果套用至全部的投影片時，只要按下「**轉場→預存時間→全部套用**」按鈕即可。這裡要注意的是，若設定好後又修改設定時，須再按下**全部套用**按鈕，才會套用修改後的設定。

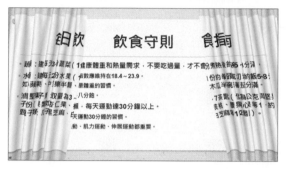

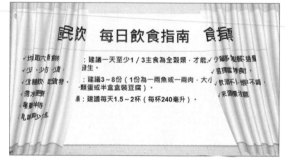

💡 **TIPS**

播放動畫效果

在投影片中進行動畫效果、動作按鈕、切換效果等設定後，在標準模式下的投影片窗格或投影片瀏覽模式中就會看到 ＊ 符號，此符號代表該張投影片有設定動畫效果。若想要預覽動畫效果，可以在 ＊ 圖示上按一下滑鼠左鍵，即可播放該投影片所設定的所有動畫效果。

🔍 1-8 播放及儲存簡報

在閱讀檢視下預覽簡報

要預覽簡報內容時，可以進入**閱讀檢視**模式中，將整張投影片顯示成視窗大小，預覽簡報的設計結果或是動畫效果。按下**檢視工具列**上的 📖 **閱讀模式**按鈕，或按下「**檢視→簡報檢視→閱讀檢視**」按鈕，即可進入閱讀檢視模式。

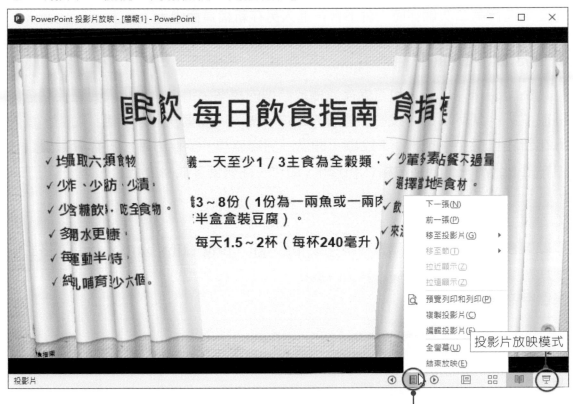

按下**功能表**按鈕，可開啟功能表，選擇要執行的動作

播放投影片

要實際播放投影片時，可以切換至 🖵 **投影片放映**模式，即可進入全螢幕中播放投影片，它的播放順序會從目前所在位置的投影片開始進行播放。而按下**快速存取工具列**上的 🖵 工具鈕，或按下 **F5** 快速鍵，也會進行投影片放映的動作，但放映的順序會從第 1 張投影片開始。

簡報的儲存

在PowerPoint中可以將簡報儲存成不同的檔案格式，分別介紹如下：

● 簡報檔—pptx

簡報預設會儲存為PowerPoint簡報(*.pptx)格式。要進行儲存動作時，可以按下**快速存取工具列**上的 日 **儲存檔案**按鈕，或是按下「**檔案→儲存檔案**」功能，也可以使用Ctrl+S快速鍵，進入**另存新檔**頁面中，進行儲存的設定。而同樣的檔案進行第二次儲存時，就不會再進入**另存新檔**頁面中。

● 播放檔—ppsx

簡報製作完成後，也可儲存成播放類型的檔案，這樣一來，只要直接點選該播放檔案，就可以進行投影片播放的動作。按下「**檔案→另存新檔**」功能，進入**另存新檔**頁面中；或按下F12鍵，開啟「另存新檔」對話方塊，於**存檔類型**選單中點選PowerPoint播放檔(*.ppsx)，即可將簡報儲存成播放格式。

● 圖片格式

製作好的簡報也可以直接轉存成jpg、gif、png、tif、bmp、wmf等格式的圖片，只要在「另存新檔」對話方塊中，按下**存檔類型**選單鈕，即可選擇要將簡報儲存為哪種圖片格式。

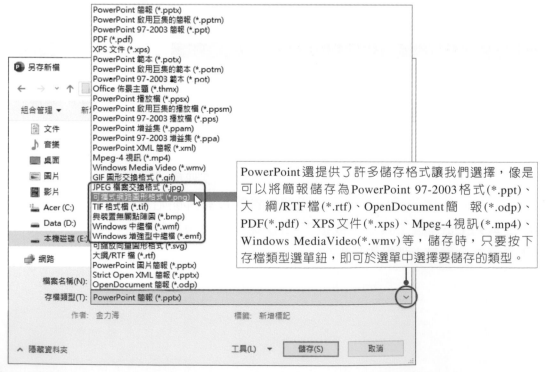

PowerPoint還提供了許多儲存格式讓我們選擇，像是可以將簡報儲存為PowerPoint 97-2003格式(*.ppt)、大綱/RTF檔(*.rtf)、OpenDocument簡報(*.odp)、PDF(*.pdf)、XPS文件(*.xps)、Mpeg-4視訊(*.mp4)、Windows MediaVideo(*.wmv)等，儲存時，只要按下存檔類型選單鈕，即可於選單中選擇要儲存的類型。

將字型內嵌於簡報中

在儲存簡報時，建議最好將簡報內所使用到的字型內嵌到檔案中，這樣一來，簡報在別台電腦使用或播放時，就不用擔心沒有字型的問題。

進行簡報儲存時，可以在「另存新檔」對話方塊中，按下**工具**選單鈕，點選**儲存選項**，開啟「PowerPoint選項」視窗，將**在檔案內嵌字型**選項勾選，再點選只內嵌簡報中所使用的字元(有利於降低檔案大小)，按下**確定**按鈕，回到「另存新檔」對話方塊，再按下**儲存**按鈕，即可將字型內嵌於簡報中。

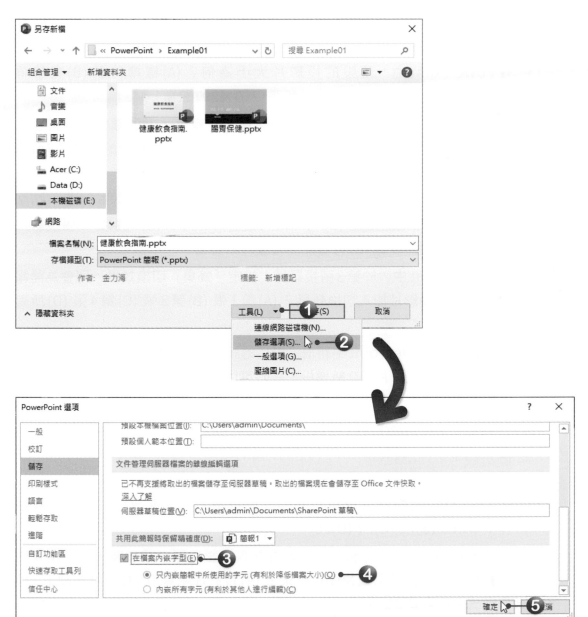

✪ 選擇題

(　)1. 在PowerPoint中,下列哪一種情況,最適合使用投影片母片來編輯? (A)在多張投影片上輸入相同資訊 (B)包含大量投影片的簡報 (C)需要經常修改的投影片 (D)需要調整版面配置的投影片。

(　)2. 在PowerPoint中,母片預設的版面配置包含了? (A)標題 (B)日期 (C)頁碼 (D)以上皆是。

(　)3. 在PowerPoint中,預設的投影片大小為何? (A)標準(4:3) (B)寬螢幕(16:9) (C)寬螢幕(16:10) (D)A4紙張(210×297公釐)。

(　)4. 小星製作了一份節能減碳愛地球的簡報,他覺得簡報的樣式設定有些單調,請問他可以利用下列哪一個功能,來快速改變投影片的外觀? (A)佈景主題 (B)加入圖片 (C)加入圖表 (D)版面配置。

(　)5. 在PowerPoint中,修改及使用投影片母片的主要優點為下列哪一項? (A)可提高簡報播放效能 (B)可降低簡報檔案的大小 (C)可對每一張投影片進行通用樣式的變更 (D)可增加簡報設計的變化。

(　)6. 在PowerPoint中,於第3張投影片,設定「蜂巢」切換效果,則會為簡報中的哪一張投影片加入切換效果? (A)第1張 (B)第3張 (C)第4張 (D)所有的投影片。

(　)7. 下列有關在PowerPoint中新增投影片的說明,何者有誤? (A)按下Ctrl+M快速鍵可新增投影片 (B)新增投影片時可以選擇要使用的版面配置 (C)新增投影片時從大綱插入投影片 (D)在簡報中無法新增二張「標題投影片」。

(　)8. 下列何者非PowerPoint可以儲存的檔案類型? (A)PowerPoint 97-2003簡報(.ppt) (B)網頁(.html) (C)可攜式網路圖形格式(.png) (D)大綱/RTF檔(.rtf)。

(　)9. 在PowerPoint中按下鍵盤上的哪一個按鍵,可以進行投影片的播放動作? (A)F5 (B)F6 (C)F7 (D)F8。

(　)10.在PowerPoint中,哪個模式下會將整張投影片顯示成視窗大小,讓我們預覽簡報的設計結果或是動畫效果? (A)投影片瀏覽 (B)投影片放映 (C)標準模式 (D)閱讀檢視。

✪實作題

1. 建立一份以「框架」為佈景主題的簡報,並進行以下設定。

   ▶ 在標題投影片中輸入「三色便當食譜」標題文字;「資料來源:行政院農業委員會」副標題文字。

   ▶ 將「三色便當食譜.docx」文件內的大綱文字插入於簡報中,並套用「標題及內容」版面配置。

   ▶ 將佈景主題色彩更換為「紅橙色」;字型組合更改為「Arial, 微軟正黑體, 微軟正黑體」。

   ▶ 將簡報內標題文字的字型大小皆設定為40級、粗體。

   ▶ 將階層1段落文字字型大小設定為28級、粗體;行距設定為1.5倍行高。

   ▶ 加入「三色便當食譜」頁尾文字及投影片編號,並將編號字型大小設定為20級,第1張投影片不套用。

   ▶ 將項目符號更改為「✓」,字高設定為90%。

   ▶ 將第3張投影片內的條列式文字改以「一.」編號呈現。

   ▶ 將第4張投影片內的文字以2欄方式呈現。

   ▶ 將簡報儲存為pptx格式。

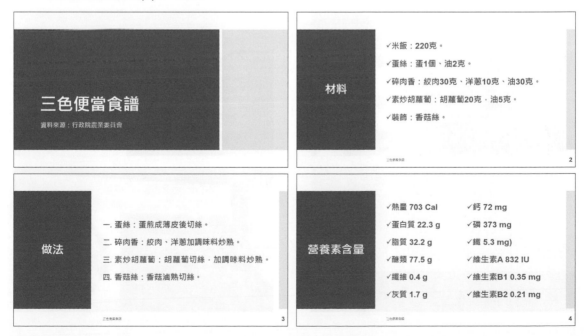

2. 開啟「範例檔案→PowerPoint→Example01→腸胃保健.pptx」檔案，進行以下的設定。

   ▶ 將簡報中的「新細明體」替換成「微軟正黑體」。

   ▶ 將第1張投影片的標題文字字型大小設定為「60、粗體」。

   ▶ 將第3張投影片移至第4張之後。

   ▶ 將「從善如流的消化之道」投影片中的項目符號，更改為「①」編號，編號大小為「100%」。

   ▶ 在最後加入1張「章節標題」投影片，並加入「為您好大藥廠‧關心您」標題文字、「謝謝」副標題文字，文字格式自行設定。

   ▶ 將投影片切換方式設定為「圖庫」效果，按滑鼠換頁。

旅遊宣傳簡報

PowerPoint 動畫及轉場效果

02

學習目標

圖案的使用與樣式設定 /
加入音訊及視訊 / 加入網路視訊 /
SmartArt 圖形的使用 /
擷取螢幕畫面 /
幫物件加上動畫效果 /
超連結的設定

☆ 範例檔案

PowerPoint → Example02 → 旅行臺灣 .pptx
PowerPoint → Example02 → Snack Time.mp3
PowerPoint → Example02 → 豐年祭 .mov

☆ 結果檔案

PowerPoint → Example02 → 旅行臺灣 -OK.pptx

STEP**02** 按下「繪圖工具→格式→圖案樣式→圖案效果→陰影」按鈕，於選單中點選要使用的陰影。

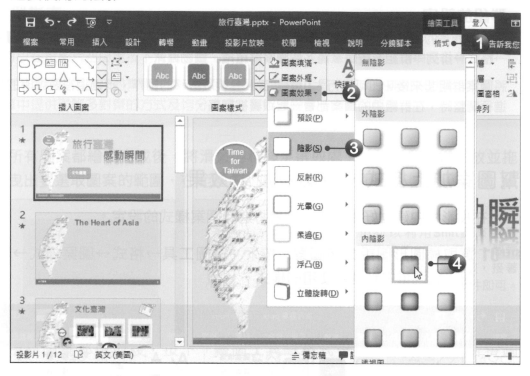

STEP**03** 接著選取牌子圖案，進入「繪圖工具→格式→圖案樣式→☑」按鈕，於選單中點選要使用的樣式。

STEP 04 第1個牌子樣式設定完成後，請複製出3個相同圖案，再分別將圖案更換為不同的樣式，並一一更改圖案內的文字。

STEP 05 接著選取4個牌子圖案，按下「**繪圖工具→格式→圖案樣式→圖案效果→反射**」，於選單中點選要使用的反射效果。

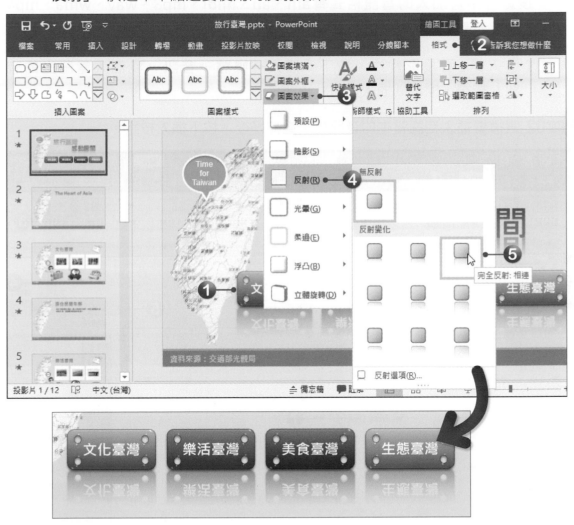

> 💡 **TIPS**
>
> **設定為預設圖案**
>
> 當圖案格式都設定好後，若之後要建立的圖案都要使用相同格式時，可以在圖案上按下**滑鼠右鍵**，於選單中點選設定為預設圖案。

2-2 在投影片中加入音訊與視訊

在簡報中適時加入一些音效或相關影片,可以讓簡報播放時,更能達到引人注意的效果。

加入音訊

投影片中可加入的音訊格式有 aiff、au、midi、mp3、wav、wma、mp4 等。在加入音訊時,可以指定加入到母片或是特定的單張投影片中。

STEP01 進入第1張投影片中,按下「**插入→媒體→音訊→我個人電腦上的音訊**」按鈕,開啟「插入音訊」視窗。

STEP02 選擇要插入至簡報中的音訊檔,選擇好後,按下**插入**按鈕。

STEP 03 回到投影片後，就會多一個音訊的圖示及播放列，可試聽音訊的內容。

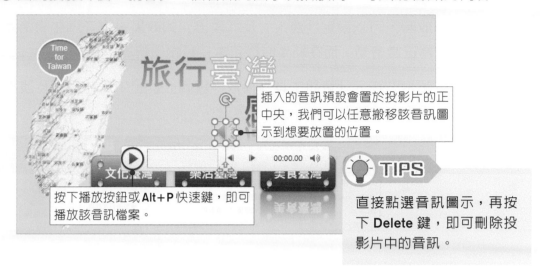

插入的音訊預設會置於投影片的正中央，我們可以任意搬移該音訊圖示到想要放置的位置。

按下播放按鈕或 **Alt+P** 快速鍵，即可播放該音訊檔案。

TIPS

直接點選音訊圖示，再按下 **Delete** 鍵，即可刪除投影片中的音訊。

音訊的設定

　　將音訊檔案加入投影片後，可以設定該音訊的音量、何時播放、是否循環播放等基本項目。

● 設定播放方式

　　要設定音訊的播放方式時，先選取音訊物件，進入**「音訊工具→播放→音訊選項」**群組中，即可進行音量、播放方式等設定。

✑ **音量**：可以設定音訊在播放時的音量，有**低**、**中**、**高**、**靜音**等選項可供選擇。

✑ **開始**：按下開始選單鈕，可以從選單中選擇音訊要播放的方式，有**自動**及**按一下**等選項，若選擇自動，在播放投影片時音訊就會自動跟著播放；若選擇按一下，在播放投影片時，要按一下滑鼠左鍵，才會播放音訊。

✑ **跨投影片播放**：若插入的音訊時間較長，當切換到下一張投影片時，音訊仍會繼續播放。

✑ **循環播放，直到停止**：音訊會一直播放，直到離開該張投影片。

✑ **放映時隱藏**：在放映投影片時，會自動隱藏音訊圖示。

✑ **播放後自動倒帶**：當音訊播放完後，會再重頭開始播放。

◉ 淡入淡出的設定

音訊在播放時，可以設定「淡入」及「淡出」的效果，讓音訊在開始播放時從小聲慢慢轉為正常音量，而在結束時從正常音量慢慢轉為小聲。

選取音訊圖示，進入**「音訊工具→播放→編輯」**群組中，在**淡入**及**淡出**欄位中，即可輸入要設定的時間。

插入視訊檔案

在簡報中可以加入的視訊格式有asf、mov、mpg、swf、avi、wmv、mp4、3gp等，在此範例中要加入一個mov格式的視訊檔。

STEP01 進入第4張投影片中，按下**「插入→媒體→視訊→我個人電腦上的視訊」**按鈕，開啟「插入視訊」對話方塊。

STEP02 選擇**「豐年祭.mov」**視訊檔案，選擇好後，按下**插入**按鈕。

插入影片時，可以按下**插入**選單鈕，選擇要插入的方式，預設是以嵌入方式插入影片。

STEP03 在投影片中就會多一個影片及播放列，此時可將影片調整至適當的位置。若要觀看影片，可以按下播放列上的**播放**按鈕，觀看視訊內容。

STEP04 視訊與音訊一樣，可以進行播放的設定。進入「**視訊工具→播放→視訊選項**」群組中，按下**開始**選單鈕，點選**自動**，讓放映投影片時自動播放該影片；在**編輯**群組中，則可以設定淡入及淡出時間。

設定視訊的起始畫面

通常插入視訊時，視訊的起始畫面會直接顯示為影格的第一個畫面，若要修改時，可以使用**海報畫面**來設定起始畫面。

STEP01 進入第4張投影片中，選取視訊物件，利用播放鈕或是時間軸，將畫面調整至要做為起始畫面的位置。

STEP02 起始畫面的位置設定好後，按下「**視訊工具→格式→調整→海報畫面→目前畫面**」按鈕，即可將影片中的畫面，設定為起始畫面。

旅遊宣傳簡報／PowerPoint 動畫及轉場效果

影像來自檔案：可選擇自己設計的圖片作為起始畫面。
重設：可清除之前所設定的起始畫面。

❸ 直接在時間軸上調整影片的播放位置。

視訊的剪輯

PowerPoint提供了剪輯功能，只要按下**「視訊工具→播放→編輯→修剪視訊」**按鈕，開啟「剪輯視訊」對話方塊，即可依需求直接修剪視訊長度。

將滑鼠游標移至**綠色滑桿**上，並按下滑鼠左鍵不放向右拖曳。在綠色滑桿前的片段是被修剪掉的片段，也就是設定視訊開始播放的時間。

按下播放鈕可播放視訊內容

將滑鼠游標移至**紅色滑桿**上，並按下滑鼠左鍵不放向左拖曳。在紅色滑桿後的片段是被修剪掉的片段，也就是設定視訊結束播放的時間。

視訊樣式及格式的調整

在「視訊工具→格式」索引標籤中，可以調整視訊的色彩、校正視訊的亮度及對比，還可以將視訊套用各種樣式，讓視訊外觀更為活潑。

◎ 套用視訊樣式

若想要快速改變視訊物件外觀，可以直接套用 PowerPoint 所提供的視訊樣式，或是自行設定視訊邊框及效果。

◎ 調整視訊的亮度、對比、色彩

若拍出來的影片太暗或太亮時，可以按下「視訊工具→格式→調整→校正」按鈕，改善視訊的亮度及對比；而按下**色彩**按鈕，可以替視訊重新著色，例如：灰階、深褐、黑白或是刷淡。

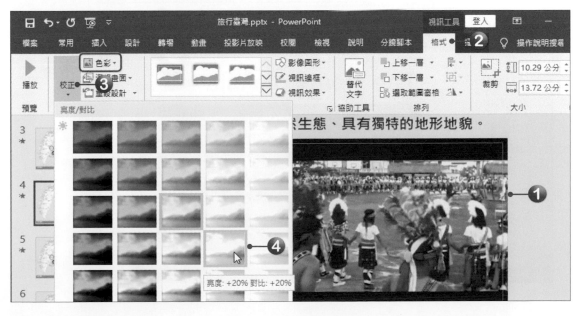

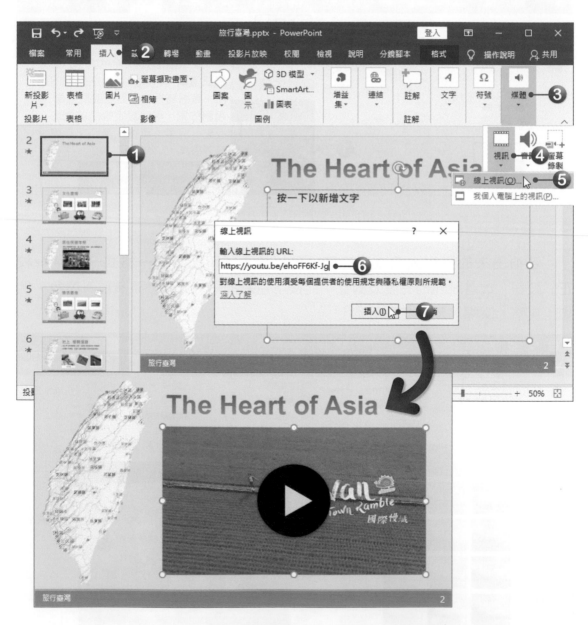

加入YouTube網站上的影片

　　除了可以在投影片中插入自己準備的視訊檔案之外，也可以插入網路上的影片。首先須在瀏覽器中找到想要插入的影片網頁，再從瀏覽器網址列中複製該網頁的 URL 連結網址。（可至「交通部觀光局」YouTube 頻道尋找適合的影片）

STEP 01 進入第 2 張投影片，按下**「插入→媒體→視訊→線上視訊」**按鈕，開啟「線上視訊」對話方塊。

STEP 02 在「線上視訊」對話方塊中，貼上或直接輸入想要插入影片的網頁 URL，最後按下**插入**按鈕，將影片插入於投影片中。

STEP 03 影片插入後再調整影片的位置、大小及套用視訊樣式，讓影片更美觀。

STEP 04 影片格式都設定好後，可以按下**「視訊工具→播放→預覽→播放」**按鈕，播放投影片中的影片。但實際播放時，必須按下影片上的播放按鈕，影片才會開始播放。

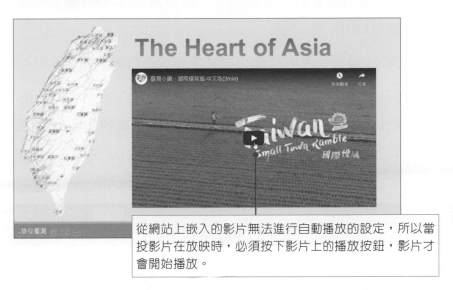

從網站上嵌入的影片無法進行自動播放的設定，所以當投影片在放映時，必須按下影片上的播放按鈕，影片才會開始播放。

💡 **TIPS**

將網站上的視訊插入於簡報時，實際上 PowerPoint 只是連結至該視訊檔案再進行播放，而不是將視訊檔案嵌入於簡報中，所以在播放影片時，電腦必須處於連線狀態。

從網站上插入的影片不會有「播放列」，所以在投影片中要預覽影片內容時，要使用**「視訊工具→播放→預覽→播放」**按鈕。除此之外，從網路上插入的影片無法進行全螢幕播放、循環播放、淡入淡出設定及剪輯的動作。

2-3 條列文字轉換為SmartArt圖形

　　將條列式文字以圖形來表達，有時會讓閱讀者更容易了解要表達的內容。在PowerPoint中可以快速將既有的條列式文字，轉換為SmartArt圖形。當然，也可以自行建立SmartArt圖形。

　　在範例中要將第11張投影片內的條列式文字轉換為**群組清單**SmartArt圖形。

STEP01 進入第11張投影片，選取要轉換的條列式文字，再按下「**常用→段落→ ▣▾ 轉換成SmartArt圖形**」按鈕，於選單中點選**其他SmartArt圖形**。

STEP02 開啟「選擇SmartArt圖形」對話方塊，點選**清單**類型，再於清單中點選**群組清單**，按下**確定**按鈕後，即可將選取的文字轉換為SmartArt圖形。

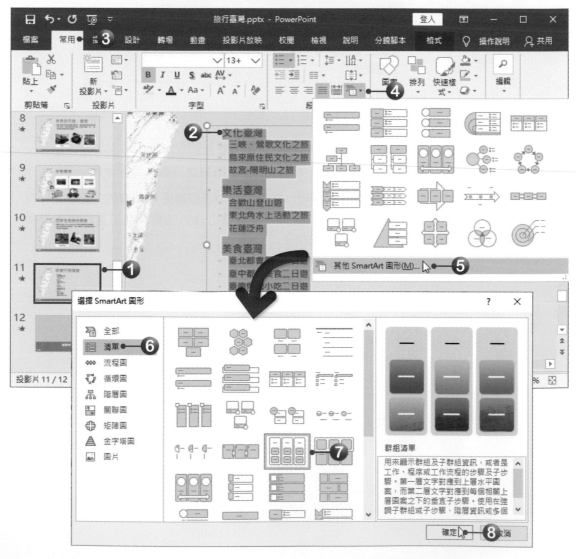

STEP 03 被選取的文字就會轉換為 SmartArt 圖形。

STEP 04 接著於「SmartArt 工具→設計→SmartArt 樣式」群組中,點選要套用的樣式;再按下**變更色彩**按鈕,選擇要使用的色彩組合,到這裡就完成了 SmartArt 圖形的製作囉!

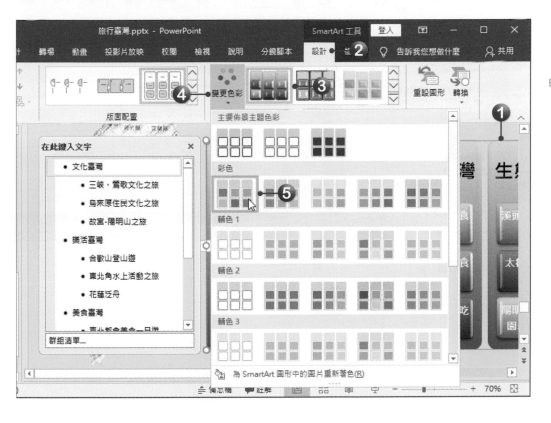

2-4 擷取螢幕畫面放入投影片

PowerPoint 提供了**螢幕擷取畫面**功能,可以直接擷取螢幕上畫面,並自動加入目前編輯的投影片中,而此功能在 Word 及 Excel 中皆有提供。

在此範例中,要加入網頁上的地圖畫面,在擷取前,請先在瀏覽器上找到想要擷取畫面的地圖網站。

STEP 01 進入第 12 張投影片,按下**「插入→影像→螢幕擷取畫面」**按鈕,因為我們要擷取部分畫面,故請點選**畫面剪輯**。點選後會將 PowerPoint 視窗最小化,整個螢幕畫面會刷淡呈現。

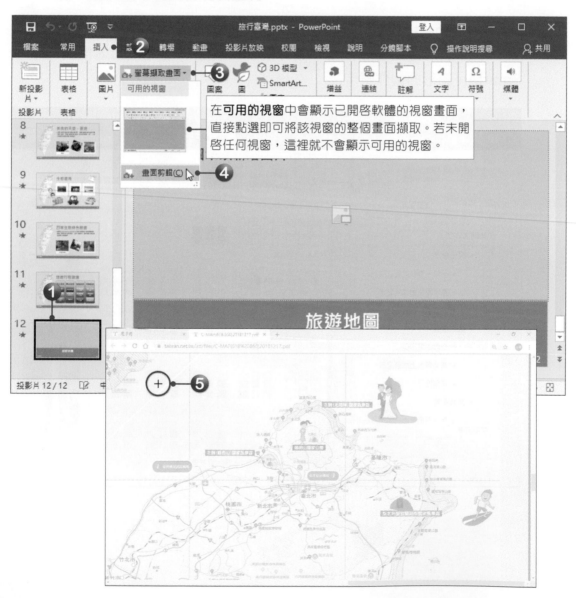

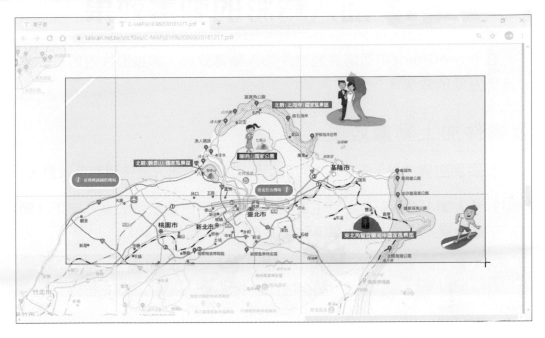

STEP 03 擷取完後,會再跳回PowerPoint視窗,圖片也會自動加入目前投影片的圖片配置區中。

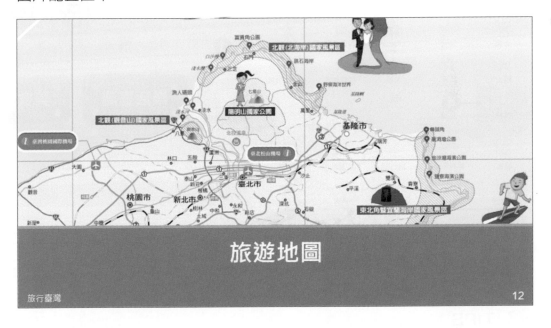

2-21

旅遊宣傳簡報 / PowerPoint 動畫及轉場效果

Q 2-5 加入精彩的動畫效果

在 PowerPoint 中可將各種物件加入動畫效果,讓投影片內的物件動起來,並達到互動的效果。

幫物件加上動畫效果

在範例中要將第 1 張投影片的告示牌圖案加上**進入**及**強調**動畫效果。

STEP 01 進入第 1 張投影片,選取要加入動畫效果的告示牌圖案,按下「**動畫→動畫→▽**」按鈕,於選單中點選**進入**效果的**縮放**效果。

若選單中沒有適當的動畫效果時,可以按下相關的選項,即可開啟該選項的對話方塊,便可以選擇其他的動畫效果。

TIPS

◎ **進入效果**:進入投影片時的動畫效果,當動畫結束後物件還會保留在畫面上。

◎ **強調效果**:要強調某物件時的動畫效果。

◎ **離開效果**:某物件要離開時的動畫效果,當動畫結束後此物件也會自動從畫面上消失。

◎ **移動路徑**:要自訂動畫效果的路線時,可以使用移動路徑自行設計動畫。

STEP02 動畫效果選擇好後，按下「**動畫→預存時間→開始**」選單鈕，於選單中點選**隨著前動畫**。

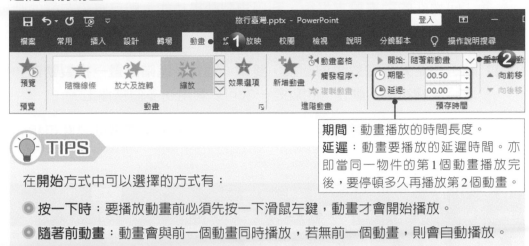

> **期間**：動畫播放的時間長度。
> **延遲**：動畫要播放的延遲時間。亦即當同一物件的第1個動畫播放完後，要停頓多久再播放第2個動畫。

💡 **TIPS**

在**開始**方式中可以選擇的方式有：

◎ **按一下時**：要播放動畫前必須先按一下滑鼠左鍵，動畫才會開始播放。

◎ **隨著前動畫**：動畫會與前一個動畫同時播放，若無前一個動畫，則會自動播放。

◎ **接續前動畫**：前一個動畫播放完畢後，下一個動畫就會自動接著播放。

STEP03 接著按下「**動畫→進階動畫→新增動畫**」按鈕，於選單中點選**強調**效果中的**蹺蹺板**效果。

STEP04 動畫效果選擇好後，按下「**動畫→預存時間→開始**」選單鈕，於選單中點選**隨著前動畫**。

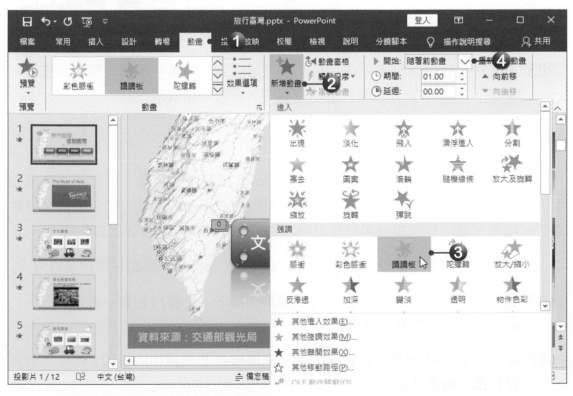

複製動畫

第1個物件的動畫設定好後,利用**複製動畫**功能,即可將設定好的動畫效果複製到其他物件中。

STEP01 點選設定好動畫效果的圖案,**雙擊「動畫→進階動畫→複製動畫」**按鈕,進行連續複製的動作,也就是一次可以套用到多個物件上。

STEP02 接著再一一點選要套用相同動畫效果的圖案,該圖案就會套用相同的動畫效果了。

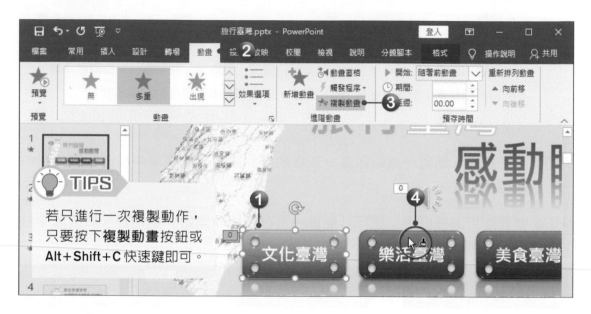

STEP03 到這裡,動畫就設定完成了,此時可以按下**「動畫→預覽→預覽」**按鈕,或按下**F5**鍵,進入投影片放映模式中,預覽動畫效果。

讓物件隨路徑移動的動畫效果

在前面介紹的動畫效果都是由PowerPoint設定好的動畫,雖然可以快速套用,但卻不能靈活運用,若要讓動畫效果可以隨心所欲的移動,可以使用「**移動路徑**」功能,此功能可以套用已設定好的動畫路徑或是自行設計動畫路線。

在範例中要將第1張投影片的橢圓形圖說文字圖案加上移動路徑動畫效果。

STEP01 選取投影片中的**橢圓形圖說文字**圖案,按下**「動畫→動畫→▽」**按鈕,於選單中點選**其他移動路徑**。

STEP02 開啟「變更移動路徑」對話方塊,選擇線條及曲線中的**波浪2**路徑,選擇好後按下**確定**按鈕。

STEP03 回到投影片後，物件就會產生一個路徑，路徑的開頭以綠色符號表示，路徑的結尾則以紅色符號表示。將滑鼠游標移至路徑右下角的控制點上，按著滑鼠左鍵不放並拖曳，將路徑範圍加大。

STEP04 接著要進行路徑的調整。選取路徑，再將滑鼠游標移至 ↻ 旋轉鈕上，按下**滑鼠左鍵**不放，將路徑旋轉為傾斜。

STEP05 將滑鼠游標移至路徑上，按著**滑鼠左鍵**不放，並拖曳滑鼠，將路徑拖曳到適當位置上。

STEP06 接著在移動路徑物件上，按下**滑鼠右鍵**，於選單中選擇**編輯端點**。

STEP07 點選後被選取的路徑就會顯示各端點,將滑鼠游標移至端點上,按下**滑鼠左鍵**並拖曳滑鼠即可調整端點。

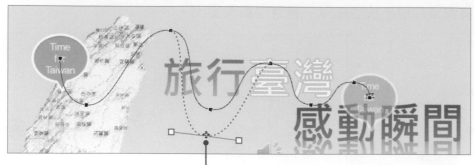

將滑鼠游標移至路徑的任一端點上,按著滑鼠左鍵不放,並拖曳滑鼠即可調整端點。

STEP08 移動路徑調整好後,將動畫的開始方式設定為**隨著前動畫**。

STEP09 動畫設定好後,此時可以按下「**動畫→預覽→預覽**」按鈕,或按下 **F5** 鍵,進入投影片放映模式中,預覽動畫效果。

 TIPS

反轉路徑方向

若要將路徑的開始與結尾互相轉換時,可以在路徑上按下滑鼠右鍵,於選單中點選**反轉路徑方向**;或是按下「**動畫→動畫→效果選項→反轉路徑方向**」按鈕即可。

使用動畫窗格設定動畫效果

進行動畫設定時,可以按下「**動畫→進階動畫→動畫窗格**」按鈕,開啟「動畫窗格」進行動畫的設定。

◉ 調整動畫播放順序

當所有的動畫都設定好後,若發現動畫的順序不對時,不用擔心,因為動畫的順序是可以隨時調整的。

點選要調整的物件，再按下「**動畫→預存時間**」群組中的**重新排列動畫**選項，點選**向前移**及**向後移**按鈕即可，也可以直接在「動畫窗格」中進行重新排列的動作。

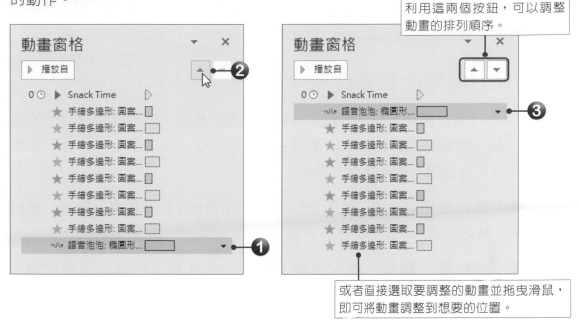

利用這兩個按鈕，可以調整動畫的排列順序。

或者直接選取要調整的動畫並拖曳滑鼠，即可將動畫調整到想要的位置。

● 效果選項設定

除了設定動畫效果的開始方式及播放時間外，大部分的動畫都提供了**效果選項**，例如：套用「圖案」動畫時，在效果選項中就可以選擇方向、要使用的圖案等。不過，每個動畫的效果選項內容都不太一樣，有些動畫甚至沒有效果選項。

若要進行更進階的設定時，可以在動畫窗格中，選擇要設定的動畫，在該動畫選項上按下 ▼ 選單鈕，於選單中選擇**效果選項**，開啟該動畫的對話方塊，而此對話方塊中的設定內容，會隨著所選擇的動畫而有所不同。

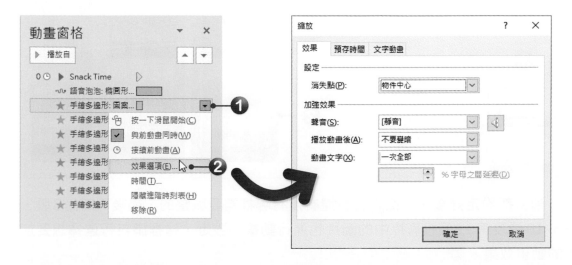

○ 變更與移除動畫效果

　　若要將原來的動畫效果變更成其他的動畫效果時，只要再重新選擇要套用的動畫效果即可。若要「移除」動畫效果時，在動畫窗格中按下▼選單鈕，於選單中點選**移除**，或是直接點選動畫後，再按下 Delete 鍵，也可以移除該動畫。

SmartArt圖形的動畫設定

　　SmartArt圖形的動畫設定方式與一般物件是一樣的，只是因為 SmartArt圖形是由一組一組圖案物件所組成，所以在播放時，可以設定 SmartArt圖形要**整體**、**同時**或是**一個接一個**等播放方式。

STEP01 進入第11張投影片中，選取 SmartArt 圖形物件，於「**動畫→動畫**」群組中，點選「**進入→旋轉**」動畫效果。

STEP02 按下「**動畫→動畫→效果選項**」按鈕，於選單中點選**依層級同時**，SmartArt圖形中的圖案便會依層級來播放動畫效果。

STEP03 接著按下「**動畫→預存時間→開始**」選單鈕，於選單中點選**隨著前動畫**。

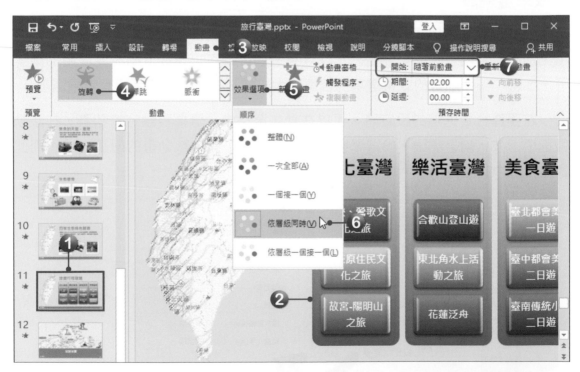

　　動畫都設定好後，再檢查看看還有沒有哪裡需要調整的，最後再將第3張、第5~10張及第12張投影片中的圖片也進行動畫的設定，這裡請自行選擇想要加入的動畫效果。

2-6 超連結的設定

使用超連結功能，可以將投影片中的物件或文字等加入連結效果，讓投影片之間可以跳頁，或是連結到網站、電子郵件等。

投影片與投影片之間的超連結

在簡報中使用超連結功能，可以快速在投影片與投影片之間達到跳頁效果。在此範例中要將第1張投影片的四個告示牌圖案，分別連結到相關的投影片。

STEP01 進入第1張投影片中，選取要設定的圖案，再按下「**插入→連結→連結**」按鈕，或按下 Ctrl+K 快速鍵，開啟「插入超連結」對話方塊。

STEP02 點選**這份文件中的位置**，選單中便會顯示簡報中的所有投影片，接著即可選擇要連結的投影片，這裡請點選「**3.文化臺灣**」投影片，點選後按下**確定**按鈕，完成超連結的設定。

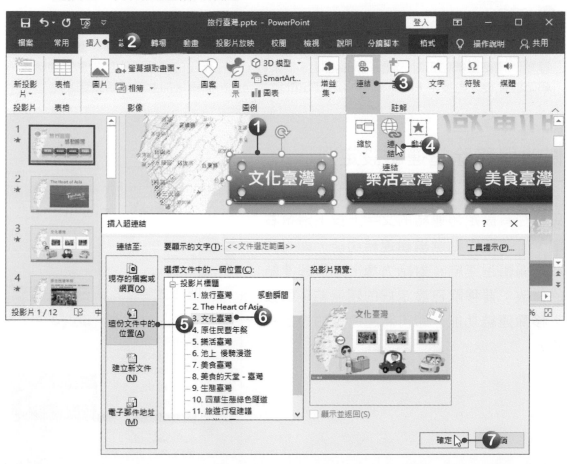

旅遊宣傳簡報 / PowerPoint 動畫及轉場效果

STEP03 接著再將其他3個告示牌圖案也分別連結到相關的投影片中。

STEP04 超連結都設定好後，按下**F5**快速鍵，進行播放的動作，將滑鼠游標移至圖案上，按下**滑鼠左鍵**後，即可連結至設定的投影片中。

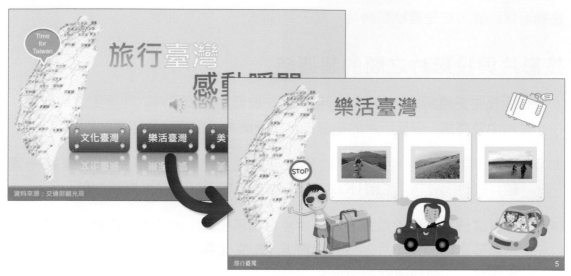

TIPS

使用超連結功能，除了進行投影片與投影片之間的連結外，還可以將文字、圖片、圖案等物件連結至網站位址、電子郵件地址、檔案等。而在預設的情況下，於投影片中輸入網站位址後，再按下 **Enter** 鍵，PowerPoint 就會自動將該網址加上超連結設定。

修改與移除超連結設定

若要修改已設定好的超連結設定，只要在有設定超連結的文字上按下**滑鼠右鍵**，於選單中點選**編輯連結**功能，即可開啟「編輯超連結」對話方塊，進行超連結的修改；要移除已設定好的超連結，則按下**移除連結**功能，即可將超連結的設定移除。

✿ 選擇題

(　　)1. 在 PowerPoint 中，關於「音訊」設定的敘述，何者不正確？ (A) 可以播放 MID 音樂檔 (B) 可以播放 WAV 聲音檔 (C) 不可以設定音訊循環播放 (D) 可以調整聲音音量。

(　　)2. 在 PowerPoint 中，利用哪項功能，可以快速建立「組織圖」？ (A) 美工圖案 (B) 圖案 (C) 文字方塊 (D)SmartArt 圖形。

(　　)3. 在 PowerPoint 中，透過下列哪一項功能，可以調整視訊的相對亮度及對比度？ (A) 視訊樣式 (B) 校正 (C) 色彩 (D) 視訊效果。

(　　)4. 在 PowerPoint 中，使用「剪輯視訊」功能時，可以修剪影片片段中的哪個部分？ (A) 開頭與結尾 (B) 中間片段 (C) 影片中的音樂 (D) 以上皆可。

(　　)5. 在 PowerPoint 中，若要讓投影片上的第一個動畫效果，在投影片顯示時自動播放，應該使用下列哪個操作？ (A) 接續前動畫 (B) 隨著前動畫 (C) 按一下時 (D) 自動。

(　　)6. 在 PowerPoint 中調整路徑時，使用「編輯端點」的目的為何？ (A) 鎖定路徑 (B) 調整路徑大小 (C) 旋轉路徑 (D) 變更路徑的形狀。

(　　)7. 下列關於 PowerPoint 的「動畫」設定敘述，何者不正確？ (A) 一個物件可以設定多個動畫效果 (B) 每個動畫效果都可以設定時間長度 (C) 文字方塊無法進行動畫效果的設定 (D) 可自訂動畫的影片路徑。

✪ **實作題**

1. 開啟「範例檔案→PowerPoint→Example02→公司簡介.pptx」檔案，進行以下設定。

▶ 投影片1：加入橢圓形圖說文字圖案，並輸入相關文字，圖案格式請自行設定，再將該圖案加入進入及強調動畫，動畫請自行選擇。

▶ 投影片3：文字轉換為「水平項目符號清單」SmartArt圖形，色彩及樣式請自行設定，並加入進入動畫效果，動畫請自行選擇。

▶ 投影片4：嵌入「https://www.youtube.com/watch?v=qtxpFCyv0T4」網站上的影片，影片大小及樣式請自行設定。

▶ 投影片5：「OpenTech」文字連結至「http://www.opentech.com.tw」。

▶ 投影片6：加入「新北市土城區忠義路21號」地圖圖片。

銷售業績報告

PowerPoint 圖表編輯技巧

03

表格的建立與編修 /
表格樣式設定 /
加入 Word 中的表格 /
加入線上圖片 /
圖表的建立 / 圖表格式設定 /
加入 Excel 中的圖表

✪ 範例檔案

PowerPoint → Example03 → 銷售業績報告 .pptx
PowerPoint → Example03 → 銷售表 .docx
PowerPoint → Example03 → 銷售圖表 .xlsx

✪ 結果檔案

PowerPoint → Example03 → 銷售業績報告 -OK.pptx

在「產品銷售業績報告」範例中,將學習表格及圖表的使用,讓簡報內容更具可看性。

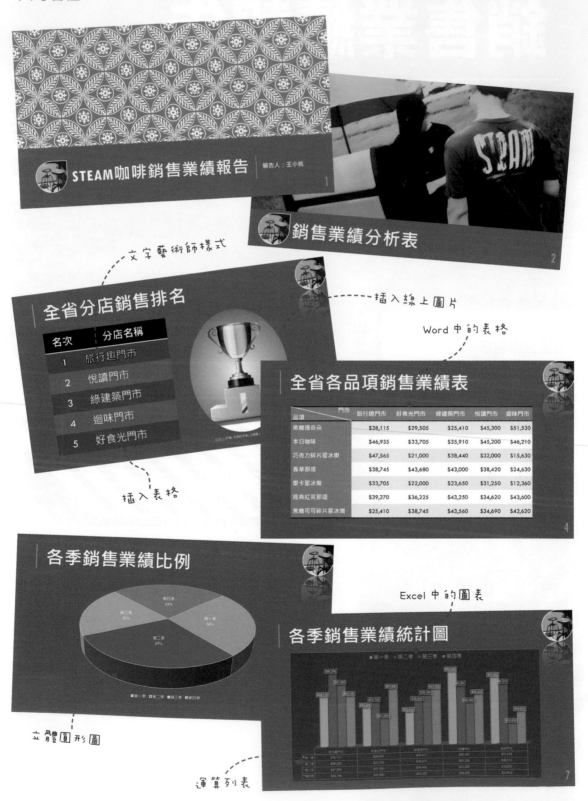

Q 3-1 加入表格讓內容更容易閱讀

在簡報中可以適時以表格來呈現要表達的內容，讓投影片中的資訊更清楚、更容易閱讀。

在投影片中插入表格

表格是由多個「欄」和多個「列」組合而成的。假設一個表格有5個欄，6個列，則簡稱它為「5×6表格」。在此範例中要加入一個「2×6」的表格。

STEP01 進入第3張投影片中，直接按下物件配置區中的■表格按鈕，開啟「插入表格」對話方塊。

STEP02 在欄數中輸入2，在列數中輸入6，設定好後按下確定按鈕，物件配置區就會加入一個2×6的表格，表格會自動套用佈景主題所預設的表格樣式。

💡 TIPS
也可以按下「插入→表格→表格」按鈕，直接拖曳出要插入的表格大小。

STEP03 將滑鼠游標移至表格的儲存格中，按下**滑鼠左鍵**，此時儲存格中就會出現插入點，即可在此輸入文字。輸入完文字後，若要跳至下一個儲存格時，可以使用 **Tab** 鍵，跳至下一個儲存格中。

名次 ●①			名次	分店名稱 ●②

STEP04 在表格中輸入完文字後，即可進入「**常用→字型**」群組及「**常用→段落**」群組中進行文字格式的設定。

將表格文字的字型大小設定為 32；將標題列及名次欄設定為置中對齊。

名次	分店名稱
1	旅行趣門市
2	悅讀門市
3	綠建築門市
4	迴味門市
5	好食光門市

調整表格大小

STEP01 將滑鼠游標移至表格物件下方的控制點，再按著**滑鼠左鍵**不放並往下拖曳滑鼠。調整好後，放掉**滑鼠左鍵**，即可增加表格物件高度。

名次	分店名稱
1	旅行趣門市
2	悅讀門市
3	綠建築門市
4	迴味門市
5	好食光門市 ●①

名次	分店名稱
1	旅行趣門市
2	悅讀門市
3	綠建築門市
4	迴味門市
5	好食光門市
	●②

STEP02 將滑鼠游標移至表格的框線上，按著**滑鼠左鍵**不放，即可調整欄寬。

名次	分店名稱 ●①
1	旅行趣門市
2	悅讀門市
3	綠建築門市

名次	分店名稱 ●②
1	旅行趣門市
2	悅讀門市
3	綠建築門市

文字對齊方式設定

在表格中的文字通常會往左上方對齊,這是預設的文字對齊方式。若要更改文字的對齊方式時,可以在「**表格工具→版面配置→對齊方式**」群組中,按下**垂直置中**按鈕,表格內的文字就會垂直置中。

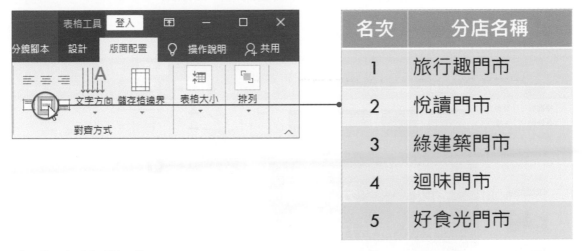

套用表格樣式

若要快速改變表格外觀時,可以使用「**表格工具→設計→表格樣式**」群組中所提供的表格樣式。

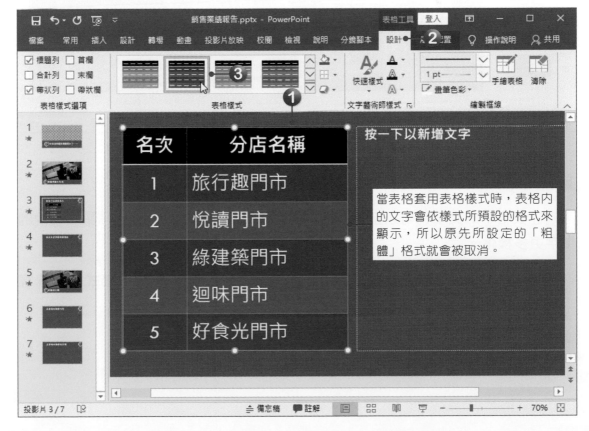

儲存格浮凸效果設定

若要將表格加上立體效果時，可以使用**儲存格浮凸**功能來達成。

STEP01 選取表格物件，按下「**表格工具→設計→表格樣式→ ⬜⁀效果**」按鈕，於選單中點選**儲存格浮凸**，即可選擇要套用的浮凸效果。

STEP02 點選後，表格就會套用浮凸效果。

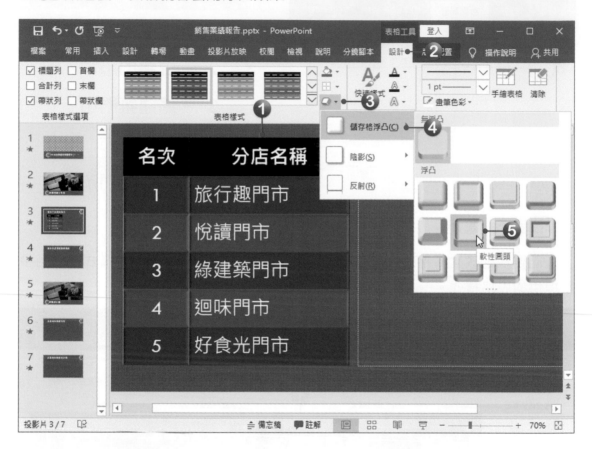

套用文字藝術師樣式

在表格中的文字也可以直接套用文字藝術師所提供的文字樣式，讓表格內的文字更多樣化。

STEP01 選取表格的第2列，按下「**表格工具→設計→文字藝術師樣式→快速樣式**」按鈕，於選單中選擇要使用的樣式。

STEP02 點選後，表格內的文字便會套用所選擇的文字樣式。

STEP03 接著再按下「表格工具→設計→文字藝術師樣式→文字效果」按鈕，於選單中點選「反射→反射變化→半反射, 相連」，將文字加入反射效果。

3-2 加入Word中的表格

在PowerPoint中除了自行建立表格外,還可以直接將Word所製作的表格複製到投影片中。

複製Word中的表格至投影片中

本範例要將「銷售表.docx」檔案中的表格複製到投影片中,再進行相關的編輯動作。

STEP 01 開啟**銷售表.docx**檔案,選取文件中的表格。

STEP 02 按下**Ctrl+C**快速鍵,或按下「**常用→剪貼簿→複製**」按鈕,複製該表格。

STEP 03 回到PowerPoint操作視窗中,進入第4張投影片。

STEP 04 再按下**Ctrl+V**快速鍵,或按下「**常用→剪貼簿→貼上**」按鈕,即可將剛剛複製的表格貼到配置區中。

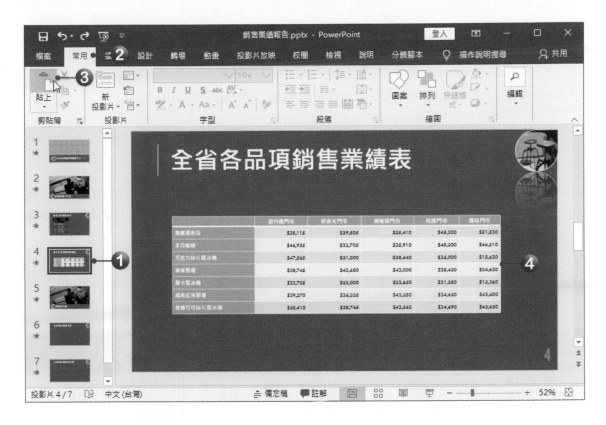

STEP05 表格複製完成後，接著要來調整表格的位置及大小。選取表格物件，再將滑鼠游標移至表格物件上，按著**滑鼠左鍵**不放並拖曳滑鼠，即可調整表格要擺放的位置。

STEP06 將滑鼠游標移至表格物件的控制點，調整表格的大小。

STEP07 接著進入「**常用→字型**」群組中，進行文字格式的設定；再進入「**表格工具→設計→表格樣式**」群組中，點選要套用的表格樣式，到這裡表格的基本設定就完成了。

	旅行趣門市	好食光門市	綠建築門市	悅讀門市	迴味門市
焦糖瑪奇朵	$38,115	$29,505	$25,410	$45,300	$51,530
本日咖啡	$46,935	$33,705	$35,910	$45,200	$46,210
巧克力碎片星冰樂	$47,565	$21,000	$38,440	$32,000	$15,630
香草那堤	$38,745	$43,680	$43,000	$38,420	$24,630
摩卡星冰樂	$33,705	$22,000	$23,650	$31,250	$12,360
經典紅茶那堤	$39,270	$36,225	$43,250	$34,620	$43,600
焦糖可可碎片星冰樂	$25,410	$38,745	$43,560	$34,690	$42,620

調整表格位置及高度；將表格文字的字型大小設定為18；套用表格樣式。

在儲存格中加入對角線

在標題欄及標題列交集的左上角儲存格，通常會加上斜對角線以示區別。在儲存格中要製作對角線時，可以利用**表格框線**功能，來繪製對角線。

STEP01 在表格左上角的儲存格中，依序輸入「門市」及「品項」兩列文字，並將「門市」設定為「靠右對齊」。

STEP02 點選要加入斜線的儲存格，接著在**「表格工具→設計→繪製框線」**群組中，依序設定**畫筆樣式、畫筆粗細**，並按下**畫筆色彩**按鈕，於選單中選擇**白色**。

STEP03 畫筆都設定好後，按下**「表格工具→設計→表格樣式→框線」**下拉鈕，於選單中選擇**左斜框線**。

TIPS

清除表格上不要的線段

按下**「表格工具→設計→繪製框線→清除」**按鈕，此時滑鼠游標會呈橡皮擦狀，接著點按框線，或在框線上拖曳，即可將框線擦除。要結束清除功能時，按下**清除**按鈕，或按下 **Esc** 鍵，即可取消清除狀態。

Q 3-3 加入線上圖片美化投影片

在簡報中適時加入一些圖片，可以增加簡報的可讀性，並引起觀眾的興趣。PowerPoint提供了插入圖片及線上圖片的功能，在製作簡報時可以加入自己所準備的圖片，或利用線上搜尋功能加入網路上所搜尋到的圖片。

插入線上圖片

在此範例中要於第3張投影片加入網路搜尋圖片。

STEP01 進入第3張投影片，按下物件版面配置區中的 📷 線上圖片 按鈕。

STEP02 開啟「插入圖片」視窗後，於搜尋欄位中輸入要搜尋圖片的關鍵字，輸入好後按下鍵盤上的 Enter 鍵進行搜尋。

STEP03 PowerPoint 會利用 Bing 搜尋引擎來搜尋與關鍵字相關的圖片，接著選擇要插入的圖片，再按下插入按鈕。

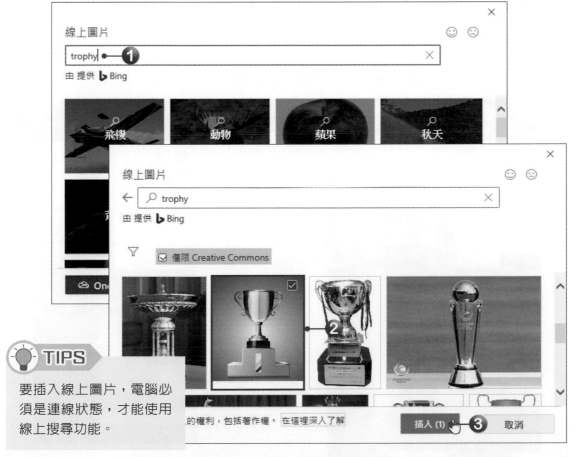

💡 **TIPS**

要插入線上圖片，電腦必須是連線狀態，才能使用線上搜尋功能。

STEP**04** 回到投影片後，圖片就會插入於物件配置區中。

將圖片裁剪成圖形

使用「**繪圖工具→格式→大小**」群組中的**裁剪**功能，可以輕鬆地將圖片裁剪成任一圖形，或是指定裁剪的長寬比。

STEP**01** 點選要裁剪的圖片，按下「**繪圖工具→格式→大小→裁剪**」按鈕，於選單中點選**裁剪成圖形**選項，即可選擇要使用的圖形。

STEP**02** 點選後，圖片就會被裁剪成所選擇的圖形。

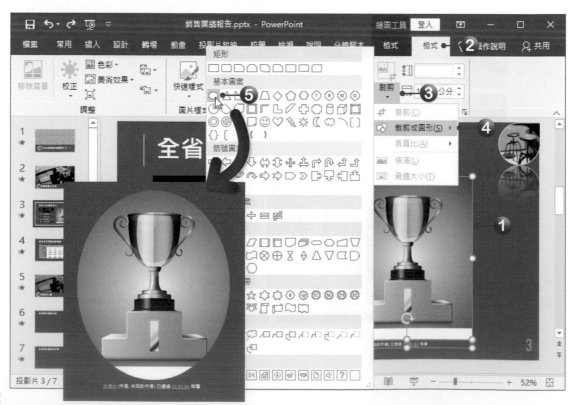

3-4 加入圖表

一大堆的數據資料都比不上圖表來得一目瞭然,透過圖表能夠很容易解讀出資料的意義。所以,在製作統計或銷售業績相關的簡報時,可以將數據資料製作成圖表,藉以說明或比較數據資料,讓簡報更為專業。

插入圖表

在此範例中要加入圓形圖,呈現出各季銷售業績所佔的比重。

STEP01 進入第6張投影片,按下物件配置區中的 █ 插入圖表按鈕,或按下「插入→圖例→插入圖表」按鈕,開啟「插入圖表」對話方塊,選擇圓形圖中的立體圓形圖,選擇好後按下確定按鈕。

STEP02 此時會開啟編輯視窗，接著在資料範圍內輸入相關資料，輸入好後按下**關閉**按鈕，關閉編輯視窗，回到投影片中，立體圓形圖就製作完成了。

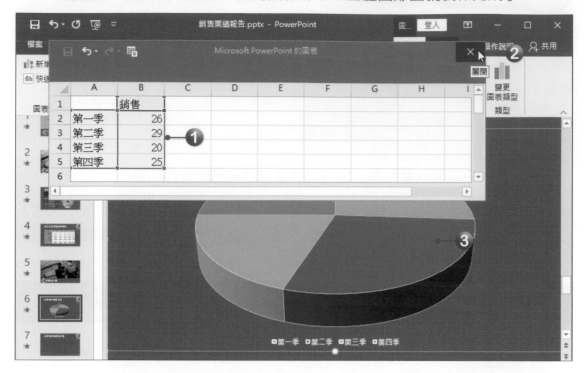

套用圖表樣式

將圖表直接套用**圖表樣式**中預設好的樣式，可以快速改變圖表的外觀及版面配置。只要選取圖表物件後，再於「**圖表工具→設計→圖表樣式**」群組中直接點選要套用的圖表樣式即可。

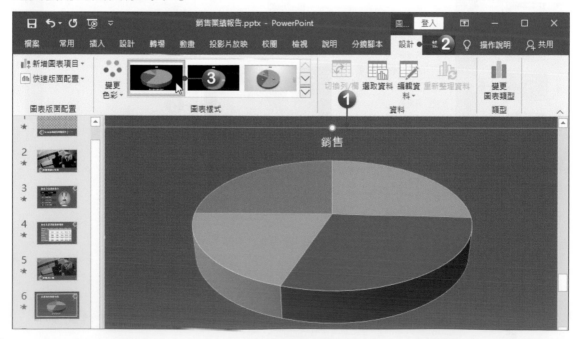

編輯圖表項目

基本上一個圖表的基本構成，包含了：資料標記、資料數列、類別座標軸、圖例、數值座標軸、圖表標題等物件，而這些物件都可依需求設定是否要顯示。

STEP01 按下圖表右上方的 ➕ **圖表項目**按鈕，將**圖表標題**的勾選取消，表示不顯示圖表標題。

STEP02 接著按下**資料標籤**項目的 ▸ 按鈕，於選單中點選**其他選項**。

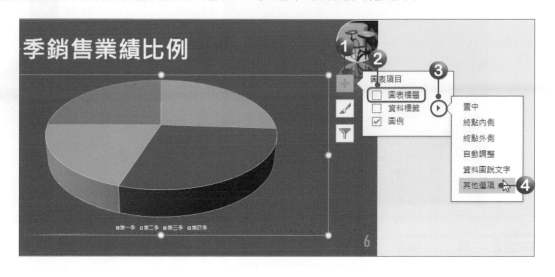

STEP03 開啟**資料標籤格式**窗格後，在**標籤選項**中將**類別名稱**及**百分比**選項勾選；再將**標籤位置**設定為**置中**，圓形圖中就會加入類別名稱及該類別所佔的百分比。

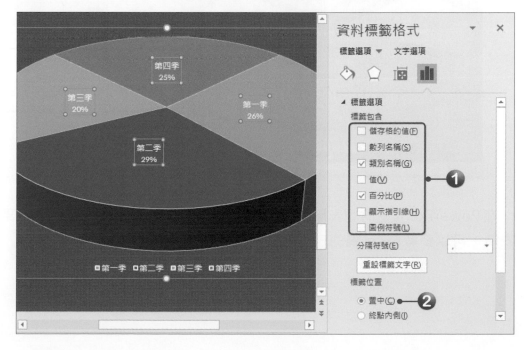

圓形圖分裂設定

STEP 01 選取圖表物件中的「數列」，於數列上按下**滑鼠右鍵**，於選單中點選**資料數列格式**，開啟**資料數列格式**窗格。

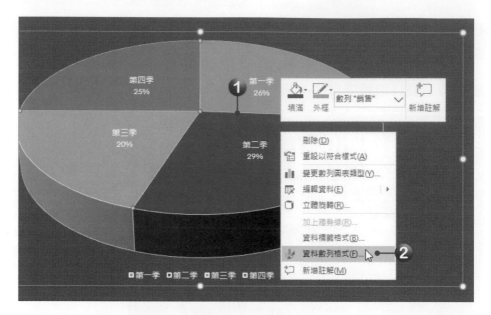

STEP 02 在數列選項中，將**第一扇區起始角度**設定為 45 度；再將**圓形圖分裂**設定為 10%，圓形圖便會旋轉角度，並進行分裂。

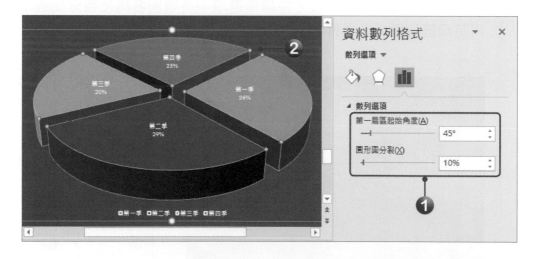

在 PowerPoint 中的圖表操作方式與 Excel 的圖表功能大致相同，所以要使用圖表時，可以參考 Excel 篇的 Example04 範例。

3-5 加入Excel中的圖表

在PowerPoint除了自行建立圖表之外,也可以直接將Excel中製作好的圖表,複製到投影片中。

複製Excel圖表至投影片中

本範例要將**銷售圖表.xlsx**檔案中的圖表複製到第7張投影片中,再進行相關的編輯動作。

STEP01 開啟**銷售圖表.xlsx**檔案,選取工作表中的圖表,按下鍵盤上的**Ctrl+C**快速鍵,或按下「**常用→剪貼簿→複製**」按鈕,複製該圖表。

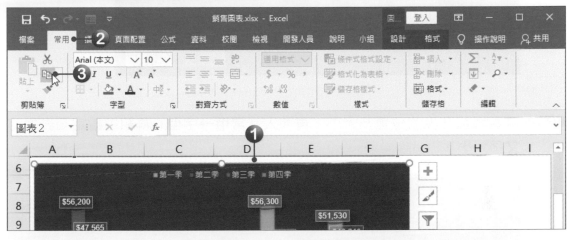

STEP02 回到PowerPoint操作視窗,進入第7張投影片,按下**Ctrl+V**快速鍵,或按下「**常用→剪貼簿→貼上**」按鈕,將剛剛複製的圖表貼到投影片中。

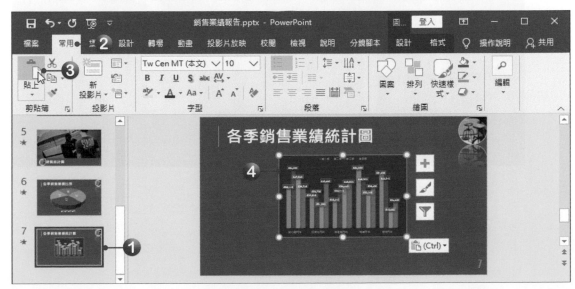

STEP03 圖表貼上後，預設會以「**使用目的地佈景主題並連結資料**」方式貼上圖表，這裡要將貼上方式修改為「**保留來源格式設定並連結資料**」。按下 ⬛(Ctrl)▾ 按鈕，於選單中點選 🔳 按鈕，圖表就會保持來源格式設定並連結資料。

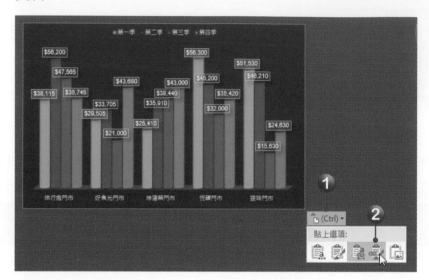

STEP04 接著調整圖表的位置及大小，再進入「**常用→字型**」群組中設定圖表內的文字大小。

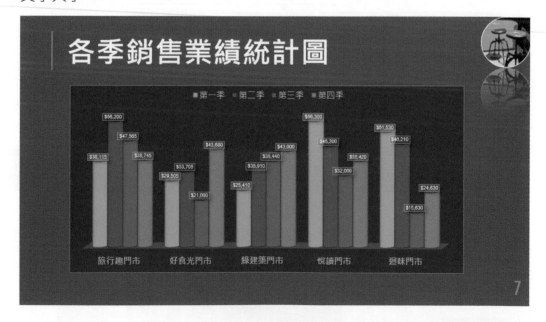

加上運算列表

　　想要在圖表中與來源資料對照,那麼可以加入「運算列表」,讓資料顯示於繪圖區下方。不過,並不是所有的圖表都可以加上運算列表,例如:圓形圖及雷達圖就無法加入運算列表。

STEP01 選取圖表物件,按下「**圖表工具→設計→圖表版面配置→新增圖表項目→運算列表**」按鈕,於選單中點選**有圖例符號**。

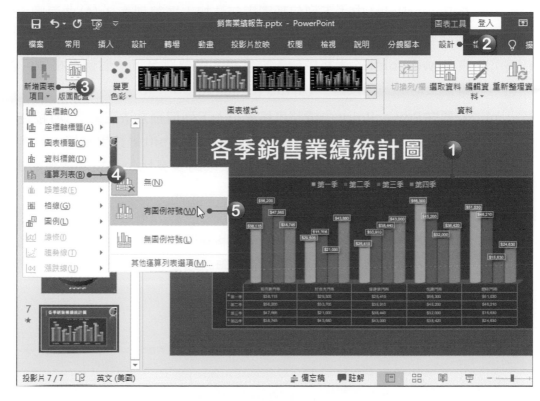

STEP02 點選後,在繪圖區的下方就會加入運算列表。

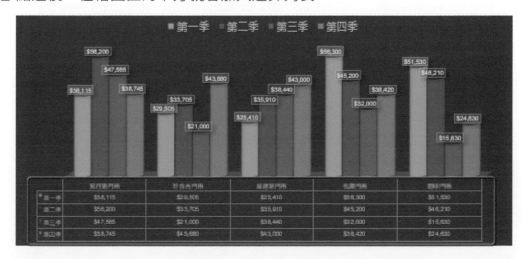

⭐ 選擇題

( )1. 在PowerPoint中，下列何種圖表類型只適用於包含一個資料數列所建立的圖表？ (A)環圈圖 (B)圓形圖 (C)長條圖 (D)泡泡圖。

( )2. 在PowerPoint中，下列何種圖表無法加上運算列表？ (A)曲面圖 (B)雷達圖 (C)直條圖 (D)堆疊圖。

( )3. 在PowerPoint的表格中輸入文字時，若要跳至下一個儲存格，可以按下鍵盤上的哪一個按鍵？ (A)Tab (B)Ctrl (C)Shift (D)Alt。

( )4. 若要在PowerPoint中調整表格大小，下列何種方法正確？ (A)按住Ctrl鍵拖曳表格，可保持原表格的長寬比 (B)按住Shift鍵拖曳表格，可讓表格保持在投影片中央 (C)若要保持表格原來的長寬比，可設定「鎖定長寬比」 (D)無法指定表格欄寬的寬度。

( )5. 下列有關PowerPoint之敘述，何者不正確？ (A)表格的背景可以填滿圖片、漸層、材質、單一色彩 (B)儲存格無法套用反射效果 (C)表格可以套用陰影、反射等效果 (D)儲存格的背景無法填滿圖片。

○ 實作題 ∷∷

1. 開啟「範例檔案→PowerPoint→Example03→茶銷售統計.pptx」檔案，進行
   以下設定。

   ▶ 將第2張投影片中的表格進行美化的動作。

   ▶ 將第2張投影片中的資料製作成「群組直條圖」，圖表樣式請自行設計。

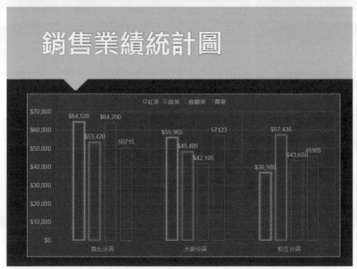

2. 開啟「範例檔案→PowerPoint→Example03→旅遊調查報告.pptx」檔案，進行以下的設定。

▶ 將「遊覽景點排名.docx」檔案中的表格複製到第2張投影片中，表格格式請自行設定。

▶ 在第3張投影片中加入一張與旅遊相關的線上圖片，並將圖片裁剪成「圓角矩形」圖形。

▶ 將「觀光統計.xlsx」檔案中的圖表複製到第4張投影片中，圖表格式請維持與來源相同。

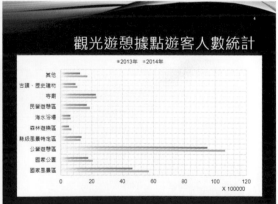

行銷活動企畫案

PowerPoint 放映與輸出技巧

04

學習目標

製作簡報備忘稿/製作講義/
簡報放映技巧/
自訂放映投影片範圍/
錄製投影片放映時間及旁白/
將簡報封裝成光碟/列印簡報

⊗ **範例檔案**

PowerPoint→Example04→行銷活動企畫案.pptx

⊗ **結果檔案**

PowerPoint→Example04→行銷活動企畫案-OK.pptx

PowerPoint→Example04→講義.docx

在「行銷活動企畫案」範例中，將學習製作備忘稿、講義、簡報的放映技巧、列印簡報等技巧。

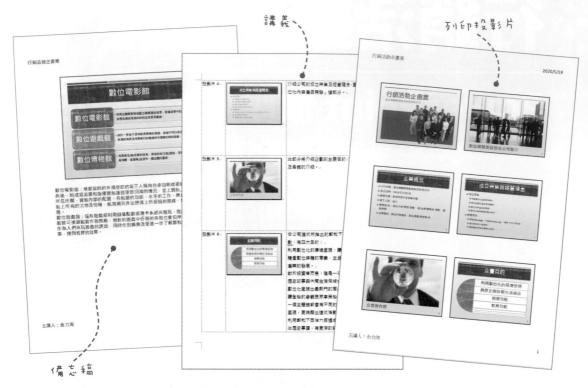

講義

列印投影片

備忘稿

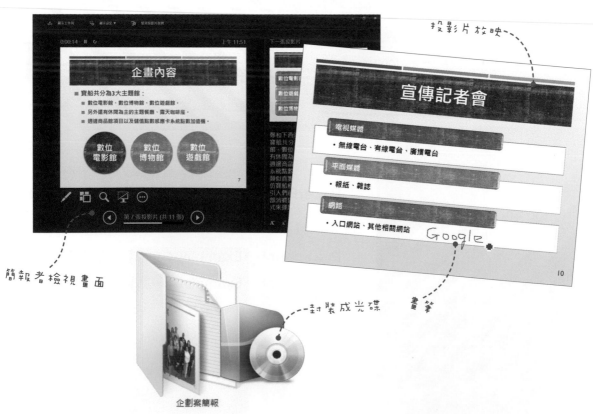

投影片放映

簡報者檢視畫面

封裝成光碟

畫筆

企劃案簡報

🔍 4-1 備忘稿的製作

基本上在製作簡報時，內容應以簡單扼要為主，而將其他要補充的資料放置於「備忘稿」中，以便進行簡報時，能提醒自己要說明的內容。

新增備忘稿

在投影片中要加入備忘稿資料時，可按下 ⬦備忘稿 按鈕，會於視窗下方開啟**備忘稿窗格**，在窗格中可以檢視及輸入備忘稿內容。於**標準模式**及**大綱模式**下可以隨時按下 ⬦備忘稿 按鈕，來開啟或關閉備忘稿窗格。

除此之外，也可以按下「**檢視→簡報檢視→備忘稿**」按鈕，進入「備忘稿」檢視模式，進行備忘稿的輸入。

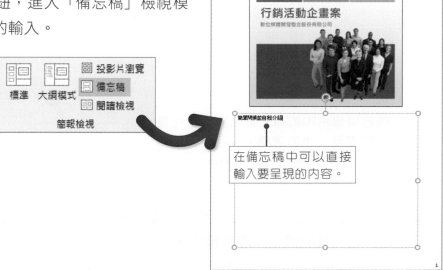

在備忘稿中可以直接輸入要呈現的內容。

備忘稿母片設定

建立備忘稿資料後，若要設定備忘稿的文字格式，或頁首頁尾資訊時，可以進入「**備忘稿母片**」中進行設定。

STEP01 按下「**檢視→母片檢視→備忘稿母片**」按鈕，進入備忘稿母片模式中。

STEP02 在備忘稿母片中有頁首、投影片圖像、頁尾、日期、本文、頁碼等資訊配置，若要取消某個資訊時，在「**備忘稿母片→版面配置區**」群組中，將不要的資訊勾選取消即可。

STEP03 在「**備忘稿母片→編輯佈景主題**」群組中，可以按下**字型**按鈕，於選單中點選要使用的佈景主題字型。

STEP04 點選「頁碼」配置區，在「**常用→字型**」群組中，設定配置區內的字型大小為18、粗體。

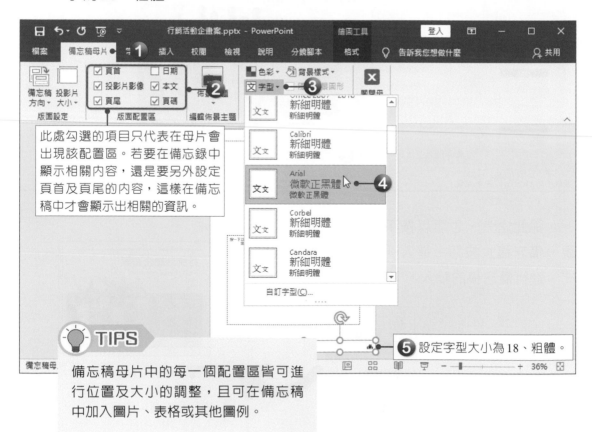

STEP05 備忘稿母片設定完成後，按下「**備忘稿母片→關閉→關閉母片檢視**」按鈕，即可離開備忘稿母片模式。

STEP06 雖然剛剛在備忘稿母片中已勾選要呈現的資訊配置區，接下來仍須設定頁首及頁尾，才能顯示相關資訊。點選「**插入→文字→頁首及頁尾**」按鈕，開啟「頁首及頁尾」對話方塊。

STEP07 將**頁首**及**頁尾**項目勾選起來，設定**頁首**內容為「行銷活動企畫案」、**頁尾**內容為「主講人：金力海」。最後按下**全部套用**按鈕完成設定。

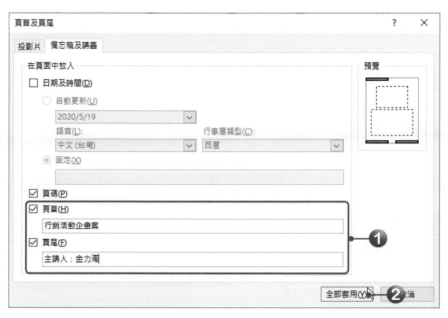

STEP08 接著按下「**檢視→簡報檢視→備忘稿**」按鈕，即可檢視備忘稿母片設定的結果。

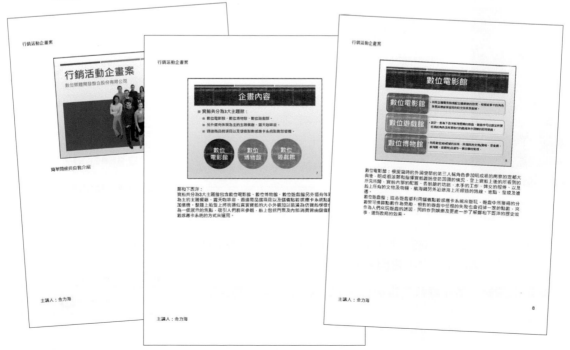

4-2 講義的製作

當準備進行簡報時,可以先將簡報內容製作成講義,或是列印成講義,提供給觀眾,讓觀眾在聽取簡報時,能夠隨時參閱、撰寫筆記或是留做日後參考用。

建立講義

PowerPoint可以將簡報中的投影片和備忘稿,建立成可以在Word中編輯及格式化的講義,而當簡報內容變更時,Word中的講義也會自動更新內容。

STEP01 按下「**檔案→匯出→建立講義→建立講義**」按鈕,開啟「傳送至Microsoft Word」對話方塊。

STEP02 選擇要使用的版面配置,再點選**貼上連結**選項,設定好後按下**確定**按鈕。

TIPS

● **貼上**:將簡報內容直接複製於 Word 文件中,若簡報內容更動時,Word 文件不會自動更新。

● **貼上連結**:當原簡報內容更動時,Word 文件會自動更新。

STEP 03 簡報內容便會建立在 Word 文件中，接著便可在 Word 中進行任何的編輯動作，編輯完後再將文件儲存起來即可。

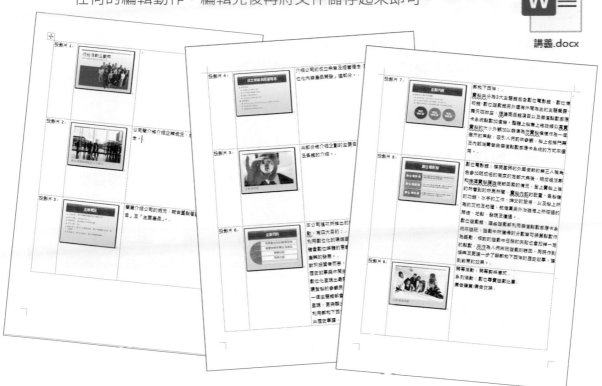

講義.docx

講義母片設定

講義也提供了母片，在進行講義列印前，可以按下「**檢視→母片檢視→講義母片**」按鈕，進入「講義母片」模式中，進行佈景主題、頁首及頁尾、版面配置或文字格式等設定。

按下**每頁投影片張數**按鈕，可以設定每頁要呈現多少張投影片，或是只顯示大綱內容。

Q 4-3 簡報放映技巧

當簡報製作完成後，便可進行簡報的放映，而在放映的過程中，還有許多技巧是不可不知的，接下來將學習這些放映技巧。

放映簡報及換頁控制

放映簡報時，可以按下 **F5** 快速鍵，或是快速存取工具列上的 按鈕，進行簡報放映。而在**「投影片放映→開始投影片放映」**群組中，可以選擇要從何處開始放映投影片。

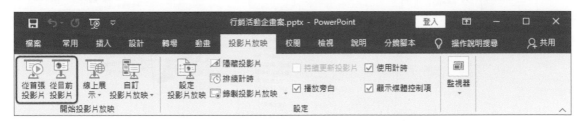

簡報在放映時，若要進行投影片換頁，可使用以下方法：

動作	指令按鈕 及 鍵盤快速鍵
從首張投影片	「投影片放映→開始投影片放映→從首張投影片」按鈕、F5
從目前投影片	「投影片放映→開始投影片放映→從目前投影片」按鈕、Shift+F5
換至下一張投影片	N、空白鍵、→、↓、Enter、PageDown
翻回前一張投影片	P、Backspace、←、↑、PageUp
結束放映	Esc、-（連字號）
回到第一張投影片	Home

在換頁時也可以直接使用滑鼠的滾輪來進行換頁，將滾輪往上推可以回到上一張投影片；往下推則是切換至下一張投影片。而若要結束放映時，則可以按下 **Esc** 鍵或一鍵。

使用以上方法進行換頁時，若投影片中的物件有設定動畫效果，且該動畫的開始方式為「按一下」，那麼換頁時會先執行動畫，而不是換頁，待動畫執行完後，便可繼續換頁的動作。

 TIPS

若無法記住那麼多的快速鍵，可以在放映投影片時，按下 **F1** 快速鍵，開啟「投影片放映說明」對話方塊，於**一般**標籤頁中，便會列出所有可使用的快速鍵。

在放映投影片時，於投影片的左下角可以隱約看到放映控制鈕，將滑鼠游標移至控制鈕上，便會顯示控制鈕，利用這些控制鈕也可以進行換頁控制。

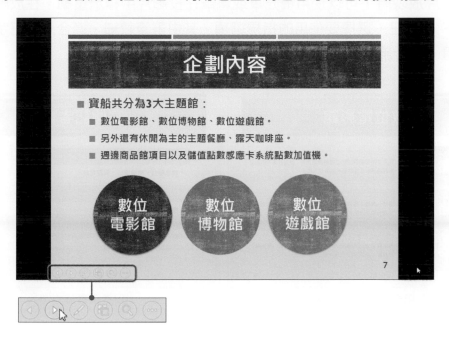

運用螢光筆加強簡報重點

在簡報放映過程中，可以使用雷射筆來指示投影片內容，或是使用畫筆、螢光筆功能，在投影片上標示文字或註解，在演說的過程中，能更清楚表達內容。

● 將滑鼠游標轉為雷射筆

在播放簡報時，按卜左卜角的 ✐ 按鈕，於選單中點選要使用的顏色，再按下**雷射筆**選項，即可將滑鼠游標轉換為雷射筆，或是按下 **Ctrl** 鍵不放，再按下**滑鼠左鍵**不放，也可以將滑鼠游標暫時轉換為雷射筆。

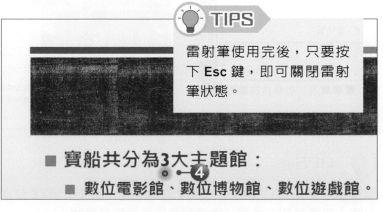

TIPS

雷射筆使用完後，只要按下 **Esc** 鍵，即可關閉雷射筆狀態。

◎ 用螢光筆或畫筆標示重點

投影片放映時，可以使用螢光筆或畫筆在投影片中標示重點。在放映的過程中，按下 ✐ 按鈕，選擇要使用的指標選項，其中畫筆較細，適合用來寫字，而螢光筆較粗，適合用來標示重點。

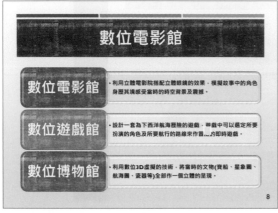

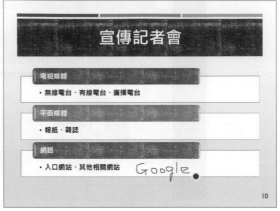

用螢光筆標示重點   用畫筆書寫文字

TIPS

要快速轉換為畫筆時，也可以直接按下 **Ctrl+P** 快速鍵，將滑鼠游標轉換為畫筆。使用完畫筆或螢光筆時，按下 **Ctrl+A** 快速鍵，即可回復到正常的滑鼠游標狀態。

◎ 清除與保留畫筆筆跡

在投影片中加入了螢光筆及畫筆時，若要清除筆跡，可以按下 ✐ 按鈕，於選單中點選**橡皮擦**，即可在投影片中選擇要移除的筆跡，而點選**擦掉投影片中的所有筆跡**，則可以一次將投影片中的所有筆跡移除。

TIPS

在清除筆跡時也可以使用快速鍵來進行，按下 **Ctrl+E** 快速鍵，可以將游標轉換為橡皮擦；或直接按下 **E** 鍵，清除投影片上的所有筆跡。

結束放映時，若投影片中還有筆跡，那麼會詢問是否要保留筆跡標註，按下**保留**按鈕，會將筆跡保留在投影片中；按下**放棄**按鈕，則會清除投影片中的筆跡。

放映時檢視所有投影片

在放映簡報時，若想要檢視所有投影片，可以按下左下角的 按鈕，即可瀏覽該簡報中的所有投影片，在投影片上按下**滑鼠左鍵**，即可放映該張投影片。

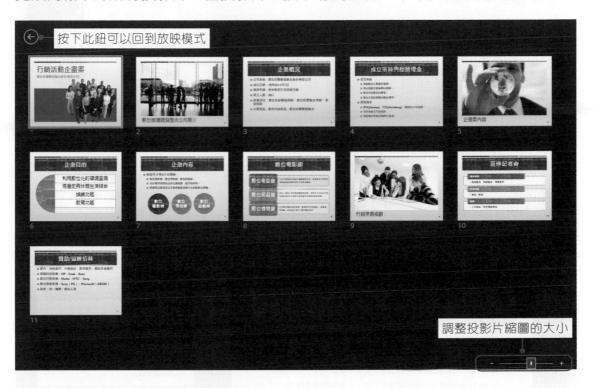

使用拉近顯示放大要顯示的部分

使用 按鈕，可以將簡報中的某部分放大顯示，這樣在簡報時就可以將焦點集中在特定部分。拉近顯示後，滑鼠游標會呈 狀態，按著**滑鼠左鍵**不放即可拖曳畫面，檢視其他的位置；要結束拉近顯示模式時，按下 **Esc** 鍵即可。

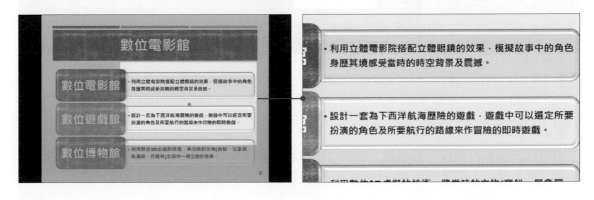

使用簡報者檢視畫面

演講者在進行簡報時,可以進入簡報者檢視畫面模式,便可在自己的電腦螢幕上顯示含有備忘稿的簡報,並進行簡報放映的操作;而觀眾所看到的畫面則是全螢幕放映模式。

要進入簡報者檢視畫面模式時,可以按下左下角的◎按鈕,於選單中點選**顯示簡報者檢視畫面**;或是在投影片上按下**滑鼠右鍵**,點選**顯示簡報者檢視畫面**即可進入檢視畫面。

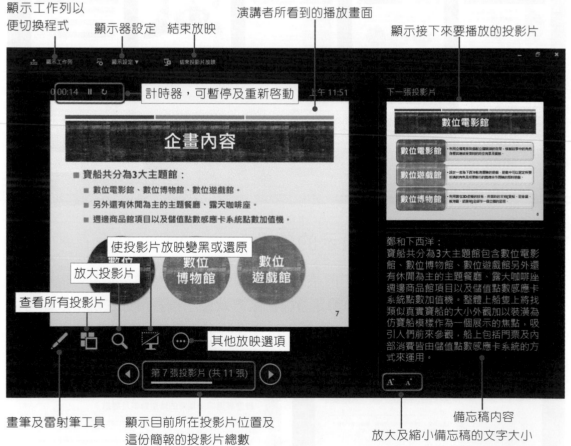

顯示工作列以便切換程式　顯示器設定　結束放映

演講者所看到的播放畫面

顯示接下來要播放的投影片

計時器,可暫停及重新啟動

使投影片放映變黑或還原

放大投影片

查看所有投影片

其他放映選項

畫筆及雷射筆工具　　顯示目前所在投影片位置及這份簡報的投影片總數

備忘稿內容

放大及縮小備忘稿的文字大小

TIPS

也可將「**投影片放映→監視器**」群組中的「**使用簡報者檢視畫面**」選項勾選即可。若只有一部監視器,直接按下 **Alt+F5** 快速鍵,即可使用簡報者檢視畫面。

Q 4-4 自訂放映投影片範圍

在一份簡報中,可以自行設定不同版本的放映組合,讓投影片放映時更有彈性。這節就來學習如何自訂放映投影片範圍。

隱藏不放映的投影片

在放映簡報時,若有某張投影片是不需要放映的,那麼可以先將投影片隱藏起來。只要在投影片上按下**滑鼠右鍵**,於選單中點選**隱藏投影片**,或按下「**投影片放映→設定→隱藏投影片**」按鈕。

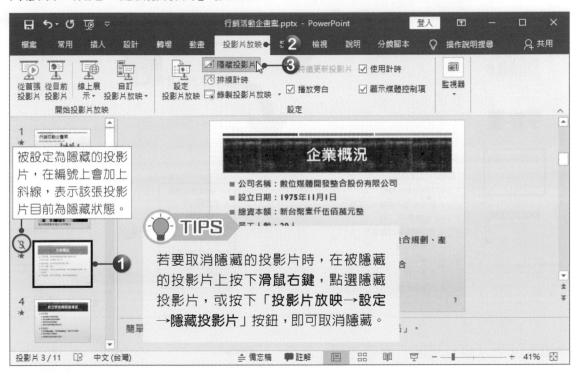

將投影片隱藏後,簡報在放映時,會自動跳過該張投影片,若臨時想要放映被隱藏的投影片,可以在即將播放到該投影片時,例如:被隱藏的是第3張投影片,那麼在播放到第2張投影片時,按下H鍵,即可播放。

建立自訂投影片放映

在一份簡報中,可以自行設定不同版本的放映組合。

行銷活動企畫案 / PowerPoint 放映與輸出技巧

STEP01 按下「投影片放映→開始投影片放映→自訂投影片放映」按鈕,於選單中點選**自訂放映**。

STEP02 開啟「自訂放映」對話方塊,按下**新增**按鈕,開啟「定義自訂放映」對話方塊後,於**投影片放映名稱**欄位中輸入**精簡版**,接著勾選要自訂放映的投影片,選取好後再按下**新增**按鈕,被選取的投影片便會加入**自訂放映中的投影片**選單中,最後按下**確定**按鈕。

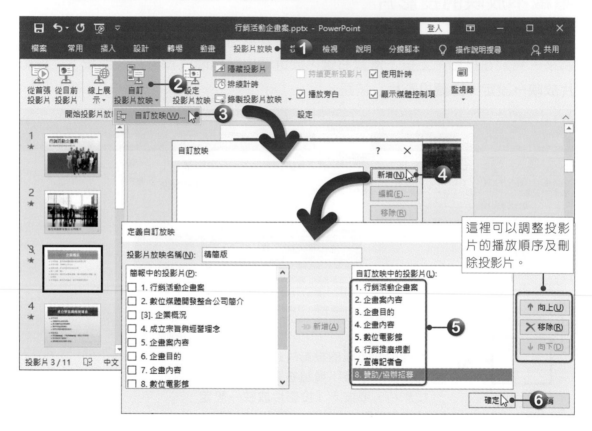

STEP03 回到「自訂放映」對話方塊,便可看見剛剛所建立的投影片放映名稱,沒問題後按下**關閉**按鈕,完成自訂投影片放映的動作。

STEP04 自訂好要放映的投影片後,若要放映自訂投影片時,必須按下「**投影片放映→開始投影片放映→自訂投影片放映**」按鈕,於選單中選擇要放映的版本,點選後即可進行放映的動作。

🔍 4-5 錄製投影片放映時間及旁白

若製作的簡報要做為自動展示使用，則可事先將旁白及解說過程錄製下來。只要有音效卡、麥克風及喇叭(網路攝影機則為非必要)，就可以為PowerPoint簡報錄製旁白、投影片計時以及筆跡。這些內容同樣可以在放映中播放，或是直接將簡報儲存成視訊檔案。

設定排練時間

簡報要自動連續播放時，可以進入**「轉場→預存時間」**群組中，設定每隔多少秒自動換頁，或是使用排練計時功能，實際排練每張投影片所須花費的時間。

STEP01 按下**「投影片放映→設定→排練計時」**按鈕，簡報會開始進行放映的動作，而在螢幕左上角則會出現一個「錄製」對話方塊，此時「錄製」對話方塊中的時間也會跟著啟動計時。

STEP02 在排練計時的過程中要切換投影片時，可以按下 ➡ **下一張**按鈕；若想要重新錄製該張投影片的時間，可以按下 ↺ **重複**按鈕，或 R 鍵，先暫停錄製再按下**繼續錄製**按鈕，即可重新錄製投影片的排練時間。若在排練過程中想要暫停時，可以按下 ❚❚ **暫停錄製**按鈕，便會停止排練。

STEP03 所有的投影片時間都排練完成後，或過程中按下 Esc 鍵，便會出現一個訊息視窗，上面會顯示該份簡報的總放映時間，如果希望以此時間做為播放時間，就按下**是**按鈕，完成排練的動作。

STEP04 進入投影片瀏覽模式中，在每張投影片的右下角就會顯示一個時間，即為投影片的放映時間。

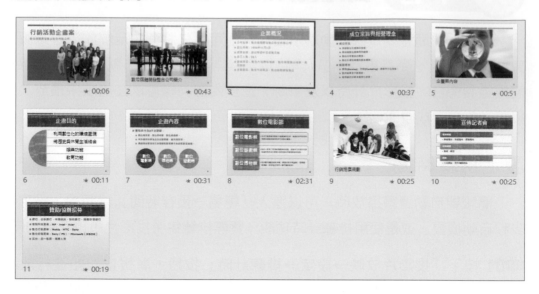

錄製旁白

在簡報中還可以加入旁白說明，讓簡報在放映時一併播放旁白。在錄製旁白前，請先確認電腦已安裝音效卡、喇叭及麥克風等硬體設備，若沒有這些設備，將無法進行旁白的錄製。

STEP01 按下「投影片放映→設定→錄製投影片放映」選單鈕，選擇要從目前投影片錄製或是從頭錄製。

STEP02 進入投影片放映的「錄製」視窗中,在左上角會有錄製、停止、重播三個錄製操控按鈕。按下紅色圓形的**錄製**按鈕(或鍵盤上的 R 鍵),即可開始錄製內容;按下**停止**按鈕(或鍵盤上的 S 鍵),即可停止錄製。

按下**錄製**鈕後,會出現三秒鐘的倒數計時,接著開始錄製內容。

按下**備忘錄**下拉鈕,會顯示該投影片的備忘錄內容。

按下**清除**鈕,可清除投影片上的錄製內容。

提供**畫筆、螢光筆**及**橡皮擦**功能。在錄製過程中,可將滑鼠游標轉換為畫筆或螢光筆,進行指示的動作,而這些筆跡動作也會一併被錄製下來。

STEP03 錄製完成後,或過程中按下 Esc 鍵,便可結束錄製的動作。進入投影片瀏覽模式中,在每張投影片的右下角就會顯示投影片的放映時間。

STEP04 而在每張投影片中會多一個音訊圖示，可以自行調整音訊的大小、位置及播放方式等。

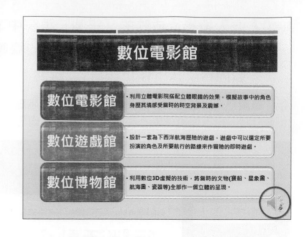

若簡報有錄製預存時間及旁白時，別忘了將**播放旁白**及**使用計時**兩個選項勾選，這樣播放投影片時，才會使用錄製的時間來播放並加入旁白。

清除預存時間及旁白

若想要重新錄製或取消旁白時，可以按下**「投影片放映→設定→錄製投影片放映」**選單鈕，於選單中點選**清除**，即可選擇要清除目前投影片或所有投影片上的預存時間及旁白。

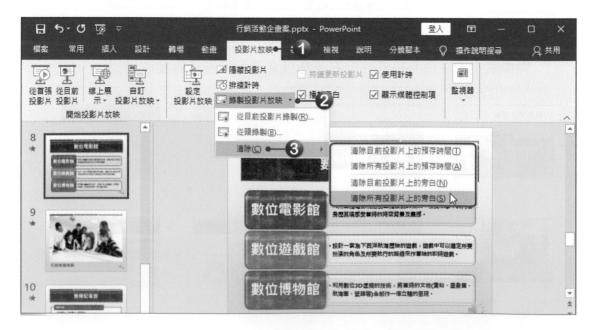

4-6 將簡報封裝成光碟

PowerPoint提供了將簡報封裝成光碟功能，使用此功能可以將簡報中使用到的字型及連結的檔案(文件、影片、音樂等)都打包在同一個資料夾中，或是燒錄到CD中。如此一來，在別台電腦開啟檔案時，就不會發生連結不到檔案的問題。在封裝時，可以選擇要將簡報封裝到資料夾，或是直接燒錄到光碟中。

STEP01 按下「**檔案→匯出→將簡報封裝成光碟**」選項，再按下**封裝成光碟**按鈕，開啟「封裝成光碟」對話方塊。

STEP02 在**CD名稱**欄位中輸入名稱，若要再加入其他的簡報檔案時，按下**新增**按鈕，即可再新增其他檔案。

STEP03 在封裝簡報前，還可以按下**選項**按鈕，開啟「選項」對話方塊，選擇是否要將連結的檔案及字型一併封裝。

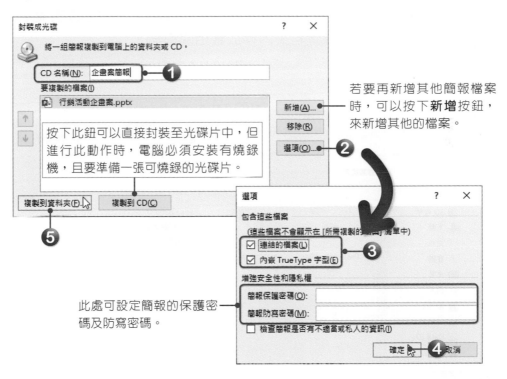

若要再新增其他簡報檔案時，可以按下**新增**按鈕，來新增其他的檔案。

按下此鈕可以直接封裝至光碟片中，但進行此動作時，電腦必須安裝有燒錄機，且要準備一張可燒錄的光碟片。

此處可設定簡報的保護密碼及防寫密碼。

STEP04 都設定好後，按下**複製到資料夾**按鈕，開啟「複製到資料夾」對話方塊，設定資料夾名稱及要複製的位置，都設定好後按下**確定**按鈕。

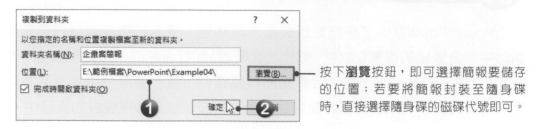

按下**瀏覽**按鈕，即可選擇簡報要儲存的位置；若要將簡報封裝至隨身碟時，直接選擇隨身碟的磁碟代號即可。

STEP05 接著會詢問是否要將連結的檔案都封裝，這裡請按下**是**按鈕。

STEP06 PowerPoint就會開始進行封裝的動作，完成後，在指定位置就會新增一個所設定的資料夾，該資料夾內存放著相關檔案。

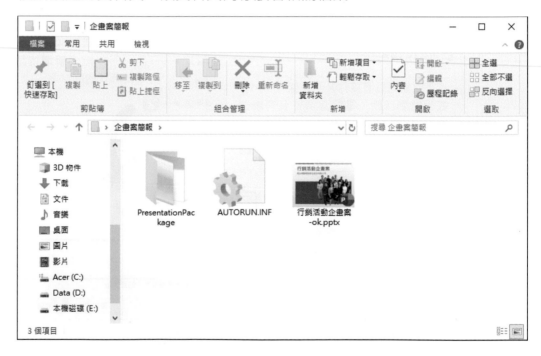

STEP07 封裝完成後回到「封裝成光碟」對話方塊，按下**關閉**按鈕，結束封裝光碟的動作。

4-7 列印簡報

簡報製作完成後，即可進行列印的動作，而列印時可以選擇列印的方式，這節就來學習如何進行簡報的列印。

預覽列印

要預覽簡報時，可以按下**「檔案→列印」**功能，即可預覽列印的結果。

切換要預覽的頁面　　調整顯示比例

設定列印範圍

在列印簡報時，可以自行設定要列印的範圍，選擇**列印所有投影片**時，則可列印全部的投影片；選擇**列印目前的投影片**時，則會列印出目前所在位置的投影片；選擇**列印選取範圍**時，只會列印被選取的投影片內容；選擇**自訂範圍**時，可以自行選擇要列印的投影片。

可以自行輸入要列印的投影片編號，例如：要列印第1張到第5張投影片時，輸入「1-5」，如果要列印第1、3、5頁時，則輸入「1,3,5」。

列印版面配置設定

要列印投影片時，可以將列印版面配置設定為**全頁投影片**、**備忘稿**、**大綱**及**講義**等方式。

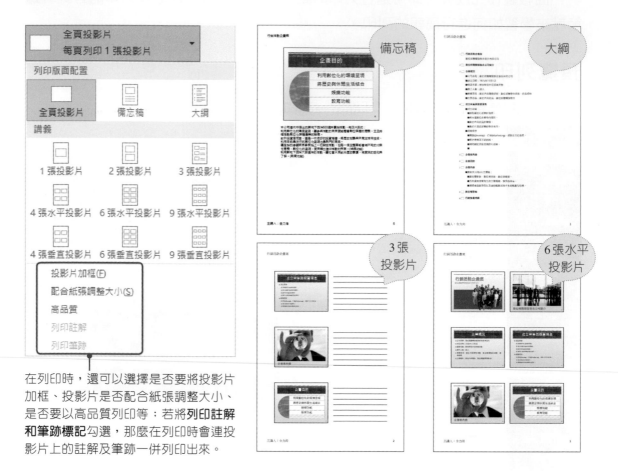

在列印時，還可以選擇是否要將投影片加框、投影片是否配合紙張調整大小、是否要以高品質列印等；若將**列印註解和筆跡標記**勾選，那麼在列印時會連投影片上的註解及筆跡一併列印出來。

列印及列印份數

列印資訊都設定好後，在**份數**欄位中輸入要列印份數，最後再按下**列印**按鈕，即可將簡報從印表機中印出。

按下**列印**按鈕即可進行列印的動作。

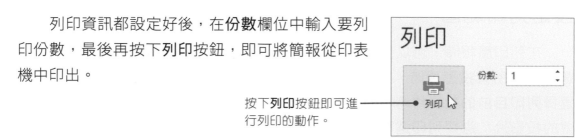

自我評量

☆選擇題

( )1. 在PowerPoint中進行投影片放映時，按下下列何組快速鍵，可將滑鼠游標轉換為畫筆？ (A)Ctrl+A (B)Ctrl+C (C)Ctrl+P (D)Ctrl+E。

( )2. 在PowerPoint中，如果同一份簡報必須向不同的觀眾群進行報告，可透過下列哪一項功能，將相關的投影片集合在一起，如此即可針對不同的觀眾群，放映不同的投影片組合？ (A)設定放映方式 (B)自訂放映 (C)隱藏投影片 (D)新增章節。

( )3. 在PowerPoint中執行下列何項功能，可將簡報內容以貼上連結的方式傳送到Word？ (A)建立講義 (B)存成「大綱/RTF」檔 (C)利用「複製」與「選擇性貼上/貼上連結」(D)由Word開啟簡報檔。

( )4. 在PowerPoint中，每頁列印幾張投影片的講義，含有可讓聽眾做筆記的空間？ (A)二張 (B)三張 (C)四張 (D)六張。

( )5. 在PowerPoint中，若只想要列印簡報內的文字，而不印任何圖形或動畫，可設定下列哪一項列印模式？ (A)全頁投影片 (B)講義 (C)備忘稿 (D)大綱。

( )6. 在PowerPoint中，若想要列印編號為2、3、5、6、7的投影片，應如何輸入列印的「自訂範圍」？ (A)2;3;5-7 (B)2,3;5-7 (C)2-3,5,6,7 (D)2-3;5-7。

( )7. 在PowerPoint中，將「列印版面配置」設定為「全頁投影片」時，每頁最多可列印幾張投影片？ (A)一張投影片 (B)二張投影片 (C)三張投影片 (D)四張投影片。

( )8. 在PowerPoint中，若要將投影片中的筆跡移除時，可以按下鍵盤上的哪個按鍵？ (A)E (B)P (C)Z (D)S。

( )9. 在PowerPoint中欲設定排練時間時，應點選下列何項指令？ (A)投影片放映→設定→排練計時 (B)投影片放映→編輯→排練計時 (C)投影片放映→檢視→排練計時 (D)投影片放映→插入→排練計時。

( )10.若欲在PowerPoint中錄製及聽取旁白，下列何者不是電腦必要的設備？ (A)麥克風 (B)視訊裝置 (C)喇叭 (D)音效卡。

○實作題

1. 開啟「範例檔案→PowerPoint→Example04→業務行銷寶典.pptx」檔案，進行以下設定。

   ▶ 開啟「備忘稿.txt」檔案，將檔案內的資料分別加入第2張、第3張、第5張投影片中的備忘稿。

   ▶ 進入「備忘稿母片」中進行文字格式設定，格式請自訂，並加入投影片圖像、本文、頁尾、頁碼等配置區，頁尾文字設定為「業務行銷寶典分享」。

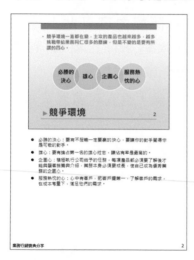 

   ▶ 將簡報以講義方式列印，每張紙呈現3張投影片，並將投影片加入框線，列印時配合紙張調整大小。

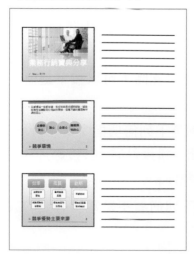 

Access

2019

01 客戶管理資料庫

02 商品管理資料庫

客戶管理資料庫

建立Access資料庫

01

學習目標

建立資料庫/
建立及編修資料表結構/
在資料工作表中建立資料/
資料工作表的基本操作/
匯入及匯出資料

☆ 範例檔案

Access→Example01→銷售表.xlsx

☆ 結果檔案

Access→Example01→全華客戶資料.accdb

Access→Example01→全華客戶資料.txt

Access是由微軟(Microsoft)公司所推出的資料庫軟體，**資料庫**(DataBase)指的是「將一群具有相關連的檔案組合起來」。使用資料庫可以將資料一筆一筆的記錄起來，當有需要的時候，再利用各種查詢方式，查詢出想要的資料。

在「客戶管理資料庫」範例中，將學習如何建立一個資料庫，並設計資料表結構及建立資料表內容。

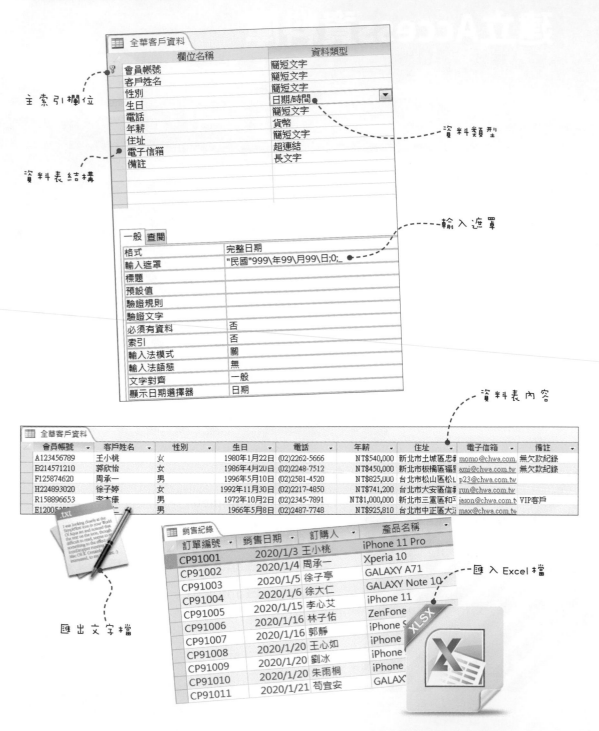

Q 1-1 建立資料庫檔案

在此範例中，第一個步驟就是要先建立一個資料庫檔案，建立後才能進行後續的資料表結構及輸入資料內容的動作。

啟動Access

安裝好Office應用軟體後，先按下「**開始**」鈕，接著在程式選單中，點選「**Access**」，即可啟動Access。

啟動Access時，會先進入開始畫面中，在畫面下方會顯示 **最近** 曾開啟的檔案，直接點選即可開啟該檔案；按下左側的 **開啟** 選項，即可選擇其他要開啟的Access檔案。點選**空白資料庫**，即可建立一份新的空白資料庫。

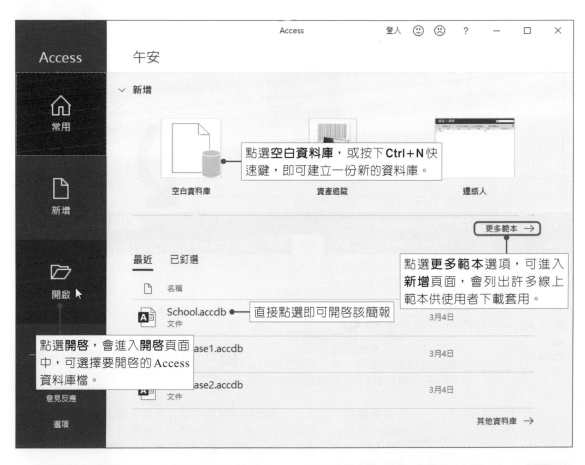

除了上述方法外，還可以直接在Access資料庫的檔案名稱或圖示上，**雙擊滑鼠左鍵**，啟動Access操作視窗，並開啟該資料庫。

建立資料庫

開啟Access操作視窗後，按下**空白資料庫**選項，即可進行建立資料庫的動作；也可以在進入操作視窗後，按下「**檔案→新增**」按鈕，或Ctrl+N快速鍵，進入**新增**頁面，進行建立資料庫的動作。

在建立資料庫時，必須先建立該資料庫的檔案名稱及儲存位置，才能完成資料庫的建立，而Access會自動在資料庫檔中新增一個空白的「**資料表1**」。

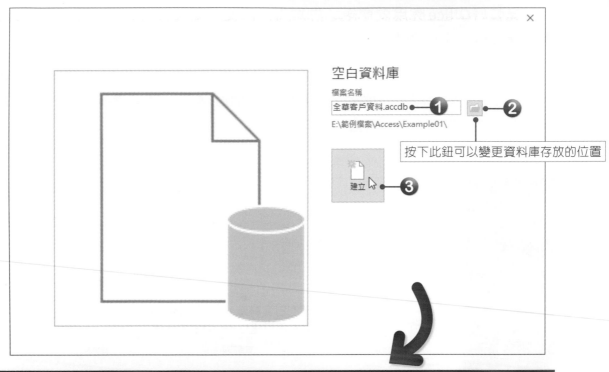

空白資料庫

檔案名稱

全華客戶資料.accdb ●——➊　　　●——➋

E:\範例檔案\Access\Example01\

按下此鈕可以變更資料庫存放的位置

建立 ●——➌

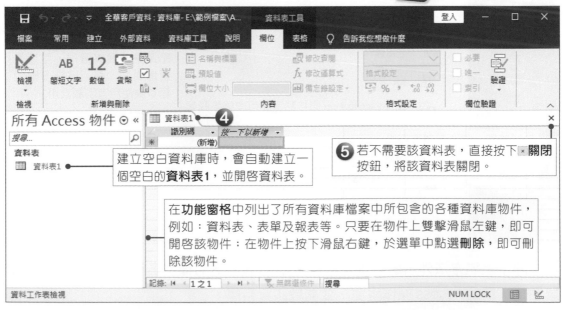

所有 Access 物件

搜尋...

資料表
　資料表1

➍ 資料表1

建立空白資料庫時，會自動建立一個空白的**資料表1**，並開啟資料表。

➎ 若不需要該資料表，直接按下 × **關閉**按鈕，將該資料表關閉。

在**功能窗格**中列出了所有資料庫檔案中所包含的各種資料庫物件，例如：資料表、表單及報表等。只要在物件上雙擊滑鼠左鍵，即可開啟該物件；在物件上按下滑鼠右鍵，於選單中點選**刪除**，即可刪除該物件。

🔍 1-2 資料表的設計

資料庫檔案建立好後,接著要開始設計資料表的結構、主索引鍵、輸入遮罩等。

建立資料表結構

當資料庫建立完成後,於資料庫中就可以進行建立資料表結構的動作。在此範例中,要建立一個全華客戶資料表,此資料表包含了以下的資料:

會員帳號	A123456789	客戶姓名	王小桃	性　別	女
生　　日	1980/1/22	電　話	02-22625666	年　薪	540,000
住　　址	新北市土城區忠義路21號				
電子信箱	momo@chwa.com.tw				
備　　註	無欠款記錄				

在Access中,要將這些資料轉換成資料表中的欄位,欄位的類型及資料長度規劃如下:

欄位名稱	資料類型	資料長度	欄位名稱	資料類型	資料長度
會員帳號	簡短文字	10個字元	客戶姓名	簡短文字	10個字元
性　別	簡短文字	2個字元	生　日	日期/時間	
電　話	簡短文字	13個字元	年　薪	貨幣	
住　址	簡短文字	255個字元	電子信箱	超連結	
備　註	長文字				

了解後,請跟著以下步驟建立全華客戶資料表的資料表結構。

STEP01 建立好資料庫檔案後,按下「**建立→資料表→資料表設計**」按鈕,可建立一個新的資料表。

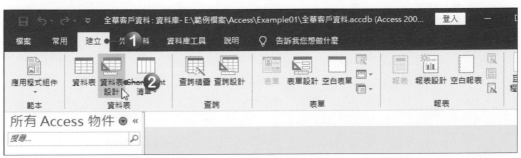

EX

1

客戶管理資料庫 / 建立Access資料庫

STEP02 開啟「資料表1」視窗後，在欄位名稱中輸入**會員帳號**文字，於資料類型選單中選擇**簡短文字**，並將欄位屬性中的**欄位大小**設定為**10**、**必須有資料**設定為**是**。會員帳號這個欄位的值在整個資料表中是不能重複的。

① 欄位名稱可以輸入64個字元，且可以包含空白字元。

欄位大小是指每筆記錄中，該欄位在硬碟內所佔的儲存空間，所以在定義欄位大小時，最好事先預估該欄位要輸入的資料量。預設只有**簡短文字**、**數字**及**自動編號**三種類型可以自訂欄位大小。

STEP03 設定「客戶姓名」的欄位名稱及資料類型，姓名大多為2~3個中文字，但也有4個中文字以上的姓名，故將欄位大小設定為**10**。

STEP04 設定「性別」的欄位名稱及資料類型。

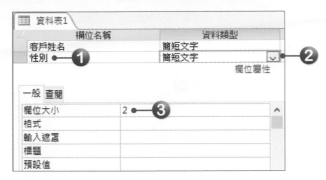

STEP05 設定「生日」的欄位名稱及資料類型，將日期的格式設定為完整日期。

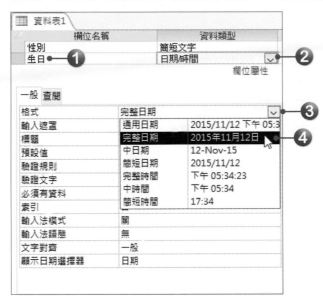

STEP06 設定「電話」的欄位名稱及資料類型。

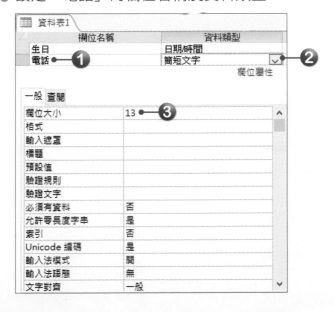

STEP07 設定「年薪」的欄位名稱及資料類型,並將格式設定為**貨幣**格式;小數位數設定為0。

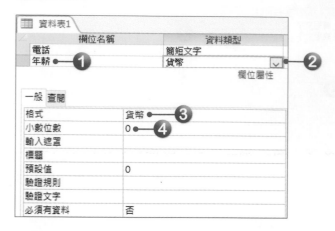

STEP08 設定「住址」的欄位名稱及資料類型。

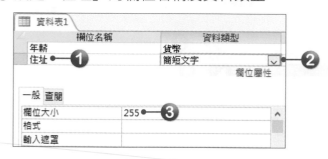

STEP09 設定「電子信箱」的欄位名稱及資料類型。

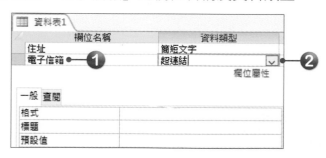

STEP10 設定「備註」的欄位名稱及資料類型。

設定主索引欄位

在一個資料表中，會將某個欄位當作索引欄位，以利搜尋資料時使用。而做為主索引的欄位，欄位中的每一個值都必須是唯一的，不能重複，且最好選擇具有意義或代表性的欄位做為主索引欄位。在此範例中，會員帳號即為客戶的身分證字號，而身分證字號基本上是不會重複的，故將該欄位設定為主索引。

STEP01 點選**會員帳號**欄位，按下「**資料表工具→設計→工具→主索引鍵**」按鈕。

STEP02 在**會員帳號**欄位前就多了一個 🔑 圖示，表示將會員帳號設定為主索引鍵。

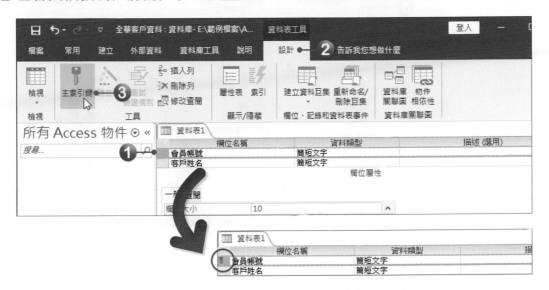

STEP03 資料表結構建立好後，按下**快速工具列**上的 🔲 **儲存檔案**按鈕，或按下 **Ctrl+S** 快速鍵，開啟「另存新檔」對話方塊，在**資料表名稱**欄位中輸入名稱，輸入好後按下**確定**按鈕。

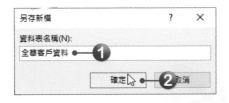

設定資料欄位的輸入遮罩

在輸入資料時，有些欄位的資料(例如：生日、電話)在輸入時可以設定格式，這樣在資料表內的資料會較為整齊一致。此時可以使用**輸入遮罩**功能，來設定輸入的格式。

在此範例中，將設定當輸入生日資料時，該欄位的輸入格式會顯示「民國
年 月 日」；輸入電話時會出現「( ) - 」，使用者只要輸入數字即可。

STEP01 點選要定義輸入遮罩的**生日**欄位，按下**輸入遮罩**的**建立**按鈕，開啟「輸
入遮罩精靈」對話方塊，選擇要使用的遮罩格式，選擇好後按**下一步**按鈕。

STEP02 接著在**試試看吧**欄位按一下**滑鼠左鍵**，即可測試設定的遮罩格式，測試沒
問題後，按下**下一步**按鈕，最後按下**完成**按鈕完成設定。

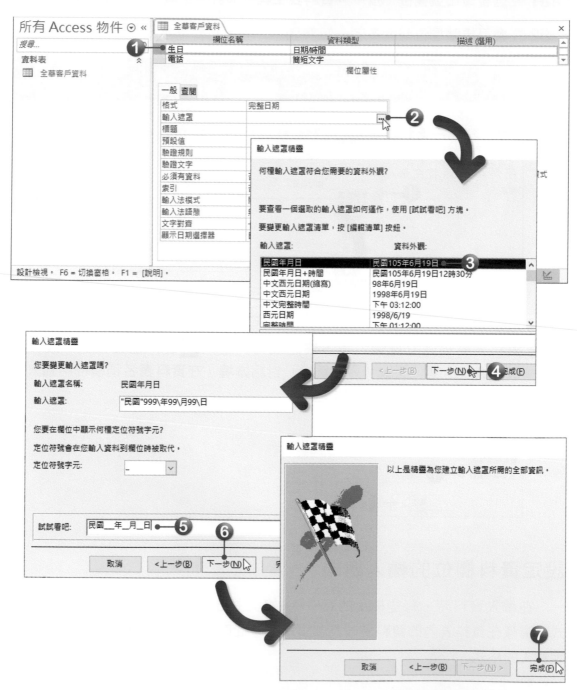

STEP03 在輸入遮罩屬性欄位中就會產生遮罩設定的結果。

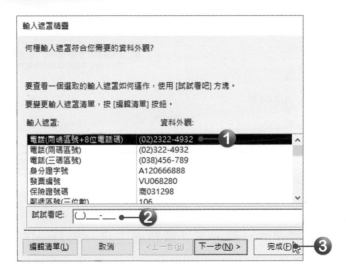

STEP04 點選**電話**欄位，按下**輸入遮罩**的⚏**建立**按鈕，開啟「輸入遮罩精靈」對話方塊，進行遮罩格式的設定。

STEP05 在輸入遮罩屬性欄位中就會產生遮罩設定的結果。

STEP06 輸入遮罩都設定好後，按下 **Ctrl+S** 快速鍵，將資料表儲存起來。

修改資料表結構

要修改資料表的欄位名稱、欄位屬性時，先開啟資料表，再按下「**常用→檢視→檢視→設計檢視**」按鈕，進入「**設計檢視**」模式中，即可修改。

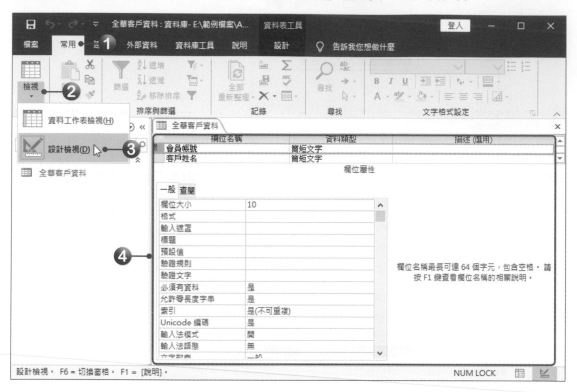

◉ 插入新欄位

若要新增一個欄位時，先點選欄位，再按下「**資料表工具→設計→工具→插入列**」按鈕，即可新增一個空白欄位。

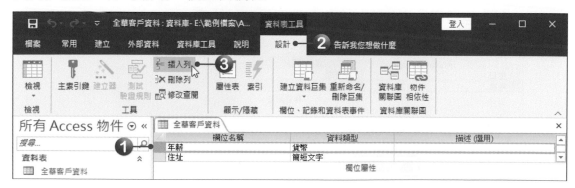

◉ 刪除欄位

若要刪除欄位時，先點選該欄位，按下「**資料表工具→設計→工具→刪除列**」按鈕，或按下 Delete 鍵，即可將欄位刪除。

資料表的欄位屬性都設定好後，接下來就可以進行資料的輸入。

建立資料

在建立資料的過程中，Access會自動以記錄為單位來暫存資料，不過，在建立資料的過程中，也可以隨時按下**Ctrl+S**快速鍵，或是按下**快速存取工具列**上的 按鈕來儲存記錄。

STEP01 在**功能窗格**中的資料表名稱上**雙擊滑鼠左鍵**，開啟**資料表視窗**。

STEP02 在**會員帳號**欄位中按一下**滑鼠左鍵**，即可於欄位中輸入相關的資料，輸入完後按下**Tab**鍵或在欄位中按一下**滑鼠左鍵**，即可將插入點移至下一個欄位中，輸入相關資料。

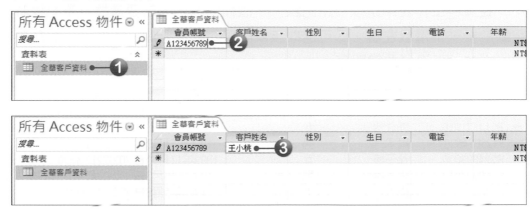

STEP03 在輸入生日資料及電話時，因該欄位有設定遮罩，所以點選該欄位時，會顯示設定好的遮罩格式，依格式輸入數字即可。

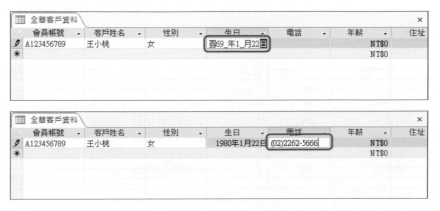

STEP04 最後依序輸入所有的客戶資料，輸入好後按下 **Ctrl+S** 快速鍵，將資料表儲存起來。

全華客戶資料								
會員帳號 ▾	客戶姓名 ▾	性別 ▾	生日 ▾	電話 ▾	年薪 ▾	住址 ▾	電子信箱 ▾	備註 ▾
A123456789	王小桃	女	1980年1月22日	(02)2262-5666	NT$540,000	新北市土城區忠…	momo@chwa.com.	無欠款紀錄
B214571210	郭欣怡	女	1986年4月20日	(02)2248-7512	NT$450,000	新北市板橋區福…	ami@chwa.com.tw	無欠款紀錄
F125874620	周承一	男	1996年5月10日	(02)2581-4520	NT$825,000	台北市松山區松…	p23@chwa.com.tw	
H224893020	徐子婷	女	1992年11月30日	(02)2217-4850	NT$741,200	台北市大安區信…	run@chwa.com.tw	
R158896653	李木儀	男	1972年10月2日	(02)2345-7891	NT$1,000,000	新北市三重區和…	jason@chwa.com.t	VIP客戶
E120053585	楊大仁	男	1966年5月8日	(02)2487-7748	NT$925,810	台北市中正區大…	max@chwa.com.tw	
*					NT$0			

資料工作表的編輯

在資料工作表中建立好各筆記錄後，還可以針對記錄、欄位等資料進行調整、修改、刪除等動作。

● 選取記錄

在資料工作表中是以一筆記錄、一個欄位為主。若要選擇一筆記錄時，在該記錄前按一下**滑鼠左鍵**，即可選取該筆記錄。若要選取一個欄時，則在欄位名稱的上方按一下**滑鼠左鍵**即可。

	會員帳號 ▾	客戶姓名 ▾	性別 ▾	生日 ▾	電話 ▾	年薪
	A123456789	王小桃	女	1980年1月22日	(02)2262-5666	NT$540,
➡	B214571210	郭欣怡	女	1986年4月20日	(02)2248-7512	NT$450,
	F125874620	周承一	男	1996年5月10日	(02)2581-4520	NT$825,
	H224893020	徐子婷	女	1992年11月30日	(02)2217-4850	NT$741,
	R158896653	李木儀	男	1972年10月2日	(02)2345-7891	NT$1,000,
	E120053585	楊大仁	男	1966年5月8日	(02)2487-7748	NT$925,

● 調整欄寬與列高

在資料工作表中的欄位寬度可依資料內容來調整。將滑鼠游標移至欄與欄之間，再按下**滑鼠左鍵**不放，即可調整欄寬。

	會員帳號 ▾	客戶姓名 ▾	性別 ▾	生日 ▾	電話 ▾	年薪
	A123456789	王小桃	女	1980年1月22日	(02)2262-5666	NT$540,
	B214571210	郭欣怡	女	1986年4月20日	(02)2248-7512	NT$450,
	F125874620	周承一	男	1996年5月10日	(02)2581-4520	NT$825,
	H224893020	徐子婷	女	1992年11月30日	(02)2217-4850	NT$741,
	R158896653	李木儀	男	1972年10月2日	(02)2345-7891	NT$1,000,
	E120053585	楊大仁	男	1966年5月8日	(02)2487-7748	NT$925,

將滑鼠游標移至列與列之間，再按下**滑鼠左鍵**不放，即可調整列高。若要一次調整所有的列高，可以按下資料工作表左上角的 ▢ 按鈕，選取整個資料表，再進行調整即可。

按下此鈕可選取整個資料表

會員帳號	客戶姓名	性別	生日	電話	年薪
A123456789	王小桃	女	1980年1月22日	(02)2262-5666	NT$540,000
B214571210	郭欣怡	女	1986年4月20日	(02)2248-7512	NT$450,000
F125874620	周承一	男	1996年5月10日	(02)2581-4520	NT$825,000
H224893020	徐子婷	女	1992年11月30日	(02)2217-4850	NT$741,200
R158896653	李木儀	男	1972年10月2日	(02)2345-7891	NT$1,000,000
E120053585	楊大仁	男	1966年5月8日	(02)2487-7748	NT$925,810
*					NT$0

會員帳號	客戶姓名	性別	生日	電話	年薪
A123456789	王小桃	女	1980年1月22日	(02)2262-5666	NT$540,000
B214571210	郭欣怡	女	1986年4月20日	(02)2248-7512	NT$450,000
F125874620	周承一	男	1996年5月10日	(02)2581-4520	NT$825,000
H224893020	徐子婷	女	1992年11月30日	(02)2217-4850	NT$741,200
R158896653	李木儀	男	1972年10月2日	(02)2345-7891	NT$1,000,000
E120053585	楊大仁	男	1966年5月8日	(02)2487-7748	NT$925,810
*					NT$0

◉ 文字格式設定

　　在資料表中的資料也是可以設定文字格式的。要設定時，先按下資料工作表左上角的 ▢ 按鈕，選取整個資料表，再進入**「常用→文字格式設定」**群組中，即可進行文字格式的設定。

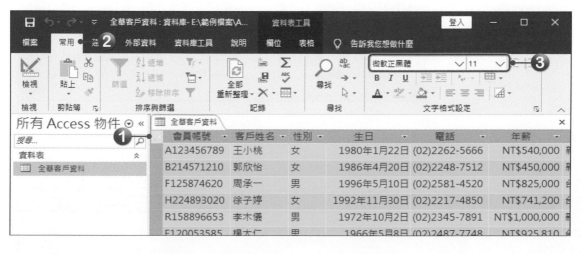

刪除記錄

若要將資料工作表中的記錄刪除時,先選取記錄,再按下「常用→記錄→刪除」按鈕即可。

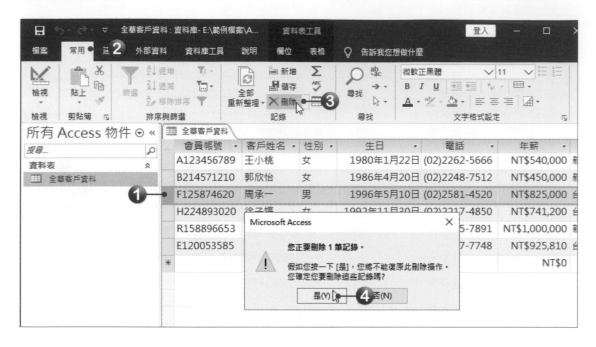

關閉資料工作表視窗

當不想使用資料工作表時,可以按下資料工作表視窗右上角的 × 按鈕,即可將資料工作表關閉。

Q 1-4 匯入與匯出資料

在Access中除了自行建立資料外，還可以利用匯入與連結功能，將其他檔案的資料匯入至資料庫中。Access可以匯入及匯出的資料類型有：Excel、文字檔(txt)、XML檔案、HTML文件等。

匯入Excel資料

在此範例中要匯入一個「銷售表.xlsx」的 Excel 檔案。

STEP01 按下「**外部資料→匯入與連結→新增資料來源→從檔案→Excel**」按鈕，開啟「**取得外部資料 - Excel 試算表**」對話方塊。

STEP02 按下**瀏覽**按鈕，選擇要匯入的檔案，再點選**匯入來源資料至目前資料庫的新資料表**選項，選擇好後按下**確定**按鈕。

STEP03 開啟「匯入試算表精靈」對話方塊。因為匯入的 Excel 資料有標題列，所以須將**第一列是欄名**勾選，若是匯入的 Excel 資料沒有標題列，就不要勾選此選項，設定好後按**下一步**按鈕。

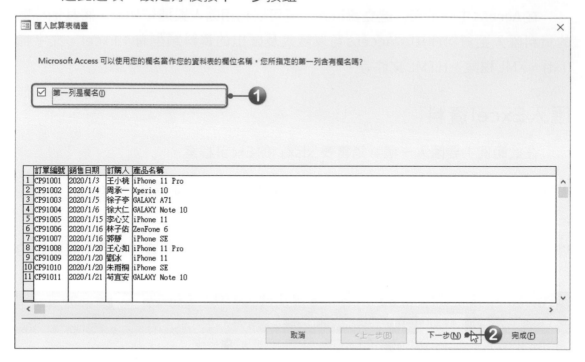

STEP04 接著設定各欄位的名稱與資料類型，還可以選擇是否為索引欄位，或是不要匯入該欄位，都設定好後按**下一步**按鈕。

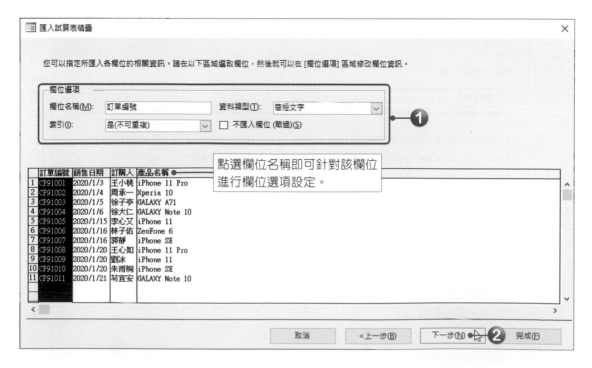

STEP05 接著設定主索引欄位，點選**自行選取主索引鍵**，再選擇要設為主索引鍵的欄位，選擇好後按**下一步**按鈕。

STEP06 在匯入至資料表欄位中輸入一個資料表名稱，輸入完後，按下**完成**按鈕。

STEP07 此時會詢問要不要將以上的匯入步驟儲存起來，這樣下次匯入資料時即可快速進行，而不需要使用精靈，選擇好後按下**關閉**按鈕。

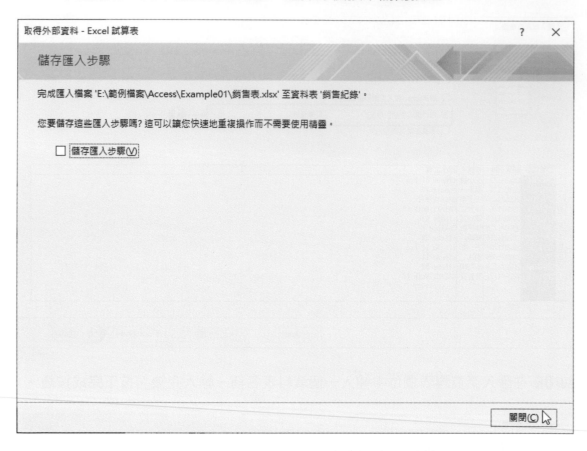

STEP08 完成匯入後，在**功能**窗格中就會多了一個剛剛匯入的資料表。

STEP 09 資料匯入後，若要修改欄位名稱或是資料類型時，按下「常用→檢視→檢視→設計檢視」按鈕，或是「資料表工具→欄位→檢視→檢視→設計檢視」按鈕即可進行資料結構的設定。

STEP 10 欄位名稱與資料類型都修改好後，即可進行文字格式及欄位大小的調整。

匯入純文字檔

要匯入純文字檔時，操作方法與匯入 Excel 檔案大致上是相同的。不過有一點要注意的是，該文字檔的欄位與欄位之間必須要有分隔符號，這樣 Access 才能判斷該如何區分欄位，而欄位與欄位之間可以用逗號 (,)、定位點符號、空格、分號 (;) 等方式分隔。

將資料表匯出為文字檔

在Access中可以將資料表匯出成Excel檔、文字檔、XML檔、PDF或XPS、電子郵件、HTML文件、Word的RTF格式檔等。

STEP01 點選要匯出的「**全華客戶資料**」資料表，按下「**外部資料→匯出→文字檔**」按鈕。

STEP02 開啟「匯出-文字檔」對話方塊，按下**瀏覽**按鈕，設定要匯出的位置與檔案名稱，設定好後按下**確定**按鈕。

STEP03 接著選擇要匯出的格式，這裡請點選**分欄字元**，選擇好後按下**一步**按鈕。

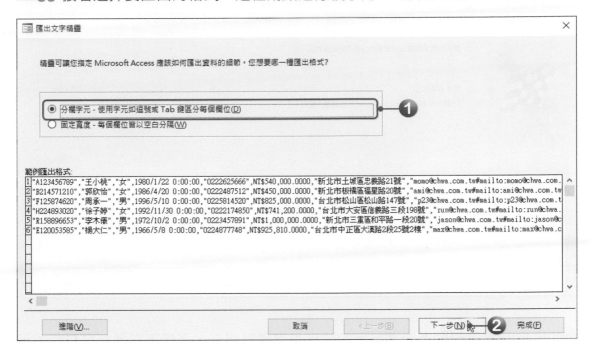

STEP04 接著設定欄與欄之間的分隔符號，設定好後再將**包括第1列的欄名**勾選，再按下**文字辨識符號**選單鈕，於選單中選擇**{無}**，選擇好後按下**一步**按鈕。

FX

STEP 05 最後按下**完成**按鈕，即可進行匯出的動作。

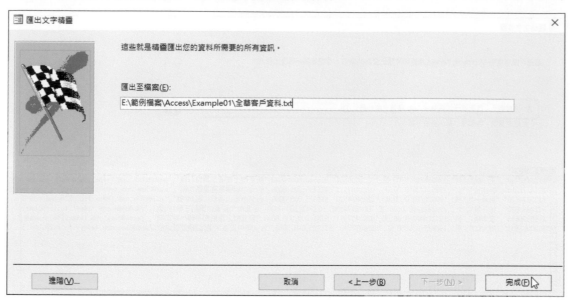

STEP 06 此時會詢問要不要將以上的匯出步驟儲存起來，這樣下次匯出資料時即可快速進行，而不需要使用精靈，選擇好後按下**關閉**按鈕。

STEP 07 完成匯出後，在所選的資料夾內就會多了一個「txt」格式的檔案，該檔案中的欄位與欄位間會以「定位點」為分隔。

❖ 選擇題

( )1. 在設計 Access 資料表時，「生日」欄位應設定為下列何種資料類型較適合？ (A) 簡短文字 (B) 長文字 (C) 貨幣 (D) 日期／時間。

( )2. 在 Access 中，下列何種資料類型較適合存放要計算的數值？ (A) 貨幣 (B) 數值 (C) 自動編號 (D) 長文字。

( )3. 下列何種資料類型可以由 Access 自動產生流水編號？ (A) 貨幣 (B) 數值 (C) 自動編號 (D) 文字。

( )4. 在 Access 中，簡短文字資料類型最多可存放多少個字元？ (A)254 (B)255 (C)256 (D)257。

( )5. 在 Access 中，要設定資料表欄位時，須進入下列何種模式？ (A) 資料工作表檢視 (B) 設計檢視 (C) 版面配置檢視 (D) 表單檢視。

( )6. 在 Access 中，下列哪項資料最適合設定為「主索引鍵」？ (A) 身分證字號 (B) 出生年月 (C) 姓名 (D) 電話。

( )7. 在 Access 中，所有資料庫檔案中所包含的各種資料庫物件，例如：資料表、表單及報表等，皆位於？ (A) 功能窗格 (B) 標題列 (C) 功能區 (D) 快速存取工具列。

( )8. 在 Access 中，若要在欄位中加入各種檔案，且加入後便可直接在資料表中開啟，請問該欄位要設定為哪一種資料類型較適合？ (A) 超連結 (B) 是／否 (C) 附件 (D) 長文字。

( )9. 在 Access 中，無法將資料表匯出為下列何種檔案類型？ (A)Flash 檔 (B) PDF 檔 (C) 文字檔 (D)Excel 檔。

( )10.在 Access 中，將資料表匯出至文字檔時，可以使用哪個分隔符號，分隔欄與欄之間的資料？ (A) 定位點 (B) 空白 (C) 逗號 (D) 以上皆可。

✿ 實作題

1. 開啟「範例檔案→Access→Example01→書籍資料.accdb」檔案，進行以下設定。

▶ 將下表中的資料建立一個名為「書籍資料」的資料表，資料表的欄位名稱與類型如下所示：

欄位名稱	資料類型	資料長度	格式	小數位數
書號	簡短文字	8		
書名	簡短文字	255		
作者	簡短文字	20		
出版日期	日期/時間		完整日期	
附件	是/否		Yes/NO	
定價	貨幣		貨幣	0

▶ 將下表資料輸入至資料表中。

書號	書名	作者	出版日期	附件	定價
IB0001	如何變美麗	王小桃	104.3.10	有	450
IB0002	如何開間好餐廳	阿積師	104.2.18	有	350
IB0003	居家收納技巧大公開	收納大師	104.8.20	有	390
IB0004	老宅新創意	徐宅男	105.3.25	有	490
IB0005	讓自己變有錢	周理財	105.6.21	有	450

▶ 將「書號」設定為主索引。

▶ 將資料表的欄寬與列高做適當的調整；並進行文字格式設定。

商品管理資料庫

Access資料庫操作

O2

學習目標

資料搜尋/取代資料/
資料排序/篩選資料/
查詢物件的使用/
建立表單物件/
修改表單的設計/
在表單中加入圖片

☆ 範例檔案

Access→Example02→商品管理.accdb

Access→Example02→logo.png

☆ 結果檔案

Access→Example02→商品管理-OK.accdb

Access→Example02→商品管理-排序.accdb

Access→Example02→商品管理-查詢.accdb

在「商品管理資料庫」範例中,將學習資料的搜尋、排序及篩選,並介紹如何建立查詢、表單、報表等物件。

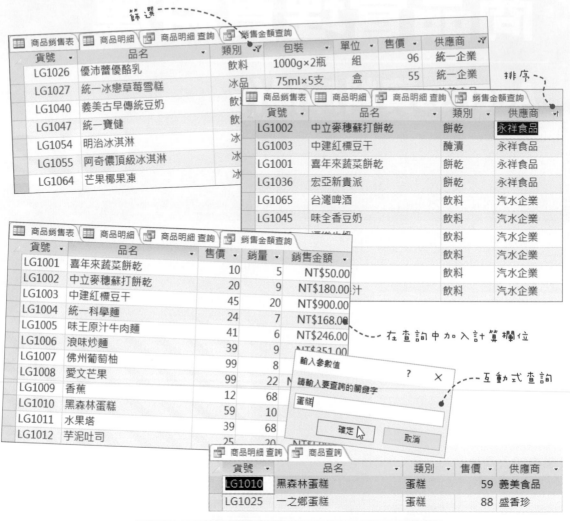

篩選

排序

在查詢中加入計算欄位

互動式查詢

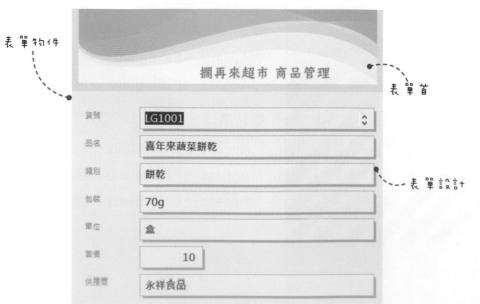

表單物件

表單首

表單設計

2-1 資料搜尋、取代及排序

當資料表內有著成千上萬筆記錄時，該如何快速找到想要看的記錄呢？很簡單，只要使用**搜尋**功能，再加上**排序**的操作，就可以快速找到符合條件的記錄，這節就來學習搜尋、取代及排序的使用方法吧！

尋找記錄

利用尋找功能可以迅速從資料庫中找出要查看的記錄。要尋找記錄時，先開啟資料表，按下**「常用→尋找→尋找」**按鈕，或 Ctrl+F 快速鍵，開啟「尋找及取代」對話方塊，即可進行搜尋的設定。

尋找目標設定好後，按下**尋找下一筆**按鈕後，就會去尋找符合資料的記錄，找到後，就會將文字反白；若要再尋找下一筆記錄，則再按下**尋找下一筆**按鈕，即可繼續尋找下一筆記錄。

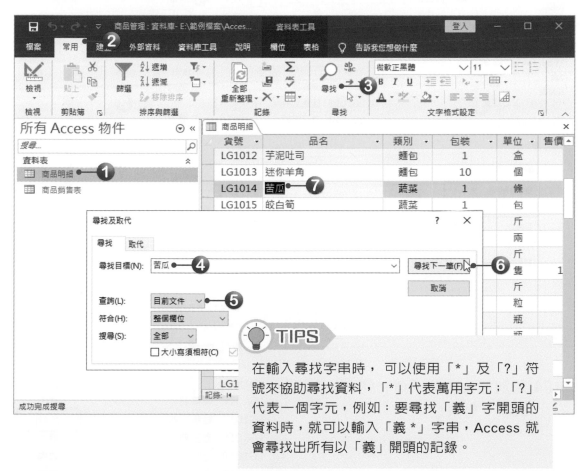

在輸入尋找字串時，可以使用「*」及「?」符號來協助尋找資料，「*」代表萬用字元；「?」代表一個字元，例如：要尋找「義」字開頭的資料時，就可以輸入「義*」字串，Access 就會尋找出所有以「義」開頭的記錄。

取代資料

若要將欄位中的某些文字替換成其他文字時，可以使用**取代**功能，將字串取代成新的文字。在此範例中，要將商品明細資料表內的「魚」類別，取代為「魚類」。

STEP01 開啟**商品明細**資料表，將插入點移至**類別**欄位，按下「**常用→尋找→**取代」按鈕，或 **Ctrl+H** 快速鍵，開啟「尋找及取代」對話方塊。

STEP02 在**尋找目標**欄位中輸入**魚**，在**取代為**欄位中輸入**魚類**，在**查詢**選項中選擇**目前欄位**，都設定好後按下**全部取代**按鈕。

STEP03 按下**全部取代**按鈕後，因為進行取代後無法復原，故會開啟警告訊息，詢問是否要繼續，這裡請按下**是**按鈕。

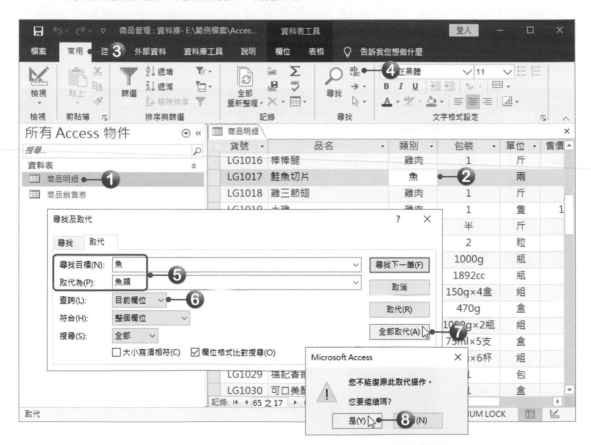

STEP04 類別欄位中的「魚」就會被取代為「魚類」。

貨號	品名	類別
LG1016	棒棒腿	雞肉
LG1017	鮭魚切片	魚類
LG1018	雞三節翅	雞肉
LG1019	土雞	雞肉
LG1020	白蝦	海鮮

資料排序

當資料表中的資料量很多時，為了搜尋方便，通常會將資料按照某種順序排列，這個動作稱為**排序**。排序時會以「欄」為依據，調整每一筆記錄的順序。

◎ 單一排序

如果要將資料以某一欄為依據排序時，可以先將滑鼠游標移至該欄位中，再按下「**常用→排序與篩選**」群組中的 遞增排序按鈕；或 遞減排序按鈕，即可將記錄進行排序的動作。

◎ 多重欄位排序

除了針對某一個欄位做遞增或遞減的排序外，還可以使用多重欄位進行資料的排序。

STEP01 開啟**商品明細**資料表，按下「**常用→排序與篩選→ 進階篩選選項**」按鈕，於選單中選擇**進階篩選/排序**選項。

STEP02 開啟**商品明細篩選1**視窗，按下選單鈕選擇第一個要排序的欄位，再選擇要遞增或是遞減排序。

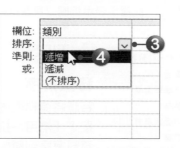

商品管理資料庫／Access資料庫操作

STEP 03 第一個排序欄位設定好後，接著再利用相同方式將所有要排序的欄位都設定完成。

STEP 04 排序欄位設定好後，再按下「常用→排序與篩選→ 切換篩選」按鈕，即可完成多重欄位的排序。

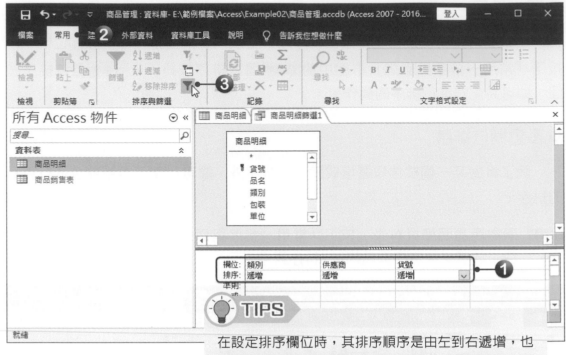

在設定排序欄位時，其排序順序是由左到右遞增，也就是會先以最左邊的排序欄位來排序，若值相同時再以第二個排序欄位來排序。若在設定過程中，想要更換排序順序時，只要選取該欄位，再拖曳該欄位至新的位置即可更換排序順序。

STEP 05 回到資料表後，資料就會先依「類別」進行遞增排序；若遇到類別相同時，再依「供應商」進行遞增排序，若又遇到供應商相同時，會再依「貨號」進行遞增排序。

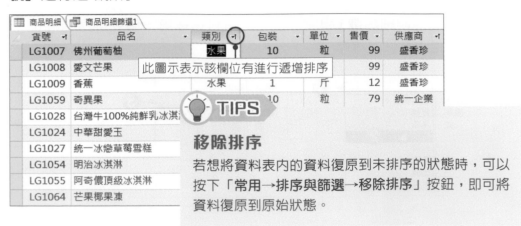

移除排序

若想將資料表內的資料復原到未排序的狀態時，可以按下「常用→排序與篩選→移除排序」按鈕，即可將資料復原到原始狀態。

Q 2-2 篩選資料

在眾多的記錄中，有時候只需要某部分的記錄，此時可以利用**篩選**功能，在資料表裡挑出符合條件的資料。

依選取範圍篩選資料

若要在資料表中篩選出某個字串時，可以直接將插入點移至儲存格中，再按下「**常用→排序與篩選→ ▼ 選取項目**」按鈕，於選單中即可選擇篩選的條件。

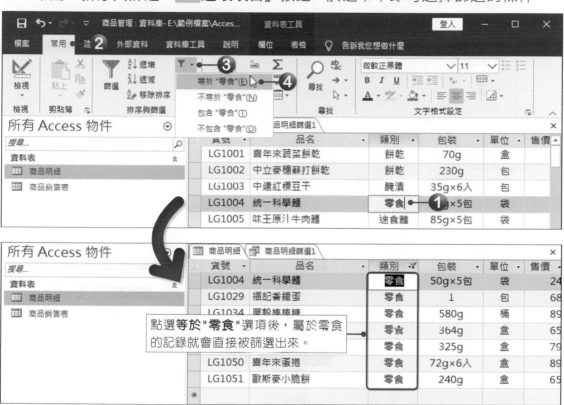

> 點選**等於**"零食"選項後，屬於零食的記錄就會直接被篩選出來。

在設定好一個篩選條件後，若要從篩選出的記錄再次設定其他篩選條件時，這些條件會累加起來，也就是說只有同時符合各篩選條件的記錄才會顯示。例如：已篩選出**零食**類別的資料，若再於供應商欄位選取**義美食品**，按下選取項目，點選**等於**"義美食品"，就會只剩下四筆記錄。

貨號	品名	類別	包裝	單位	售價	供應商
LG1035	波卡洋芋片	零食	364g	盒	65	義美食品
LG1039	義美小泡芙	零食	325g	盒	79	義美食品
LG1050	喜年來蛋捲	零食	72g×6入	盒	89	義美食品
LG1051	歐斯麥小脆餅	零食	240g	盒	65	義美食品

依表單篩選

依表單方式篩選，主要是使用選單方式，直接選擇要篩選的範圍。

STEP01 按下「常用→排序與篩選→ 進階篩選選項→依表單篩選」按鈕。

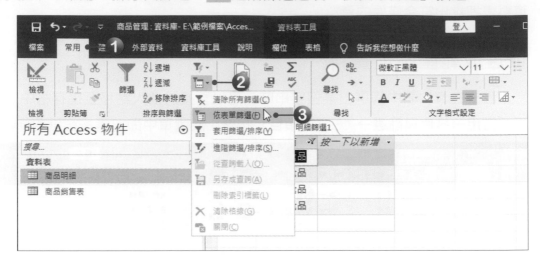

STEP02 接著在要篩選的欄位中，按一下**滑鼠左鍵**，欄位就會出現一個選單鈕，直接按下選單鈕，於選單中選擇第一個要篩選的資料範圍；選擇好後再選擇第二個要篩選的範圍。

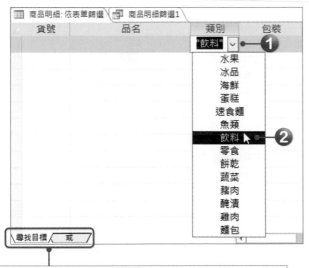

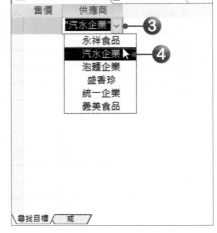

在**尋找目標**標籤頁中，設定二個篩選條件時，記錄必須要符合這二個條件才會被篩選出來；若要篩選出只要符合其中一個條件，那麼在選擇第二個條件時，要先切換到**或**標籤頁中，再設定第二個篩選條件。

STEP03 都設定好後，按下「**常用→排序與篩選→ ▼ 切換篩選**」按鈕，即可篩選出類別為飲料，且供應商為汽水企業的記錄。

貨號 ▾	品名 ▾	類別 ▾	包裝 ▾	單位 ▾	售價 ▾	供應商 ▾
LG1022	優沛蕾發酵乳	飲料	1000g	瓶	48	汽水企業
LG1023	福樂鮮乳	飲料	1892cc	瓶	99	汽水企業
LG1041	維他露御茶園	飲料	500cc×6瓶	組	89	汽水企業
LG1042	百事可樂	飲料	2L	瓶	32	汽水企業
LG1043	七喜	飲料	2L	瓶	32	汽水企業
LG1044	黑松沙士	飲料	1250cc	瓶	25	汽水企業
LG1045	味全香豆奶	飲料	250cc×24瓶	箱	145	汽水企業
LG1046	福樂牛奶	飲料	200cc×24瓶	箱	195	汽水企業
LG1048	黑松麥茶	飲料	250cc×24瓶	箱	135	汽水企業
LG1049	鮮果多果汁	飲料	250cc×24瓶	箱	155	汽水企業
LG1053	蘋果西打	飲料	355cc×6罐	組	69	汽水企業
LG1065	台灣啤酒	飲料	354ML×24罐	箱	539	汽水企業

使用快顯功能篩選

在使用篩選功能時，也可以直接在欄位名稱的右邊按一下**滑鼠左鍵**，即可開啟篩選的功能表，於功能選單直接設定篩選條件。

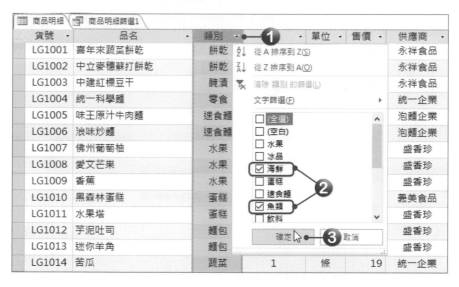

💡 TIPS

清除篩選

當資料表內的資料經過篩選後，在工作表視窗下的篩選按鈕會呈 ▼ 已篩選 狀態，若要清除篩選時，按下 ▼ 已篩選 按鈕；或是按下「**常用→排序與篩選→進階→清除所有篩選**」按鈕，即可清除篩選條件。

🔍 2-3 查詢物件的使用

查詢其實就類似「搜尋」或是「篩選」，當要從一個資料表中尋找或篩選出符合條件的記錄時，尋找或是篩選就已經算是「查詢」的動作了。

而查詢與篩選主要不同在於，查詢可以依據不同行為檢視、變更、分析資料，且查詢的結果還可以製作成表單、報表、資料頁的記錄來源；而篩選只是根據某個特定欄位中的特定值，尋找出符合條件的記錄，並顯示於資料表中，一旦移除了篩選，所有的記錄又會全部顯示。

查詢精靈的使用

使用「查詢精靈」可以快速建立一個查詢物件。在此範例中要建立一個商品明細查詢物件。

STEP01 按下「建立→查詢→查詢精靈」按鈕，開啟「新增查詢」對話方塊，點選簡單查詢精靈選項，選擇好後，按下確定按鈕。

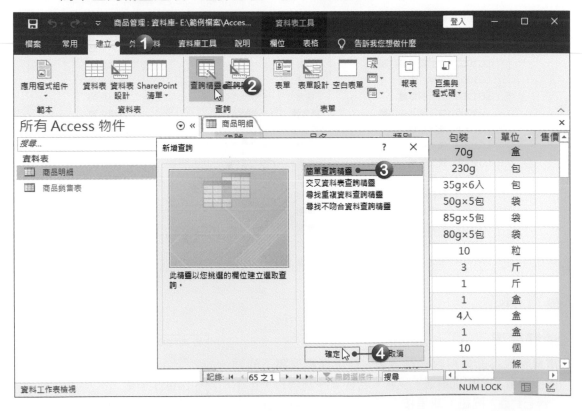

STEP02 開啟「簡單查詢精靈」對話方塊，在**資料表/查詢**選單中，選擇要建立查詢的資料表；在**可用的欄位**中點選要顯示的欄位，請將**貨號**、**品名**、**類別**、**供應商**等欄位加入**已選取的欄位**中，選取好後按**下一步**按鈕。

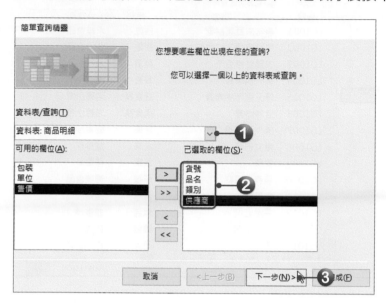

STEP03 接著在欄位中為查詢建立一個名稱，並核選**開啟查詢以檢視資訊**選項，設定好後按下**完成**按鈕即可。

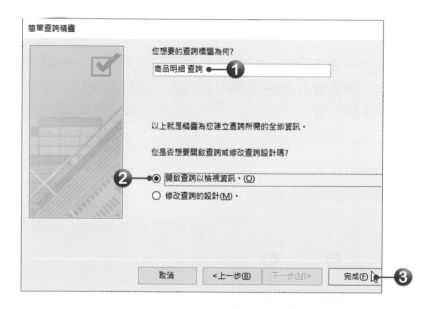

STEP04 完成後，就會開啟查詢資料表，在資料表中會顯示被選取的欄位，而未被選取的欄位則不會顯示於查詢資料表中。

所有 Access 物件 ⊙ «	商品明細	商品明細 查詢			×
搜尋...	貨號 ▾	品名 ▾	類別 ▾	供應商 ▾	
資料表 ⊗	LG1001	喜年來蔬菜餅乾	餅乾	永祥食品	
商品明細	LG1002	中立麥穗蘇打餅乾	餅乾	永祥食品	
商品銷售表	LG1003	中建紅標豆干	醃漬	永祥食品	
查詢 ⊗	LG1004	統一科學麵	零食	統一企業	
商品明細 查詢	LG1005	味王原汁牛肉麵	速食麵	泡麵企業	
	LG1006	浪味炒麵	速食麵	泡麵企業	
	LG1007	佛州葡萄柚	水果	盛香珍	
	LG1008	愛文芒果	水果	盛香珍	
	LG1009	香蕉	水果	盛香珍	
	LG1010	黑森林蛋糕	蛋糕	義美食品	
	LG1011	水果塔	蛋糕	盛香珍	
	LG1012	芋泥吐司	麵包	盛香珍	
	LG1013	迷你羊角	麵包	盛香珍	
	LG1014	苦瓜	蔬菜	統一企業	
資料工作表檢視	記錄: ◄ 65 之 1 ► ►► 無篩選條件 搜尋		NUM LOCK	SQL	

互動式的查詢

所謂的「互動式」，就是在進行查詢的過程中，會出現一個詢問的訊息方塊，使用者只要在訊息方塊中輸入查詢值，就能查詢出符合條件的記錄。

STEP01 按下「**建立→查詢→查詢設計**」按鈕，開啟「顯示資料表」對話方塊，點選**資料表**標籤，選擇要建立查詢物件的資料表，選擇好後按下**新增**按鈕，新增完畢後按下**關閉**按鈕。

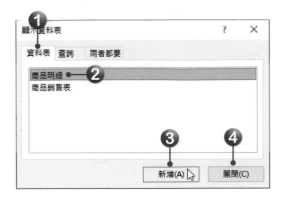

STEP02 進入「設計檢視」模式後，會看到二個區域，上方會顯示剛剛選取的資料表；下方會顯示用來設計查詢的條件。首先在欄位中將**貨號**、**品名**、**類別**、**售價**、**供應商**等欄位都選取好。

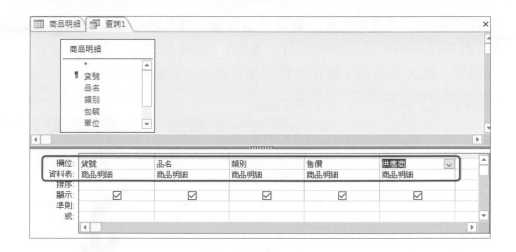

STEP 03 接著要以**品名**做為查詢的方式，因此將滑鼠游標移至品名欄位下的**準則**欄位，並按下**滑鼠左鍵**，於欄位中輸入「Like "*" &[]& "*"」文字。

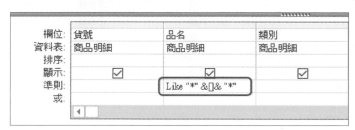

💡 **TIPS**

「Like」在運算式中是一個「模糊比對」的指令，也就是說，要查詢某筆記錄中的某個關鍵字時，便可以使用此指令，否則就必須輸入完全相同的資料，才能查詢到記錄。

◉ *：代表「萬用字元」，表示可以是任何一個字元，也可以是一個空白。

◉ &：代表「加」的意思，也就是把不同屬性的字串加起來。

STEP 04 設定好後，按下**查詢 1**標籤頁的 × **關閉**按鈕，會詢問是否要儲存，請按下**是**按鈕，接著會開啟「另存新檔」對話方塊，輸入一個名稱，輸入完後按下**確定**按鈕。

STEP05 儲存完畢後，在查詢物件上**雙擊滑鼠左鍵**，會開啟「輸入參數值」對話方塊(此對話方塊就是剛剛所設計的**準則**)。接著在欄位中輸入要查詢的品名關鍵字，輸入完後按下**確定**按鈕，即可查詢到相關的品名。

在查詢中加入計算欄位

利用查詢功能，還可以在資料表中直接加入計算欄位。

STEP01 按下「建立→查詢→查詢設計」按鈕，開啟「顯示資料表」對話方塊，點選**資料表**標籤，選擇**「商品銷售表」**資料表，選擇好後按下**新增**按鈕，新增完畢後按下**關閉**按鈕。

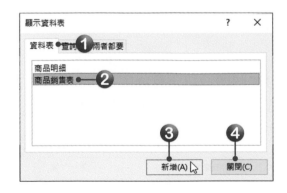

STEP02 進入「設計檢視」模式後，在資料來源區裡的**商品銷售表**標題文字上**雙擊滑鼠左鍵**，選取所有欄位，接著將欄位拖曳到下方的條件設定區域中，再放開**滑鼠左鍵**，所有被選取的欄位就會自動加入於條件設定區了。

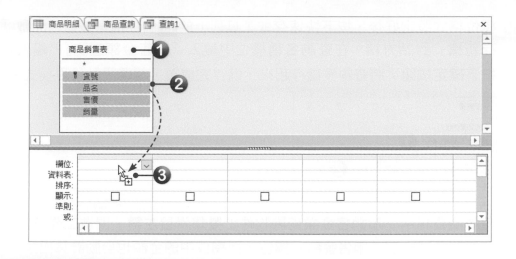

STEP03 接著要加入銷售金額欄位及計算公式，此欄位的計算結果是「售價 × 銷量」，所以，要在欄位中輸入「**銷售金額:售價*銷量**」，並將**顯示**欄位中的選項勾選。

欄位:	品名	售價	銷量	銷售金額:[售價]*[銷量]	
資料表:	商品銷售表	商品銷售表	商品銷售表		
排序:					
顯示:	☑	☑	☑	☑	☐
準則:					
或:					

輸入欄位名稱時，只須輸入「**銷售金額:售價*銷量**」文字，輸入完後 Access 會自動將文字轉換為「**銷售金額:[售價]*[銷量]**」。

STEP04 按下「**查詢工具→設計→顯示/隱藏→屬性表**」按鈕，或 Alt+Enter 快速鍵，開啟**屬性表**工作窗格，在屬性表中按下**格式**選單鈕，於選單中選擇**貨幣**格式。

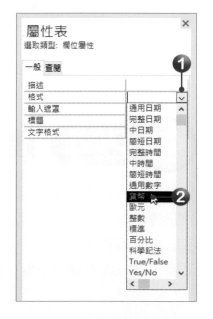

STEP05 欄位格式設定好後,按下快速存取工具列上的 🖫 **儲存檔案**按鈕,開啟「另存新檔」對話方塊,在**查詢名稱**欄位中輸入**「銷售金額查詢」**,輸入好後按下**確定**按鈕,將查詢表儲存起來,儲存完成後,離開設計檢視模式中。

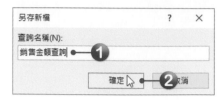

STEP06 在功能窗格中,於**銷售金額查詢**物件上**雙擊滑鼠左鍵**,開啟工作資料表即可看到多了一個**「銷售金額」**欄位,而欄位中的金額也自動計算出來了。

Q 2-4 建立表單物件

　　要進行新增、修改、檢視記錄時,通常會到「資料表」進行,但在資料表中的記錄是以一筆一筆方式呈現,若記錄中包含了檔案與圖形等附件時,也不會顯示出來。而表單物件則可以依據個人的需求,自行設計新增、修改、檢視等工作環境,讓一成不變的記錄,也能變得更美觀。

建立商品明細表單

在Access中建立表單的方法很多，幾種常用的說明如下：

☆ **表單**：可以迅速將資料表內的欄位都製作成表單物件。

☆ **表單設計**：會進入表單設計檢視模式中，自行製作一個符合個人需求的表單。

☆ **空白表單**：會產生一個完全空白的表單物件。

☆ **表單精靈**：可以自行選擇表單所需的欄位及表單的配置方式。

了解各種表單製作方法後，接著在此範例中，要利用表單精靈來建立一個商品明細表單。

STEP 01 點選**商品明細**資料表，按下**「建立→表單→ 表單精靈」**按鈕，開啟「表單精靈」對話方塊。

STEP 02 選擇要製作為表單的欄位，選擇好後按**下一步**按鈕。

STEP 03 接著選擇表單的配置方式，這裡可依需求選擇，選擇好後按下一步按鈕。

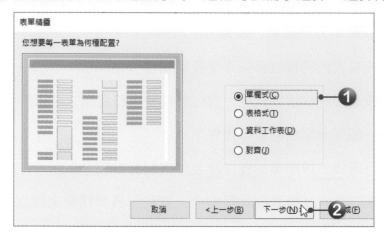

STEP 04 接著設定表單的名稱，設定好後再點選**開啟表單來檢視或是輸入資訊**，選擇好後按下**完成**按鈕。

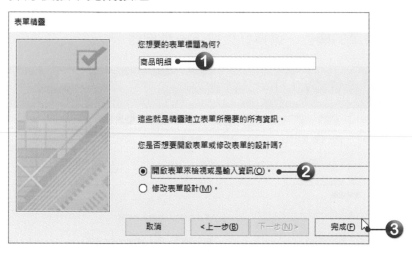

STEP 05 按下**完成**按鈕後，表單就製作完成囉！

所有 Access 物件		商品明細
搜尋...		商品明細
資料表		
商品明細		
商品銷售表		貨號　　LG1001
查詢		
商品查詢		品名　　喜年來蔬菜餅乾
銷售金額查詢		類別　　餅乾
表單		包裝　　70g
商品明細		單位　　盒
		售價　　10
		供應商　永祥食品

修改表單的設計

建立好的表單格式或許不是所希望的樣子，此時可以自行修改表單的格式。要修改表單格式時，都必須先進入**設計檢視**模式中。

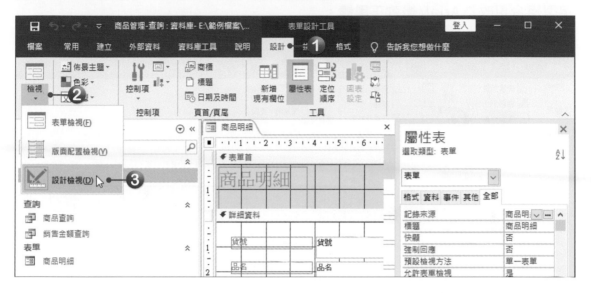

● 認識表單區段

當進入表單設計模式後，表單會同時顯示**格線**與**尺規**，並以區段來區分表單，表單的區段主要分為**表單首**、**頁首**、**詳細資料**、**頁尾**、**表單尾**等，預設只會顯示詳細資料區段。若要顯示其他區段時，在表單上按下**滑鼠右鍵**，於選單中點選**頁首/頁尾**及**表單首/尾**，即可開啟表單首、頁首、頁尾、表單尾等區段。

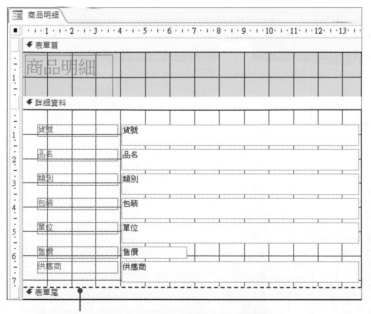

將滑鼠游標移至區段與區段之間，按住滑鼠左鍵不放並拖曳，即可調整區段的高度。

表單首：在表單的最上方，列印時則會出現在第一頁的上方，主要是用來顯示每筆記錄相同的資訊，例如：表單的標題。

頁首：在每一列印頁面上方顯示標題、欄名等資訊，頁首只會在預覽列印或列印時顯示。

詳細資料：是用來放置主要的記錄內容，在表單切換不同記錄時就會顯示不同內容。

頁尾：在每一列印頁面下方顯示日期或頁數等資訊，頁尾只會在預覽列印或列印時顯示。

表單尾：可用來顯示每筆記錄相同的資訊，例如：指令按鈕或使用表單的說明。

◎ 佈景主題設定

在設計表單時，只要在「**表單設計工具→設計→佈景主題**」群組中進行設定，即可快速更換要使用的佈景主題色彩及字型組合。這裡請按下**字型**按鈕，將字型組合更改為Arial/微軟正黑體。

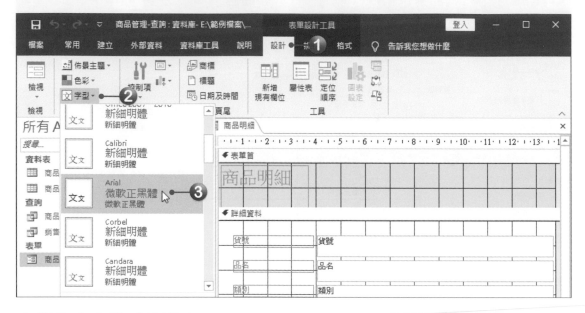

◎ 欄位文字格式的設定

要設定表單的文字格式時，只要進入「**表單設計工具→格式→字型**」群組中，即可進行文字的字體、大小、色彩等設定。在設定時，可以先將所有欄位選取，再進行設定的動作。

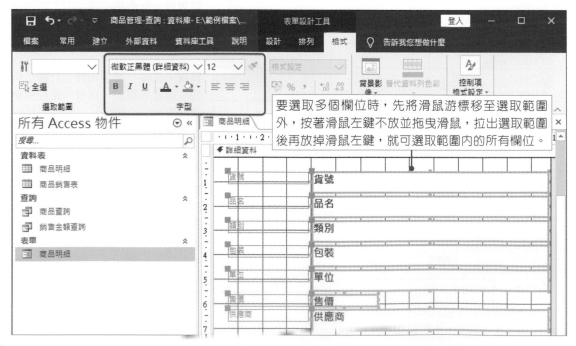

◎ 欄位大小與位置的調整

要調整欄位位置時，必須先選取欄位。選取時，可以一次選擇一個，也可以一次選擇多個，或者按下 Ctrl+A 快速鍵，選取全部的欄位。

STEP01 ──選取**詳細資料**內的所有欄位，按下「**表單設計工具→排列→位置→控制邊界**」按鈕，於選單中點選**寬**。

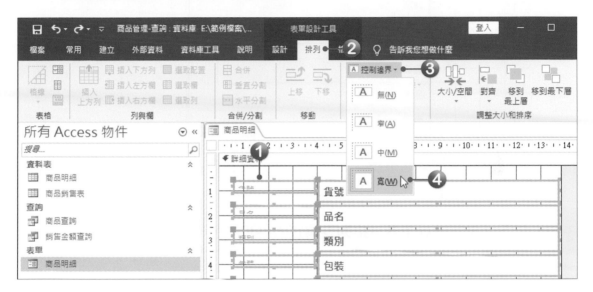

STEP02 當變更文字大小時，欄位可能會容納不下欄位名稱，此時可以按下「**表單設計工具→排列→調整大小和排序→大小/空間**」按鈕，在選單中選擇**最適**，欄位就會自動依內容做最適當的調整；接著再點選**增加垂直**，這樣就可以增加欄位上下之間的空間。

STEP03 接著點選貨號欄位,將滑鼠游標移至欄位上,按著**滑鼠左鍵**不放並拖曳滑鼠,即可調整欄位位置。

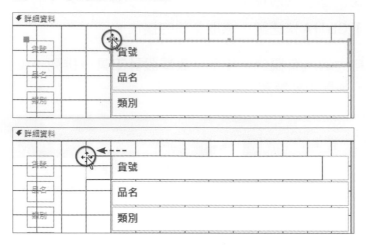

STEP04 貨號欄位的位置調整好後,選取貨號、品名、類別、包裝、單位、售價、供應商等欄位。

STEP05 按下「**表單設計工具→排列→調整大小和排序→對齊**」按鈕,於選單中點選**向左**,品名、類別、包裝、單位、售價、供應商等欄位就會向左與貨號欄位對齊。

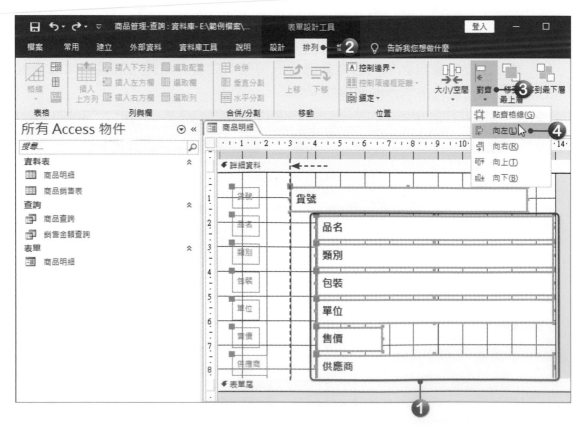

◎ 表單欄位及背景色彩設定

若要將欄位加入背景色彩時，可以按下「**表單設計工具→格式→字型→背景色彩**」按鈕，選擇要加入的色彩即可。

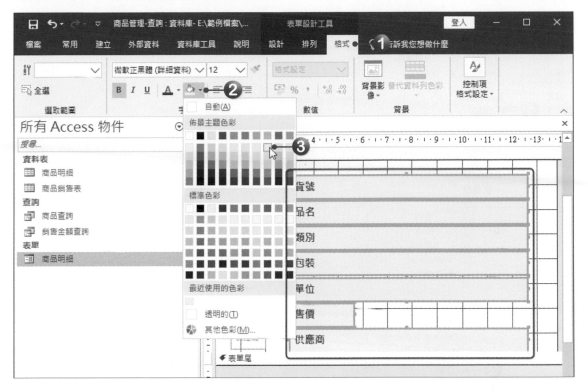

若要將表單背景加上色彩時，可以在表單上按下**滑鼠右鍵**，於選單中選擇**填滿/背景顏色**選項，即可選擇要填滿的顏色。

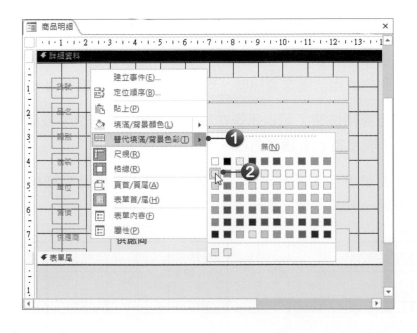

除此之外，還可以使用特殊效果功能，將欄位加上平面、凸起、下凹、陰影等特殊效果。選取要套用特殊效果的欄位，按下**滑鼠右鍵**，於選單中點選**特殊效果**功能，即可在選單中選擇要使用的效果。

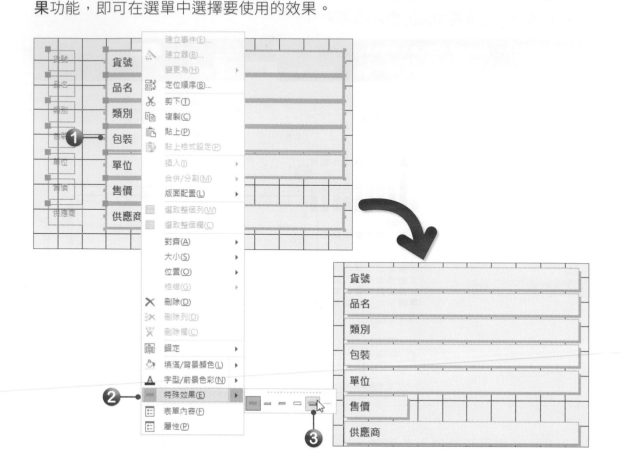

在表單首中加入商標圖片

表單首與表單尾在表單中是固定的，不管將記錄移動到哪一筆，永遠都會顯示在那裡，因此若欲顯示固定資訊時，可以將它加入至表單首與表單尾中。

使用**標題**及**商標**按鈕，可以迅速在表單首中加入標題文字或是圖片，當點選這二個按鈕時，表單首也會跟著開啟。

STEP01 若欲在表單首加入圖片時，先點選表單首中的**商品明細**標題文字，按下 Delete鍵，將此標題文字刪除。

STEP02 按下「**表單設計工具→設計→頁首/頁尾→商標**」按鈕，點選後，會開啟「插入圖片」對話方塊，選擇要插入的圖片，選擇好後按下**確定**按鈕。

STEP03 回到表單，圖片就會加入到表單首的區段中。接著將滑鼠游標移至任一控制點上，按下**滑鼠左鍵**不放並拖曳，即可調整圖片的大小。

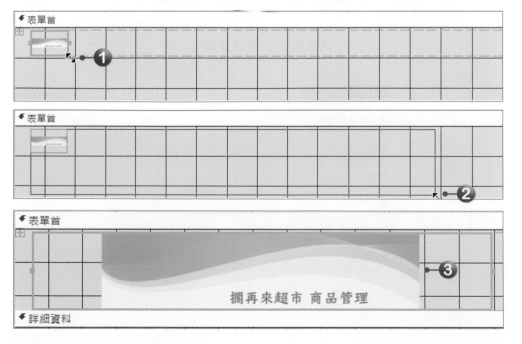

STEP 04 接著要設定圖片的顯示方式，按下「**表單設計工具→設計→工具→屬性表**」按鈕，開啟**屬性表**窗格。

STEP 05 在**屬性表**窗格中，即可進行圖片大小模式、對齊方式、寬度、高度、與頂端距離、左邊距離等設定。

在**大小模式**中將圖片設定為**顯示比例**，圖片的尺寸會等比顯示，而不會造成圖片變形的問題。

TIPS

商標功能只適用於**表單首**中，若要於表單尾加入圖片時，必須使用「**表單設計工具→設計→控制項→插入圖像**」按鈕，才能加入圖片。

STEP 06 設定好後，圖片就會依照所設定的方式呈現在表單首中，接著按下「**表單設計工具→設計→檢視→檢視→表單檢視**」按鈕，看看表單設定的結果。

商品明細	×

攏再來超市 商品管理

貨號	LG1001
品名	喜年來蔬菜餅乾
類別	餅乾
包裝	70g
單位	盒
售價	10
供應商	永祥食品

⭐選擇題

( )1. 下列關於Access排序的說明，何者不正確？ (A)排序時會以「列」為依據，調整每一筆記錄的順序 (B)可以使用多個欄位進行資料的排序 (C)將資料排序後，還是可以再將資料復原到原始狀態 (D)進行資料排序時，可以選擇遞增或遞減兩種方式進行排序。

( )2. 在Access中，要尋找某個資料時，可以按下鍵盤上的哪組快速鍵，開啟尋找對話方塊？ (A)Ctrl+A (B)Ctrl+F (C)Ctrl+H (D)Ctrl+P。

( )3. 在Access中，如果要篩選以「王」為開頭的資料時，準則該如何設定？ (A)"*王" (B)"*王*" (C)"王*" (D)"王"。

( )4. 在Access中，如果要篩選出「王××」資料，準則該如何設定？ (A)"王??" (B)"王?" (C)"*王*" (D)"王*"。

( )5. 在Access中，下列哪一個區段是用來放置主要的記錄內容，切換不同記錄內容也會隨之改變？ (A)表單首 (B)表單尾 (C)詳細資料 (D)頁首。

( )6. 在Access中，使用下列哪一項功能，可以自行設計表單編排方式？ (A)表單設計 (B)表單 (C)表單精靈 (D)導覽。

( )7. 在Access中，要在表單內新增記錄時，可以使用下列哪組快速鍵，新增一筆記錄？ (A)Ctrl++ (B)Ctrl+1 (C)Ctrl+C (D)Ctrl+*。

( )8. 在Access中，在表單檢視模式下可以進行下列哪一項工作？ (A)刪除記錄 (B)新增記錄 (C)修改記錄內容 (D)以上皆可。

( )9. 在Access中，要修改表單的欄位位置或是欄位文字格式時，要進入哪個檢視模式中？ (A)表單模式 (B)設計檢視 (C)資料工作表檢視 (D)版面配置檢視。

( )10.在Access中，若要於表單首加入圖片時，可以使用下列哪一項指令按鈕來進行？ (A)標題 (B)商標 (C)複製 (D)新增。

✪實作題

1. 開啟「範例檔案→Access→Example02→訂單管理.accdb」檔案，進行以下設定。

   ▶ 使用「購物資料」資料表，建立一個「訂單明細表單」物件，該表單必須包含如下所示的欄位，欄位格式與編排方式請參考下圖。

   ▶ 在表單首中加入「shopping_logo01.jpg」圖片；表單尾加入「shopping_logo02.jpg」圖片。